高等职业教育土建施工类专业系列教材

中国特色高水平高职学校建设成果

首批国家级职业教育教师教学创新团队“BIM+装配式建筑”新形态教材

招投标与合同管理

主编　蒋桂梅

主审　张　忠

西安交通大学出版社
XI'AN JIAOTONG UNIVERSITY PRESS
国家一级出版社
全国百佳图书出版单位

内容简介

本书根据《中华人民共和国建筑法》《中华人民共和国民法典》《中华人民共和国招标投标法》《中华人民共和国招标投标法实施条例》等最新的法律法规，结合工程合同管理的最新研究、教学改革和最佳实践，明确了招投标与合同管理课程的性质和定位，以及教学目标、教学内容和教学方法。本书可作为高等职业院校工程管理专业、工程造价专业和土木工程专业的教材使用，也可供相关专业的科技人员以及相关政府部门、建设单位、房地产开发企业、监理企业、施工企业、工程总承包企业等技术、管理人员参考使用。

图书在版编目(CIP)数据

招投标与合同管理 / 蒋桂梅主编. — 西安 : 西安交通大学出版社，2021.11

ISBN 978-7-5693-2265-1

Ⅰ. ①招… Ⅱ. ①蒋… Ⅲ. ①建筑工程-招标②建筑工程-投标③建筑工程-经济合同-管理 Ⅳ. ①TU723

中国版本图书馆 CIP 数据核字(2021)第 172117 号

书　　名 招投标与合同管理
主　　编 蒋桂梅
策划编辑 曹　昳
责任编辑 曹　昳　王　帆
责任校对 魏　萍

出版发行 西安交通大学出版社
(西安市兴庆南路 1 号　邮政编码 710048)
网　　址 http://www.xjtupress.com
电　　话 (029)82668357　82667874(市场营销中心)
(029)82668315(总编办)
传　　真 (029)82668280
印　　刷 西安五星印刷有限公司

开　　本 787mm×1092mm　1/16　**印张** 15.5　**字数** 328 千字
版次印次 2021 年 11 月第 1 版　2021 年 11 月第 1 次印刷
书　　号 ISBN 978-7-5693-2265-1
定　　价 44.80 元

如发现印装质量问题，请与本社市场营销中心联系调换。
订购热线：(029)82665248　(029)82667874
投稿热线：(029)82668502
读者信箱：phoe@qq.com

国家级职业教育教师教学创新团队
中国特色高水平高职院校重点建设专业

建筑工程技术专业系列教材编审委员会

本书编写团队

主　编　蒋桂梅　陕西铁路工程职业技术学院

副主编　李常茂　陕西铁路工程职业技术学院

　　　　赵淑敏　陕西铁路工程职业技术学院

参　编　师建辉　中铁四局集团有限公司

　　　　付卫朋　中铁二十五局集团有限公司

　　　　薛晓辉　陕西铁路工程职业技术学院

　　　　魏华东　中铁四局集团有限公司

　　　　王树芳　中交隧道工程局有限公司南京分公司

　　　　胡振博　广联达科技股份有限公司

主　审　张　忠　苏州市相城区财政投资评审中心

前言

随着我国社会经济的发展和土建类行业参与国际工程建设市场竞争的需要，工程建设已被纳入法制化轨道。作为土建类和工程管理类专业的学生，不仅要掌握自然科学知识和专业技能知识，而且要掌握建设工程管理相关的法律法规知识，因此“招投标与合同管理”成为高等职业教育建筑工程技术、工程造价、工程项目管理及建筑信息化管理等专业的一门专业主干课程，掌握合同管理、招投标管理、工程价款结算、电子招投标等知识与技能是学生今后从事建设工程领域工作应当具备的基本职业素养。

本教材具有以下特色。

1.立德树人，专业教学与思政教学同向同行

以立德树人为根本，每个任务模块都配套挖掘了思政元素，让学生在专业课程学习的过程中感受家国情怀、时代楷模、工匠精神、社会主义法制精神的力量，汲取前行力量，以期学生能够自觉将个人理想和追求融入国家的发展事业中。

2.内容选取以必需、够用为原则

针对培养对象适应未来职业发展应具备的知识和能力结构等要求，以讲清概念和政策、强化应用为重点，不拘泥于理论的系统性、完整性。本书更侧重于工程类法律法规在工程实践中的应用。

3.内容布局贴近工程工作过程实际

本书基本按照工程建设活动的工作过程安排内容，使读者在学习过程中能较清楚地了解工程建设项目的招标策划、招标公告发布，以及评标、定标等招投标全过程中所涉及的相关法律、法规、规章和规范。基于工作过程的内容布局，既遵循工程建设活动的一般规律，又便于读者理解和学习。

4.编写思路与执业资格考试相衔接

我国现行的很多执业资格考试中，都含有“招投标与合同管理”这一内容。考虑到土建类和

工程管理类专业应用型人才今后的发展方向，以及为满足目前高职院校学生培养目标的双证书要求，本教材内容在编写时结合了一级建造师、一级造价工程师等大纲的要求，因此，本书也可作为有关执业资格考试的复习参考书籍。

5. 以案说法，突出了应用性和实践性

采用案例驱动编写模式，强化项目训练，变书本知识的传授为知识应用能力的培养，能够让学生在完成案例的过程中学习专业理论知识，突出培养复合型技术技能人才的特点。

6. 内容新，前瞻性强

本书根据《中华人民共和国建筑法》《中华人民共和国民法典》《中华人民共和国招标投标法》《中华人民共和国招标投标法实施条例》等最新的法律法规，力求与我国的立法动向保持一致，更贴近工程实际，以期提高学生工程招投标与合同管理业务能力，“零距离”上岗。

本书由陕西铁路工程职业技术学院蒋桂梅担任主编，李常茂、赵淑敏担任副主编，苏州市相城区财政投资评审中心张忠担任主审，全书由蒋桂梅统稿、定稿。具体编写情况如下：

项目一，陕西铁路工程职业技术学院李常茂、中铁四局师建辉编写。

项目二，陕西铁路工程职业技术学院赵淑敏、中铁二十五局付卫朋编写。

项目三，陕西铁路工程职业技术学院薛晓辉、中铁四局魏华东编写。

项目四，陕西铁路工程职业技术学院蒋桂梅、中交隧道局王树芳编写。

项目五，广联达科技股份有限公司胡振博编写。

本书同时开发了配套的信息化资源，由蒋桂梅主持，李常茂、赵淑敏、薛晓辉参与。信息化资源的开发适应了教学发展的大趋势，希望信息化资源的支撑能够与纸质版的载体相辅相成，为读者提供一流的服务。

本书在编写过程中得到了陕西国防职业技术学院陈蓉等同志的大力帮助，编者也参考了一些国内外工程发承包实践中成功的经验，在此一并表示感谢。

由于编写时间及编者水平有限，加之新体例教材处于摸索之中，书中难免有不足之处，敬请同行与读者批评指正。

编者

2021 年 3 月

目录

CONTENTS

合同法律基础

项目目标

知识目标	技能目标	素质(思政)目标
1.合同的形式与内容； 2.合同的订立； 3.合同的效力； 4.合同的履行； 5.合同的变更、转让和终止； 6.合同的违约及责任； 7.合同的争议及解决	能够利用合同法律法规相关条文，分析并处理有关合同的法律事件	1.培养学生知法守法、诚实守信的意识； 2.培养学生树立正确的荣辱观，遵守校规校纪，做文明守礼的大学生； 3.培养学生诚信履约意识、遵守市场公平竞争秩序，以及合法纳税的意识； 4.培养学生的契约精神； 5.青年学生要将“个人梦”和“中国梦”相结合，具有担当意识，担负起自己的使命与责任，刻苦学习、全面发展

任务 1.1　合同的初步认识

案例引入

某县级市要承包一批参观团接待任务，但该市现有的饮食服务设施不能满足需要，市饮食服务公司遂决定将工程承包给某建筑公司。由于工期紧、任务重，加上市里领导的亲自干预，建筑公司与服务公司未正式签订建设工程承包的书面合同，便开始投入施工。施工期间，服务公司由于资金紧张只拨给建筑公司一部分工程款，而建筑公司以大局为重，利用自有资金如期完成了工程建设任务，并通过了服务公司的检查验收，服务公司也及时支付了余下的工程款。

思考

什么是书面合同？该建筑公司与市饮食服务公司之间是否存在合同关系呢？让我们来学习以下知识。

理论知识

1.1.1 合同的认识

《中华人民共和国民法典》(以下简称《民法典》)中明确了合同是民事主体之间设立、变更、终止民事法律关系的协议。婚姻、收养、监护等有关身份关系的协议,适用有关该身份关系的法律规定;没有规定的,可以根据其性质参照适用本编规定。常见的典型合同有19类:买卖合同,供用电、水、气、热力合同,赠与合同,借款合同,保证合同,租赁合同,融资租赁合同,承揽合同,建设工程合同,运输合同,技术合同,保管合同,仓储合同,委托合同,物业服务合同,行纪合同,居间合同,中介合同,合伙合同。

【民法典简介】

《中华人民共和国民法典》被称为"社会生活的百科全书",是中华人民共和国第一部以法典命名的法律,在法律体系中居于基础性地位,也是市场经济的基本法。

《中华人民共和国民法典》共7编、1 260条,各编依次为总则、物权、合同、人格权、婚姻家庭、继承、侵权责任,以及附则。通篇贯穿以人民为中心的发展思想,着眼满足人民对美好生活的需要,对公民的人身权、财产权、人格权等作出明确翔实的规定,并规定侵权责任,明确权利受到削弱、减损、侵害时的请求权和救济权等,体现了对人民权利的充分保障,被誉为"新时代人民权利的宣言书"。

2020年5月28日,十三届全国人大三次会议表决通过了《中华人民共和国民法典》。这部法律自2021年1月1日起施行。《中华人民共和国婚姻法》《中华人民共和国继承法》《中华人民共和国民法通则》《中华人民共和国收养法》《中华人民共和国担保法》《中华人民共和国合同法》《中华人民共和国物权法》《中华人民共和国侵权责任法》《中华人民共和国民法总则》同时废止。

1.1.2 合同形式

当事人订立合同,有书面形式、口头形式和其他形式。法律法规规定采用书面形式的,或当事人约定采用书面形式的,应当采用书面形式。

1. 书面形式

书面形式是指合同书、信件和数据电文(包括电报、电传、传真、电子数据交换和电子邮件)等可以有形地表现所载内容的形式。以电子数据交换、电子邮件等方式能够有形地表现所载内容,并可以随时调取查用的数据电文,视为书面形式。

书面合同的优点在于有据可查、权利义务记载清楚、便于履行,发生纠纷时容易举证和分清责任。书面合同是实践中广泛采用的一种合同形式。建设工程合同应当采用书面形式。

(1)合同书。合同书是书面合同的一种,也是合同中常见的一种。合同书有标准合同书与非标准合同书之分。标准合同书是指合同条款由当事人一方预先拟定,对方只能表示同意或者不同意的合同书,即格式条款合同;非标准合同书是指合同条款完全由当事人双方协商一致所签订的合同书。

(2)信件。信件是当事人就要约与承诺的内容相互往来的普通信函。信件的内容一般记载于纸张上,因而也是书面形式的一种。它与通过电脑及其网络手段而产生的信件不同,后者被称为电子邮件。

(3)数据电文。数据电文包括传真、电子数据交换和电子邮件等。其中,传真是通过电子方式来传递信息的,其最终传递结果总是产生一份书面材料。而电子数据交换和电子邮件虽然也是通过电子方式传递信息,可以产生以纸张为载体的书面资料,但也可以被储存在磁带、磁盘或接收者选择的其他非纸张的中介物上。

2. 口头形式

口头形式是指当事人用谈话的方式订立的合同,如当面交谈、电话联系等。口头合同形式一般运用于标的数额较小和即时结清的合同。例如,到商店、集贸市场购买商品,基本上都是采用口头合同形式。以口头形式订立合同,其优点是建立合同关系简便、迅速,缔约成本低。但在发生争议时,难以取证、举证,不易分清当事人的责任。

3. 其他形式

其他形式是指除书面形式、口头形式以外的方式表现合同内容的形式,主要包括默示形式和推定形式。默示形式是指当事人既不用口头形式、书面形式,也不用实施任何行为,而是以消极的不作为的方式进行的意思表示。默示形式只有在法律有特别规定的情况下才能运用。推定形式是指当事人不用语言、文字,而是通过某种有目的的行为表达自己意思的一种形式,从当事人的积极行为中,可以推定当事人已进行意思表示。

1.1.3　合同内容

合同内容由当事人约定,一般包括当事人的名称/姓名,住所,标的,数量,质量,价款或者报酬,履行的期限、地点和方式,违约责任,解决争议的方法。

《民法典》合同编中对建设工程合同(包括工程勘察、设计、施工合同)内容作了专门规定。

(1)勘察、设计合同。内容一般包括提交有关基础资料和概预算等文件的期限、质量要求、费用以及其他协作条件等条款。

(2)施工合同。内容一般包括工程范围、建设工期、中间交工工程的开工和竣工时间、工程质量、工程造价、技术资料交付时间、材料和设备供应责任、拨款和结算、竣工验收、质量保修范围和质量保证期、双方相互协作等条款。

案例解析

该建筑公司与市饮食服务公司之间存在合同关系。本案中,建筑公司与服务公司虽未正式签订建设工程承包的书面合同,但建筑公司已实际完成了约定的建设工程,服务公司也已实际验收了该工程并支付了工程款,即双方当事人已经履行了主要义务,并且双方对此建设工程承包行为无异议,因此该合同成立。

任务 1.2　合同的订立

案例引入

甲建筑公司(以下简称甲公司)拟向乙建材公司(以下简称乙公司)购买一批钢材。双方经口头协商,约定购买钢材 100 t,单价每吨 3 500 元,并拟订了准备签字盖章的买卖合同文本,乙公司签字盖章后,交给了甲公司准备签字盖章。由于施工进度紧张,在甲公司催促下,乙公司在未收到甲公司签字盖章的合同文本情形下,将 100 t 钢材送到甲公司工地现场,甲公司接收并投入工程使用,后因拖欠货款,双方产生了纠纷。

思考

合同的订立需要哪些步骤?甲、乙公司的买卖合同是否成立呢?让我们来学习以下内容。

理论知识

当事人订立合同,应当具有相应的民事权利能力和民事行为能力。当事人依法可以委托代理人订立合同。

1.2.1　合同订立程序

当事人订立合同,可以采取要约、承诺方式或者其他方式。

1. 要约

要约是希望与他人订立合同的意思表示。

(1)要约及其有效的条件。

要约应当符合如下规定:

①内容具体确定;

②表明经受要约人承诺，要约人即受该意思表示约束。也就是说，要约必须是特定人的意思表示；必须是以缔结合同为目的；必须具备合同的主要条款。

有些合同在要约之前还会有要约邀请。要约邀请，是希望他人向自己发出要约的意思表示。要约邀请并不是合同成立过程中的必经过程，它是当事人订立合同的预备行为，这种意思表示的内容往往不确定，不含有合同得以成立的主要内容和相对人同意后受其约束的表示，在法律上无须承担责任。拍卖公告、招标公告、招股说明书、债券募集办法、基金招募说明书、商业广告和宣传、寄送的价目表等为要约邀请。商业广告和宣传的内容符合要约规定的，视为要约。

(2)要约生效。

以非对话方式作出的意思表示，到达相对人时生效。以非对话方式作出的采用数据电文形式的意思表示，相对人指定特定系统接收数据电文的，该数据电文进入该特定系统时生效；未指定特定系统的，相对人知道或者应当知道该数据电文进入其系统时生效。当事人对采用数据电文形式的意思表示的生效时间另有约定的，按照其约定。

(3)要约撤回和撤销。

要约可以撤回，撤回要约的通知应当在要约到达受要约人之前或者与要约同时到达受要约人。

要约可以撤销，撤销要约的意思表示以对话方式作出的，该意思表示的内容应当在受要约人作出承诺之前为受要约人所知道；撤销要约的意思表示以非对话方式作出的，应当在受要约人作出承诺之前到达受要约人。但有下列情形之一的，要约不得撤销：

①要约人确定了承诺期限或者以其他形式明示要约不可撤销；

②受要约人有理由认为要约是不可撤销的，并已经为履行合同做了合理准备工作。

(4)要约失效。

有下列情形之一的，要约失效：

①要约被拒绝；

②要约被依法撤销；

③承诺期限届满，受要约人未作出承诺；

④受要约人对要约的内容作出实质性变更。

2. 承诺

承诺是受要约人同意要约的意思表示。除根据交易习惯或者要约表明可以通过行为作出承诺的之外，承诺应当以通知的方式作出。

(1)承诺期限。

承诺应当在要约确定的期限内到达要约人。要约没有确定承诺期限的，承诺应当依照下列规定到达：

①要约以对话方式作出的，应当即时作出承诺；

②要约以非对话方式作出的，承诺应当在合理期限内到达。

以信件或者电报作出的要约，承诺期限自信件载明的日期或者电报交发之日开始计算。信件未载明日期的，自投寄该信件的邮戳日期开始计算。以电话、传真、电子邮件等快速通讯方式作出的要约，承诺期限自要约到达受要约人时开始计算。

(2)承诺生效。

承诺生效时合同成立，但是法律另有规定或者当事人另有约定的除外。

以通知方式作出的承诺，生效的时间规定如下：以非对话方式作出的采用数据电文形式的意思表示，相对人指定特定系统接收数据电文的，该数据电文进入该特定系统时生效；未指定特定系统的，相对人知道或者应当知道该数据电文进入其系统时生效。当事人对采用数据电文形式的意思表示的生效时间另有约定的，按照其约定。

承诺不需要通知的，根据交易习惯或者要约的要求作出承诺的行为时生效。采用数据电文形式订立合同的，承诺到达的时间适用于要约到达受要约人时间的规定。

受要约人在承诺期限内发出承诺，按照通常情形能够及时到达要约人，但是因其他原因致使承诺到达要约人时超过承诺期限的，除要约人及时通知受要约人因承诺超过期限不接受该承诺外，该承诺有效。

(3)承诺撤回。

承诺可以撤回，撤回承诺的通知应当在承诺通知到达要约人之前或者与承诺通知同时到达要约人。

(4)逾期承诺。

受要约人超过承诺期限发出承诺，或者在承诺期限内发出承诺，按照通常情形不能及时到达要约人的，为新要约；但是，要约人及时通知受要约人该承诺有效的除外。

(5)承诺内容的变更。

承诺的内容应当与要约的内容一致。受要约人对要约的内容作出实质性变更的，为新要约。有关合同标的、数量、质量、价款或者报酬、履行期限、履行地点和方式、违约责任和解决争议方法等的变更，是对要约内容的实质性变更。

承诺对要约的内容作出非实质性变更的，除要约人及时表示反对或者要约表明承诺不得对要约的内容作出任何变更外，该承诺有效，合同的内容以承诺的内容为准。

综上所述，当事人签订合同一般要经过要约和承诺两个步骤，但实践中往往是通过要约→新要约→新新要约→……→承诺多个环节最后达成的。

社会主义核心价值观之诚信

诚信是公民道德的基石，既是做人做事的道德底线，也是社会运行的基本条件。现代社会不仅是物质丰裕的社会，也应是诚信有序的社会；市场经济不仅是法治经济，也应是信用经济。“人而无信，不知其可也”。失去诚信，个人就会失去立身之本，社会就失去运行之轨。

我们倡导的诚信，就是要以诚待人、以信取人，说老实话、办老实事、做老实人。激发真诚的人格力量，以个人的遵信守诺，构建言行一致、诚信有序的社会；激活宝贵的无形资产，以良好的信用关系，营造“守信光荣、失信可耻”的风尚，增强社会的凝聚力和向心力。

1.2.2 合同的成立

承诺生效时合同成立。

1.合同成立的时间

当事人采用合同书形式订立合同的，自当事人均签名、盖章或者按指印时合同成立。在签名、盖章或者按指印之前，当事人一方已经履行主要义务，对方接受时，该合同成立。

当事人采用信件、数据电文等形式订立合同要求签订确认书的，签订确认书时合同成立。

当事人一方通过互联网等信息网络发布的商品或者服务信息符合要约条件的，对方选择该商品或者服务并提交订单成功时合同成立，但是当事人另有约定的除外。

2.合同成立的地点

承诺生效的地点为合同成立的地点。采用数据电文形式订立合同的，收件人的主营业地为合同成立的地点；没有主营业地的，其经常居住地为合同成立的地点。当事人另有约定的，按照其约定。

当事人采用合同书形式订立合同的，最后签名、盖章或者按指印的地点为合同成立的地点，但是当事人另有约定的除外。

3.合同成立的其他情形

(1)法律、行政法规规定或者当事人约定合同应当采用书面形式订立，当事人未采用书面形式，但是一方已经履行主要义务，对方接受时，该合同成立。

(2)采用合同书形式订立合同，在签字或者盖章之前，当事人一方已经履行主要义务，对方接受时，该合同成立。

1.2.3 格式条款

格式条款是当事人为了重复使用而预先拟定，并在订立合同时未与对方协商的条款。

1. 格式条款提供者的义务

采用格式条款订立合同，有利于提高当事人双方合同订立过程的效率、减少交易成本、避免合同订立过程中因当事人双方一事一议而可能造成的合同内容的不确定性。但由于格式条款的提供者往往在经济地位方面具有明显的优势，在行业中居于垄断地位，因而导致其在拟定格式条款时，会更多地考虑自己的利益，而较少考虑另一方当事人的权利或者附加种种限制条件。为此，提供格式条款的一方应当遵循公平的原则确定当事人之间的权利义务关系，并采取合理的方式提请对方注意免除或者减轻其责任等与对方有重大利害关系的条款，按照对方的要求，对该条款予以说明。

提供格式条款的一方未履行提示或者说明义务，致使对方没有注意或者理解与其有重大利害关系的条款的，对方可以主张该条款不成为合同的内容。

2. 格式条款无效

提供格式条款一方不合理地免除或者减轻其责任、加重对方责任、限制对方主要权利的，该条款无效。提供格式条款一方排除对方主要权利的，该条款无效。

此外，关于合同无效的情形，同样适用于格式合同条款。

3. 格式条款的解释

对格式条款的理解发生争议的，应当按照通常理解予以解释。对格式条款有两种以上解释的，应当作出不利于提供格式条款一方的解释。格式条款和非格式条款不一致的，应当采用非格式条款。

1.2.4 缔约过失责任

缔约过失责任发生于合同不成立或者合同无效的缔约过程。其构成条件：一是当事人有过错。若无过错，则不承担责任。二是有损害后果的发生。若无损失，亦不承担责任。三是当事人的过错行为与造成的损失有因果关系。

当事人在订立合同过程中有下列情形之一，给对方造成损失的，应当承担损害赔偿责任。

(1)假借订立合同，恶意进行磋商；

(2)故意隐瞒与订立合同有关的重要事实或者提供虚假情况；

(3)有其他违背诚实信用原则的行为。

当事人在订立合同过程中知悉的商业秘密或者其他应当保密的信息，无论合同是否成立，不得泄露或者不正当地使用；泄露、不正当地使用该商业秘密或者信息，造成对方损失的，应当承担赔偿责任。

案例解析

《民法典》第四百九十条第一款规定：“当事人采用合同书形式订立合同的，自当事人均签名、盖章或者按指印时合同成立。在签名、盖章或者按指印之前，当事人一方已经履行主要义务，对方接受时，该合同成立。”

双方当事人在合同中签字盖章十分重要。如果没有双方当事人的签字盖章，就不能最终确认当事人对合同的内容协商一致，也难以证明合同的成立有效。但是，如果一个以书面形式订立的合同已经履行，仅仅是没有签字盖章，就认定合同不成立，则违背了当事人的真实意思。当事人既然已经履行，合同当然依法成立。

任务 1.3 合同的效力

案例引入

甲施工企业与乙机械销售公司签订了一份设备买卖合同。由于甲公司的业务员丙对机械型号不太熟悉，在签订合同时，将甲公司原先想买的 B 型号机械写成了 A 型号机械。虽然乙公司提供的型号不是甲公司原想购买的 B 型号机械，但 A 型号机械质量也不错。甲公司按照合同约定提货并支付了货款。

思考

如何认定此次买卖行为？如果甲又反悔，可以退回机械、要回货款吗？

理论知识

1.3.1 合同生效

合同生效与合同成立是两个不同的概念。合同的成立，是指双方当事人依照有关法律对合同的内容进行协商并达成一致的意见。合同成立的判断依据是承诺是否生效。合同生效，是指合同产生法律上的效力，具有法律约束力。在通常情况下，合同依法成立之时，就是合同生效之日，二者在时间上是同步的。但有些合同在成立后，并非立即产生法律效力，而是需要其他条件成就之后，才开始生效。

1. 合同生效的条件

(1)行为人具有相应的民事行为能力；

(2)意思表示真实；

(3)不违反法律、行政法规的强制性规定，不违背公序良俗。

2. 合同生效的时间

依法成立的合同，自成立时生效，但是法律另有规定或者当事人另有约定的除外。

依照法律、行政法规的规定，合同应当办理批准等手续的，依照其规定。未办理批准等手续影响合同生效的，不影响合同中履行报批等义务条款以及相关条款的效力。应当办理申请批准等手续的当事人未履行义务的，对方可以请求其承担违反该义务的责任。

依照法律、行政法规的规定，合同的变更、转让、解除等情形应当办理批准等手续的，适用前款规定。

3.附条件和附期限的合同

(1)附条件的合同。当事人对合同的效力可以约定附条件。附生效条件的合同，自条件成就时生效。附解除条件的合同，自条件成就时失效。当事人为自己的利益不正当地阻止条件成就的，视为条件已成就；不正当地促成条件成就的，视为条件不成就。

(2)附期限的合同。当事人对合同的效力可以约定附期限。附生效期限的合同，自期限届至时生效。附终止期限的合同，自期限届满时失效。

1.3.2 效力待定合同

效力待定合同是指合同已经成立，但合同效力能否产生尚不能确定的合同。效力待定合同主要是由于当事人缺乏缔约能力、财产处分能力或代理人的代理资格和代理权限存在缺陷所造成的。效力待定合同包括限制民事行为能力人订立的合同和无权代理人代订的合同。

1.限制民事行为能力人订立的合同

根据我国《民法典》，限制民事行为能力人是指八周岁以上的未成年人，以及不能完全辨认自己行为的成年人。限制民事行为能力人订立的合同，经法定代理人追认后，该合同有效，但纯获利益的合同或者与其智力、精神健康状况相适应而订立的合同，不必经法定代理人追认。

由此可见，限制民事行为能力人订立的合同并非一律无效，在以下几种情形下订立的合同是有效的。

(1)经过其法定代理人追认的合同；

(2)纯获利益的合同，即限制民事行为能力人订立的接受奖励、赠与、报酬等只需获得利益而不需其承担任何义务的合同，不必经其法定代理人追认；

(3)与限制民事行为能力人的智力、精神健康状况相适应而订立的合同，不必经其法定代理人追认。

与限制民事行为能力人订立合同的相对人可以催告法定代理人自收到通知之日起三十日内予以追认。法定代理人未作表示的，视为拒绝追认。合同被追认之前，善意相对人有撤销的权利。撤销应当以通知的方式作出。

2.无权代理人代订的合同

无权代理人代订的合同主要包括行为人没有代理权、超越代理权限范围或者代理权终止后仍以被代理人的名义订立的合同。

(1)无权代理人代订的合同对被代理人不发生效力的情形。

行为人没有代理权、超越代理权或者代理权终止后仍以被代理人名义订立的合同,未经被代理人追认,对被代理人不发生效力,由行为人承担责任。

与无权代理人签订合同的相对人可以催告被代理人自收到通知之日起三十日内予以追认。被代理人未作表示的,视为拒绝追认。合同被追认之前,善意相对人有撤销的权利。撤销应当以通知的方式作出。

无权代理人代订的合同是否对被代理人发生法律效力,取决于被代理人的态度。与无权代理人签订合同的相对人催告被代理人自收到通知之日起三十日内予以追认时,被代理人未作表示或表示拒绝的,视为拒绝追认,该合同不生效。被代理人表示予以追认的,该合同对被代理人发生法律效力。在催告开始至被代理人追认之前,该合同对于被代理人的法律效力处于待定状态。

无权代理人以被代理人的名义订立合同,被代理人已经开始履行合同义务或者接受相对人履行的,视为对合同的追认。

(2)无权代理人代订的合同对被代理人具有法律效力的情形。

行为人没有代理权、超越代理权或者代理权终止后以被代理人名义订立合同,相对人有理由相信行为人有代理权的,该代理行为有效。表见代理,是善意相对人通过被代理人的行为足以相信无权代理人具有代理权的情形。

在通过表见代理订立合同的过程中,如果相对人无过错,即相对人不知道或者不应当知道(无义务知道)无权代理人没有代理权时,使相对人相信无权代理人具有代理权的理由是否正当、充分,就成为是否构成表见代理的关键。如果确实存在充分、正当的理由并足以使相对人相信无权代理人具有代理权,则无权代理人的代理行为有效,即无权代理人通过其表见代理行为与相对人订立的合同具有法律效力。

(3)法人或者其他组织的法定代表人、负责人超越权限订立的合同的效力。

法人或者其他组织的法定代表人、负责人超越权限订立的合同,除相对人知道或者应当知道其超越权限外,该代表行为有效,订立的合同对法人或者非法人组织发生效力。这是因为法人或者其他组织的法定代表人、负责人的身份应当被视为法人或者其他组织的全权代理人,他们有资格代表法人或者其他组织实施民事行为而不需要获得法人或者其他组织的专门授权,其代理行为的法律后果由法人或者其他组织承担。但是,如果相对人知道或者应当知道法人或者其他组织的法定代表人、负责人在代表法人或者其他组织与自己订立合同时超越其代表(代理)权限,仍然订立合同的,该合同将不具有法律效力。

(4)无处分权的人处分他人财产合同的效力。

在现实经济活动中,通过合同处分财产(如赠与、转让、抵押、留置等)是常见的财产处分方式。当事人对财产享有处分权是通过合同处分财产的必要条件。无处分权的人处分他人财产的合同一般为无效合同。但是,无处分权的人处分他人财产,经权利人追认或者无处分权的人订立合同后取得处分权的,该合同有效。

1.3.3 无效合同

无效合同是指不为法律所承认和保护、不具有法律效力的合同。无效合同自始没有法律约束力。在现实经济活动中,无效合同通常有两种情形,即整个合同无效(无效合同)和合同的部分条款无效。

1.无效合同的情形

有下列情形之一的,合同无效:

(1)无民事行为能力人签订的合同;

(2)合同双方以虚假的意思签订的合同;

(3)违反法律、法规强制性规定的合同,但是该强制性规定不导致该民事法律行为无效的除外;

(4)违背公序良俗的合同;

(5)恶意串通,损害他人合法权益的合同。

2.合同部分条款无效的情形

合同中的下列免责条款无效:

(1)造成对方人身伤害的;

(2)因故意或者重大过失造成对方财产损失的。

免责条款是当事人在合同中规定的某些情况下免除或者限制当事人所负未来合同责任的条款。在一般情况下,合同中的免责条款都是有效的。但是,如果免责条款所产生的后果具有社会危害性和侵权性,侵害了对方当事人的人身权利和财产权利,则该免责条款将不具有法律效力。

1.3.4 可变更或可撤销合同

可变更、可撤销合同是指欠缺一定的合同生效条件,但当事人一方可依照自己的意思使合同的内容得以变更或者使合同的效力归于消灭的合同。可变更、可撤销合同的效力取决于当事人的意思,属于相对无效的合同。当事人根据其意思,若主张合同有效,则合同有效;若主张合同无效,则合同无效;若主张合同变更,则合同可以变更。

1.合同可以变更或者撤销的情形

当事人一方有权请求人民法院或者仲裁机构变更或者撤销的合同有以下几种。

(1)因重大误解订立的合同。《民法典》第一百四十七条规定:“基于重大误解实施的民事法律行为,行为人有权请求人民法院或者仲裁机构予以撤销。”

(2)一方有欺诈行为订立的合同。《民法典》第一百四十八条规定:“一方以欺诈手段,使对方在违背真实意思的情况下实施的民事法律行为,受欺诈方有权请求人民法院或者仲裁机构予以撤销。”

(3)第三方欺诈订立的合同。《民法典》第一百四十九条规定:“第三人实施欺诈行为,使一方在违背真实意思的情况下实施的民事法律行为,对方知道或者应当知道该欺诈行为的,受欺诈方有权请求人民法院或者仲裁机构予以撤销。”

(4)受胁迫订立的合同。《民法典》第一百五十条规定:“一方或者第三人以胁迫手段,使对方在违背真实意思的情况下实施的民事法律行为,受胁迫方有权请求人民法院或者仲裁机构予以撤销。”

(5)在订立合同时显失公平的合同。《民法典》第一百五十一条规定:“一方利用对方处于危困状态、缺乏判断能力等情形,致使民事法律行为成立时显失公平的,受损害方有权请求人民法院或者仲裁机构予以撤销。”

当事人请求变更的,人民法院或者仲裁机构不得撤销。

2.撤销权消灭

撤销权是指受损害的一方当事人对可撤销的合同依法享有的、可请求人民法院或仲裁机构撤销该合同的权利。享有撤销权的一方当事人称为撤销权人。撤销权应由撤销权人行使,并应向人民法院或者仲裁机构主张该项权利。而撤销权的消灭是指撤销权人依照法律享有的撤销权由于一定法律事由的出现而归于消灭的情形。

有下列情形之一的,撤销权消灭。

(1) 当事人自知道或者应当知道撤销事由之日起一年内、重大误解的当事人自知道或者应当知道撤销事由之日起九十日内没有行使撤销权;

(2)当事人受胁迫,自胁迫行为终止之日起一年内没有行使撤销权;

(3)当事人知道撤销事由后明确表示或者以自己的行为表明放弃撤销权。

当事人自民事法律行为发生之日起五年内没有行使撤销权的,撤销权消灭。由此可见,当具有法律规定的可以撤销合同的情形时,当事人应当在规定的期限内行使其撤销权,否则,超过法律规定的期限时,撤销权归于消灭。此外,若当事人放弃撤销权,则撤销权也归于消灭。

3.合同无效或者被撤销合同的法律后果

无效合同或者被撤销的合同自始没有法律约束力。合同部分无效,不影响其他部分效力的,其他部分仍然有效。合同无效、被撤销或者终止的,不影响合同中独立存在的有关解决争议方法的条款的效力。

合同无效或被撤销后,履行中的合同应当终止履行,尚未履行的,不得履行。对当事人依据无效合同或者被撤销的合同而取得的财产应当依法进行如下处理。

(1)返还财产或折价补偿。当事人依据无效合同或者被撤销的合同所取得的财产,应当予以返还;不能返还或者没有必要返还的,应当折价补偿。

(2)赔偿损失。合同被确认无效或者被撤销后,有过错的一方应赔偿对方因此所受到的损失。各方都有过错的,应当各自承担相应的责任。法律另有规定的,依照其规定。

社会主义核心价值观之法治

法治是社会保障之盾,也是现代政治文明的核心。只有当法治成为治国理政的基本方式,自由、平等、公正才会有安全的避风港。

我们倡导的法治,不是片面强调司法独立、推行三权分立,更不是对资本主义法治理念的照抄照搬,而是立足中国的社会现实和文化传统,坚持党的领导、人民当家作主、依法治国的有机统一。社会主义法治,不是广场上的雕塑、橱窗里的花瓶,而是运用人民赋予的权力,体现人民意志、保护人民权益,让法治成为国家长治久安、社会安定有序、人民安居乐业的坚强柱石。

案例解析

(1)丙的行为属于重大误解的行为。重大误解行为是可撤销、可变更的合同行为。依据《民法典》第一百四十七条的有关规定,基于重大误解实施的民事法律行为,行为人有权请求人民法院或者仲裁机构予以撤销。重大误解是指由于行为人在对行为的性质、对方当事人以及标的物的品种、质量、规格和数量等方面的错误认识,使行为的后果与自己的意思相悖,并造成较大损失情况下的民事法律行为。本案中,丁某对购买标的发生了误解,并且价值巨大,应认定为重大误解,属于可撤销、可变更的合同行为。

(2)甲公司不能再行使撤销权。根据《民法典》第一百五十二条的有关规定,具有撤销权的当事人知道撤销事由后明确表示或者以自己的行为放弃撤销权的,撤销权消灭。本案中,甲公司在明知机械型号有错的情况下,仍按合同约定提货,并支付货款,应视为以自己的行为放弃了撤销权。

任务 1.4 合同的履行

案例引入

在某省的一条公路建设过程中,B 施工单位与某建设单位签订了施工合同。合同中约定:工程开工后建设单位应在半年之内分两次向 B 施工单位支付共计 350 万元的工程款。工程开工一个月后,建设单位按照合同约定先向 B 施工单位支付了 100 万元的工程款,不久后 B 施工单位的另一施工项目(Y项目)发生很大的变化,B施工单位将用于该公路项目的大部分设备、人员调至Y项目。两个月后,B施工单位以急需资金为由,要求建设单位按合同约定支付余下的工程款。

思考

建设单位是否有权拒绝B施工单位提出支付第二次工程款的要求?

理论知识

1.4.1　合同履行的原则

合同履行的原则主要包括全面、适当履行原则,诚实信用原则和实际履行原则。

1.全面、适当履行

全面履行是指合同订立后,当事人应当按照合同约定,全面履行自己的义务,包括履行义务的主体、标的、数量、质量、价款或者报酬以及履行的期限、地点、方式等。适当履行是指当事人应按照合同规定的标的及其质量、数量,由适当的主体在适当的时间、地点,以适当的履行方式履行合同义务,以保证当事人的合法权益。

2.诚实信用

诚实信用是指当事人讲诚实、守信用,遵守商业道德,以善意的心理履行合同。当事人不仅要保证自己全面履行合同约定的义务,并应顾及对方的经济利益,为对方履行创造条件,发现问题及时协商解决。以较小的履约成本,取得最佳的合同效益。还应根据合同的性质、目的和交易习惯履行通知、协助、保密等义务。

3.实际履行

合同当事人应严格按照合同规定的标的完成合同义务,而不能用其他标的代替。鉴于客观经济活动的复杂性和多变性,具体执行该原则时,还应根据实际情况灵活掌握。

当事人在履行合同过程中,应当避免浪费资源、污染环境和破坏生态。

1.4.2　合同履行的一般规则

合同生效后,当事人就质量、价款或者报酬、履行地点等内容没有约定或者约定不明确的,可以协议补充;不能达成补充协议的,按照合同有关条款或者交易习惯确定。依照上述规定仍不能确定的,适用下列规定。

(1)质量要求不明确的,按照强制性国家标准履行;没有强制性国家标准的,按照推荐性国家标准履行;没有推荐性国家标准的,按照行业标准履行;没有国家标准、行业标准的,按照通常标准或者符合合同目的的特定标准履行。

(2)价款或者报酬不明确的，按照订立合同时履行地的市场价格履行；依法应当执行政府定价或者政府指导价的，按照规定履行。

执行政府定价或政府指导价的，在合同约定的交付期限内政府价格调整时，按照交付时的价格计价。逾期交付标的物的，遇价格上涨时，按照原价格执行；价格下降时，按照新价格执行。逾期提取标的物或者逾期付款的，遇价格上涨时，按照新价格执行；价格下降时，按照原价格执行。

(3)履行地点不明确，给付货币的，在接受货币一方所在地履行；交付不动产的，在不动产所在地履行；其他标的，在履行义务一方所在地履行。

(4)履行期限不明确的，债务人可以随时履行，债权人也可以随时要求履行，但应当给对方必要的准备时间。

(5)履行方式不明确的，按照有利于实现合同目的的方式履行。

(6)履行费用的负担不明确的，由履行义务一方负担；因债权人原因增加的履行费用，由债权人负担。

1.4.3 合同履行的特殊规则

(1)电子合同交付时间的认定规则。

通过互联网等信息网络订立的电子合同的标的为交付商品并采用快递物流方式交付的，收货人的签收时间为交付时间。电子合同的标的为提供服务的，生成的电子凭证或者实物凭证中载明的时间为提供服务时间；前述凭证没有载明时间或者载明时间与实际提供服务时间不一致的，以实际提供服务的时间为准。

电子合同的标的物为采用在线传输方式交付的，合同标的物进入对方当事人指定的特定系统且能够检索识别的时间为交付时间。

电子合同当事人对交付商品或者提供服务的方式、时间另有约定的，按照其约定。

(2)合同履行中的第三人。

在通常情况下，合同必须由当事人亲自履行。但根据法律的规定及合同的约定，或者在与合同性质不相抵触的情况下，合同可以由第三人履行，也可以由第三人代为履行。向第三人履行合同或者由第三人代为履行合同，不是合同义务的转移，当事人在合同中的法律地位不变。

①向第三人履行合同。当事人约定由债务人向第三人履行债务的，债务人未向第三人履行债务或者履行债务不符合约定，应当向债权人承担违约责任。

法律规定或者当事人约定第三人可以直接请求债务人向其履行债务，第三人未在合理期限内明确拒绝，债务人未向第三人履行债务或者履行债务不符合约定的，第三人可以请求债务人承担违约责任；债务人对债权人的抗辩，可以向第三人主张。

②由第三人代为履行合同。当事人约定由第三人向债权人履行债务，第三人不履行债务或者履行债务不符合约定的，债务人应当向债权人承担违约责任。

(3)提前履行或部分履行。

提前履行是指债务人在合同规定的履行期限到来之前就开始履行自己的义务。合同通常应按照约定的期限履行，提前或迟延履行属违约行为，因此，债权人可以拒绝债务人提前履行债务，但提前履行不损害债权人利益的除外，此时，因债务人提前履行债务给债权人增加的费用，由债务人负担。

部分履行是指债务人没有按照合同约定履行全部义务而只履行了自己的一部分义务。合同通常应全部履行，债权人可以拒绝债务人部分履行债务，但部分履行不损害债权人利益的除外，此时，因债务人部分履行债务给债权人增加的费用，由债务人负担。

(4)债权人分立、合并或者变更住所没有通知债务人，致使履行债务发生困难的，债务人可以中止履行或者将标的物提存。

(5)债务履行规则及顺序。

①对同一债权人负担数项债务的履行规则。债务人对同一债权人负担的数项债务种类相同，债务人的给付不足以清偿全部债务的，除当事人另有约定外，由债务人在清偿时指定其履行的债务。

债务人未作指定的，应当优先履行已经到期的债务；数项债务均到期的，优先履行对债权人缺乏担保或者担保最少的债务；均无担保或者担保相等的，优先履行债务人负担较重的债务；负担相同的，按照债务到期的先后顺序履行；到期时间相同的，按照债务比例履行。

②债务履行顺序。债务人在履行主债务外还应当支付利息和实现债权的有关费用，其给付不足以清偿全部债务的，除当事人另有约定外，应当按照下列顺序履行：实现债权的有关费用；利息；主债务。

(6)合同履行过程中的保全措施。

为了防止债务人的财产不适当减少而给债权人带来危害，《民法典》允许债权人为保全其债权的实现采取保全措施。保全措施包括代位权和撤销权。

①代位权是指因债务人怠于行使其债权或者与该债权有关的从权利，影响债权人的到期债权实现的，债权人可以向人民法院请求以自己的名义代位行使债务人对相对人的权利，但是该权利专属于债务人自身的除外。债权人提起代位权诉讼，应当符合下列条件：

a. 债权人对债务人的债权合法；

b. 债务人怠于行使其到期债权，对债权人造成损害；

c. 债务人的债权已到期；

d. 债务人的债权不是专属于债务人自身的债权。

债务人怠于行使其到期债权,对债权人造成损害是指债务人不履行其对债权人的到期债务,又不以诉讼方式或者仲裁方式向其债务人主张其享有的具有金钱给付内容的到期债权,致使债权人的到期债权未能实现。专属于债务人自身的债权是指基于扶养关系、抚养关系、赡养关系、继承关系产生的给付请求权和劳动报酬、退休金、养老金、抚恤金、安置费、人寿保险、人身伤害赔偿请求权等权利。当然,代位权的行使范围以债权人的债权为限,债权人行使代位权的必要费用由债务人负担。

人民法院认定代位权成立的,由债务人的相对人向债权人履行义务,债权人接受履行后,债权人与债务人、债务人与相对人之间相应的权利义务终止。债务人对相对人的债权或者与该债权有关的从权利被采取保全、执行措施,或者债务人破产的,依照相关法律的规定处理。

②撤销权是指因债务人以放弃其债权、放弃债权担保、无偿转让财产等方式无偿处分财产权益,或者恶意延长其到期债权的履行期限,影响债权人的债权实现的,债权人可以请求人民法院撤销债务人的行为。

债务人以明显不合理的低价转让财产、以明显不合理的高价受让他人财产或者为他人的债务提供担保,影响债权人的债权实现,债务人的相对人知道或者应当知道该情形的,债权人可以请求人民法院撤销债务人的行为。债务人影响债权人的债权实现的行为被撤销的,自始没有法律约束力。

撤销权的行使范围以债权人的债权为限。债权人行使撤销权的必要费用,由债务人负担。

撤销权自债权人知道或者应当知道撤销事由之日起一年内行使。自债务人的行为发生之日起五年内没有行使撤销权的,该撤销权消灭。

1.4.4 抗辩权

抗辩权是指在双务合同中,一方当事人享有的依法对抗对方要求或否认对方权利主张的权利。履行抗辩权的设置,使当事人可以在法定情况下对抗对方的请求权,而当事人的拒绝履行行为不但不构成违约,而且还可以更好地维护当事人的合法权益。履行抗辩权主要包括同时履行抗辩权、后履行抗辩权和不安抗辩权。

1.同时履行抗辩权

同时履行抗辩权也称不履行抗辩权,是指当事人互负债务,没有先后履行顺序的,应当同时履行。一方在对方履行之前有权拒绝其履行请求。一方在对方履行债务不符合约定时,有权拒绝其相应的履行请求。

行使同时履行抗辩权必须符合以下条件:当事人须因同一合同互负债务;债务须同时履行并已届清偿期;对方没有履行或者履行不适当。

2.后履行抗辩权

后履行抗辩权是指当事人互负债务，有先后履行顺序，应当先履行债务一方未履行的，后履行一方有权拒绝其履行请求。先履行一方履行债务不符合约定的，后履行一方有权拒绝其相应的履行请求。

行使后履行抗辩权应当符合下列条件：须双方当事人基于同一合同互负债务，且在履行上有关联性或者形成对价关系；须其中的一方当事人应当先履行债务；须应当先履行债务的一方当事人没有履行债务或者其履行不符合合同约定。

3.不安抗辩权

不安抗辩权是指双务合同中的当事人履行义务有先后顺序，先履行义务的一方当事人，有证据证明后履行一方当事人财产状况明显恶化或者履行债务的能力明显减弱，不能或可能不能履行合同义务时，在对方当事人未恢复履行能力或提供适当担保之前，当事人有权暂时中止履行合同义务。

《民法典》第五百二十七条规定，应当先履行债务的当事人，有确切证据证明对方有下列情形之一的，可以中止履行：

(1)经营状况严重恶化；

(2)转移财产、抽逃资金，以逃避债务；

(3)丧失商业信誉；

(4)有丧失或者可能丧失履行债务能力的其他情形。

当事人没有确切证据而中止履行合同义务的，应当承担违约责任。

《民法典》第五百二十八条规定，当事人依据前条规定中止履行的，应当及时通知对方。对方提供适当担保的，应当恢复履行。中止履行后，对方在合理期限内未恢复履行能力且未提供适当担保的，视为以自己的行为表明不履行主要债务，中止履行的一方可以解除合同并可以请求对方承担违约责任。

案例解析

本案中B施工单位的另一施工项目(Y项目)发生很大的变化，B施工单位便将用于该公路项目的大部分设备、人员调至Y项目，由此可以看出B施工单位履行合同的能力明显减弱，有不能或可能不能履行合同义务的可能。因此，这时建设单位即可以以B施工单位“有丧失或者可能丧失履行债务能力的其他情形”为由行使不安抗辩权，中止履行自己的义务，拒绝向B施工单位支付余下的工程款。

任务 1.5　合同的变更、转让和终止

案例引入

上海甲土方工程公司与某部队驻沪办事处签订了“土方工程合同”，约定由甲土方工程公司承包浦东新区某广场约 7 万平方米的土方挖运工程及内便道、内导墙外运工程。后由于甲土方工程公司另外承揽了一个大工程，无法按照合同约定的日期完成工程任务，便擅自将其承包的上述工程项目转让给丙公司施工。后由于某些原因甲土方工程公司与丙公司发生了纠纷。

思考

甲土方工程公司将土方工程交由丙公司施工的行为是否有效？

理论知识

1.5.1　合同变更

合同的变更是指合同依法成立后，在尚未履行或尚未完全履行时，当事人双方依法对合同的内容进行修订或调整所达成的协议。例如，对合同约定的数量、质量标准、履行期限、履行地点和履行方式等进行变更。合同变更一般不涉及已履行部分，而只对未履行的部分进行变更，因此，合同变更不能在合同履行后进行，只能在完全履行合同之前进行。

《民法典》规定，当事人协商一致，可以变更合同。因此，当事人变更合同的方式类似订立合同的方式，经过提议和接受两个步骤。要求变更合同的一方首先提出建议，明确变更的内容以及变更合同引起的后果处理；另一当事人对变更表示接受。这样，双方当事人对合同的变更达成协议。一般来说，书面形式的合同，变更协议也应采用书面形式。

应当注意的是，当事人对合同变更只是一方提议而未达成协议时，不产生合同变更的效力；当事人对合同变更的内容约定不明确的，同样也不产生合同变更的效力。

1.5.2　合同转让

合同转让是当事人一方取得另一方同意后将合同的权利义务转让给第三方的法律行为。合同转让是合同变更的一种特殊形式，它不是变更合同中规定的权利义务内容，而是变更合同主体。

1. 债权转让

债权人可以将合同的权利全部或者部分转让给第三人。但下列三种债权不得转让：

(1)根据合同性质不得转让;

(2)按照当事人约定不得转让;

(3)依照法律规定不得转让。

当事人约定非金钱债权不得转让的,不得对抗善意第三人。当事人约定金钱债权不得转让的,不得对抗第三人。

若债权人转让权利,债权人应当通知债务人。未经通知,该转让对债务人不发生效力。除非经受让人同意,债权人转让权利的通知不得撤销。

债权让与后,该债权由原债权人转移给受让人,受让人取代让与人(原债权人)成为新债权人,依附于主债权的从债权也一并转移给受让人(例如抵押权、留置权等),但是该从权利专属于债权人自身的除外。受让人取得从权利不因该从权利未办理转移登记手续或者未转移占有而受到影响。

为保护债务人利益,不致其因债权转让而蒙受损失,凡债务人对让与人的抗辩权(例如同时履行的抗辩权等),可以向受让人主张。

因债权转让增加的履行费用,由让与人负担。

2.债务转让

债务转让应当经债权人同意,债务人才能将合同的义务全部或者部分转移给第三人。

债务人转移义务后,原债务人可享有的对债权人的抗辩权也随债务转移而由新债务人享有,新债务人可以主张原债务人对债权人的抗辩权。原债务人对债权人享有债权的,新债务人不得向债权人主张抵销。

与主债务有关的从债务,例如附随于主债务的利息债务,也随债务转移而由新债务人承担。

3.债权债务一并转让

当事人一方经对方同意,可以将自己在合同中的权利和义务一并转让给第三人。权利和义务一并转让的处理,适用上述有关债权人和债务人转让的有关规定。

当事人订立合同后合并的,由合并后的法人或其他组织行使合同权利,履行合同义务。当事人订立合同后分立的,除另有约定外,由分立的法人或其他组织对合同的权利和义务享有连带债权,承担连带债务。

1.5.3 合同终止

1.合同终止的条件

合同终止是指合同当事人双方依法使相互间的权利义务关系终止,即合同关系消灭。

合同终止的情形包括:

(1)债务已经按照约定履行;

(2)债务相互抵销;

(3)债务人依法将标的物提存;

(4)债权人免除债务;

(5)债权债务同归于一人;

(6)法律规定或者当事人约定终止的其他情形。

债权人免除债务人部分或者全部债务的,合同的权利义务部分或者全部终止;债权和债务同归于一人的,合同的权利义务终止,但涉及第三人利益的除外。

债权债务终止后,当事人应当遵循诚信等原则,根据交易习惯履行通知、协助、保密、旧物回收等义务。

2.合同解除

合同解除是指当事人一方在合同规定的期限内未履行、未完全履行或者不能履行合同时,另一方当事人或者发生不能履行情况的当事人可以根据法律规定的或者合同约定的条件,通知对方解除双方合同关系的法律行为。

1)合同解除的条件

合同解除的条件可分为约定解除条件和法定解除条件。

①约定解除条件,包括:

a.当事人协商一致,可以解除合同;

b.当事人可以约定一方解除合同的条件。解除合同的条件成就时,解除权人可以解除合同。

②法定解除条件,包括:

a.因不可抗力致使不能实现合同目的;

b.在履行期限届满之前,当事人一方明确表示或者以自己的行为表明不履行主要债务;

c.当事人一方迟延履行主要债务,经催告后在合理期限内仍未履行;

d.当事人一方迟延履行债务或者有其他违约行为致使不能实现合同目的;

e.法律规定的其他情形。

以持续履行的债务为内容的不定期合同,当事人可以随时解除合同,但是应当在合理期限之前通知对方。

2)合同解除权的行使期限

合同解除权应在法律规定或者当事人约定的解除权期限内行使,期限届满当事人不行使的,该权利消灭。如法律没有规定或者当事人没有约定解除权行使期限,自解除权人知道或者应当知道解除事由之日起一年内不行使,或者经对方催告后在合理期限内不行使的,该权利消灭。

3)合同解除权的行使规则

当事人一方依法主张解除合同的,应当通知对方。合同自通知到达对方时解除;通知载明债务人在一定期限内不履行债务则合同自动解除，债务人在该期限内未履行债务的，合同自通知载明的期限届满时解除。对方对解除合同有异议的，任何一方当事人均可以请求人民法院或者仲裁机构确认解除行为的效力。

当事人一方未通知对方，直接以提起诉讼或者申请仲裁的方式依法主张解除合同，人民法院或者仲裁机构确认该主张的，合同自起诉状副本或者仲裁申请书副本送达对方时解除。

4)合同解除的法律后果

合同解除后，尚未履行的，终止履行；已经履行的，根据履行情况和合同性质，当事人可以请求恢复原状或者采取其他补救措施，并有权请求赔偿损失。

合同因违约解除的，解除权人可以请求违约方承担违约责任，但是当事人另有约定的除外。

主合同解除后，担保人对债务人应当承担的民事责任仍应当承担担保责任，但是担保合同另有约定的除外。

合同的权利义务关系终止，不影响合同中结算和清理条款的效力。

3.合同债务抵销

抵销是当事人互有债权债务，在到期后，各以其债权抵偿所付债务的民事法律行为，是合同权利义务终止的方法之一。

除依照法律规定或者按照合同性质不得抵销的之外，当事人应互负到期债务，该债务的标的物种类、品质相同的，任何一方可以将自己的债务与对方的债务抵销。当事人主张抵销的，应当通知对方。通知自到达对方时生效。当事人互负债务，标的物种类、品质不相同的，经协商一致，也可以抵销。

4.标的物提存

提存是指由于债权人的原因致使债务人难以履行债务时，债务人可以将标的物交给有关机关保存，以此消灭合同的制度。

债务履行往往要有债权人的协助，如果由于债权人的原因致使债务人无法向其交付标的物，不能履行债务，使债务人总是处于随时准备履行债务的局面，这对债务人来讲是不公平的。因此，法律规定了提存制度，并作为合同权利义务关系终止的情况之一。

有下列情形之一，难以履行债务的，债务人可以将标的物提存：

(1)债权人无正当理由拒绝受领；

(2)债权人下落不明；

(3)债权人死亡未确定继承人或者丧失民事行为能力未确定监护人；

(4)法律规定的其他情形。

债务人将标的物或者将标的物依法拍卖、变卖所得价款交付提存部门时，提存成立。提存成立的，视为债务人在其提存范围内已经交付标的物。

标的物提存后，除债权人下落不明的外，债务人应当及时通知债权人或债权人的继承人、监护人。标的物提存后毁损、灭失的风险和提存费用由债权人负担。提存期间,标的物的孳息归债权人所有。

债权人可以随时领取提存物,但债权人对债务人负有到期债务的,在债权人未履行债务或提供担保之前,提存部门根据债务人的要求应当拒绝其领取提存物。

债权人领取提存物的权利期限为五年,超过该期限,提存物扣除提存费用后归国家所有。但是,债权人未履行对债务人的到期债务,或者债权人向提存部门书面表示放弃领取提存物权利的,债务人负担提存费用后有权取回提存物。

案例解析

甲土方工程公司将土方工程交由丙公司施工的行为属于转移合同义务的行为,此种行为无效。

根据《民法典》第五百五十一条规定,债务人将债务的全部或者部分转移给第三人的,应当经债权人同意。债务人或者第三人可以催告债权人在合理期限内予以同意,债权人未作表示的,视为不同意。本案中甲土方工程公司将其承包的工程项目转让给丙公司施工,未经某部队驻沪办事处的同意,所以甲土方工程公司转让债务的行为无效。

任务 1.6　合同的违约责任

案例引入

田某与赵某签订 60 万元标的额的钢材买卖合同,约定迟延履行违约金为总价款的 30%。后因买受人赵某迟延履行 60 万元付款义务,逾期 12 天,田某诉至法院,要求赵某按照双方的约定支付违约金 18 万元。赵某认为其逾期付款仅仅只有 12 天,就要承担 18 万元违约金显失公平,双方先前约定的违约金过高,请求法院依法予以调整。

思考

什么是合同的违约?违约后要承担什么后果?赵某的请求该怎么处理?让我们一起来学习以下知识。

理论知识

1.6.1　违约责任及其特点

违约责任是指合同当事人不履行或不适当履行合同,应依法承担的责任。与其他责任制度相比，违约责任有以下主要特点。

1.违约责任以有效合同为前提

与侵权责任和缔约过失责任不同，违约责任必须以当事人双方事先存在的有效合同关系为前提。如果双方不存在合同关系，或者虽订立过合同，但合同无效或已被撤销，那么，当事人不可能承担违约责任。

2.违约责任以违反合同义务为要件

违约责任是当事人违反合同义务的法律后果。因此，只有当事人违反合同义务，不履行或者不适当履行合同时，才应承担违约责任。

3.违约责任可由当事人在法定范围内约定

违约责任主要是一种赔偿责任，因此，可由当事人在法律规定的范围内自行约定。只要约定不违反法律，就具有法律约束力。

4.违约责任是一种民事赔偿责任

首先，它是由违约方向守约方承担的民事责任，无论是违约金还是赔偿金，均是平等主体之间的支付关系；其次，违约责任的确定，通常应以补偿守约方的损失为标准，贯彻损益相当的原则。

1.6.2　违约责任的承担

1.违约责任的承担方式

当事人一方不履行合同义务或者履行合同义务不符合约定的，应当承担继续履行、采取补救措施或者赔偿损失等违约责任。

1)继续履行

继续履行是指在合同当事人一方不履行合同义务或者履行合同义务不符合合同约定时，另一方合同当事人有权要求其在合同履行期限届满后继续按照原合同约定的主要条件履行合同义务的行为。继续履行是合同当事人一方违约时，其承担违约责任的首选方式。

①违反金钱债务时的继续履行。当事人一方未支付价款、报酬、租金、利息，或者不履行其他金钱债务的，对方可以请求其支付。

②违反非金钱债务时的继续履行。当事人一方不履行非金钱债务或者履行非金钱债务不符合约定的，对方可以要求履行，但有下列情形之一的除外：

a.法律上或者事实上不能履行；

b.债务的标的不适于强制履行或者履行费用过高；

c.债权人在合理期限内未要求履行。

有前款规定的除外情形之一，致使不能实现合同目的的，人民法院或者仲裁机构可以根据当事人的请求终止合同权利义务关系，但是不影响违约责任的承担。

③第三人替代履行。当事人一方不履行债务或者履行债务不符合约定，根据债务的性质不得强制履行的，对方可以请求其负担由第三人替代履行的费用。

2)采取补救措施

如果合同标的物的质量不符合约定，应当按照当事人的约定承担违约责任。对违约责任没有约定或者约定不明确的，可以协议补充；不能达成补充协议的，按照合同有关条款或者交易习惯确定。依照上述办法仍不能确定的，受损害方根据标的的性质以及损失的大小，可以合理选择要求对方承担修理、更换、重作、退货、减少价款或者报酬等违约责任。

3)赔偿损失

当事人一方不履行合同义务或者履行合同义务不符合约定的，在履行义务或者采取补救措施后，对方还有其他损失的，应当赔偿损失。损失赔偿额应当相当于因违约所造成的损失，包括合同履行后可以获得的利益，但不得超过违反合同方订立合同时预见到或者应当预见到的因违反合同可能造成的损失。

当事人一方违约后，对方应当采取适当措施防止损失的扩大；没有采取适当措施致使损失扩大的，不得就扩大的损失要求赔偿。当事人因防止损失扩大而支出的合理费用，由违约方承担。

4)违约金

当事人可以约定一方违约时应当根据违约情况向对方支付一定数额的违约金，也可以约定因违约产生的损失赔偿额的计算方法。约定的违约金低于造成的损失的，当事人可以请求人民法院或者仲裁机构予以增加；约定的违约金过分高于造成的损失的，当事人可以请求人民法院或者仲裁机构予以适当减少。

当事人就迟延履行约定违约金的，违约方支付违约金后，还应当履行债务。

5)定金

当事人可以约定一方向对方给付定金作为债权的担保。定金合同自实际交付定金时成立。

定金的数额由当事人约定；但是，不得超过主合同标的额的 20%，超过部分不产生定金的效力。实际交付的定金数额多于或者少于约定数额的，视为变更约定的定金数额。

债务人履行债务的，定金应当抵作价款或者收回。给付定金的一方不履行债务或者履行债务不符合约定，致使不能实现合同目的的，无权请求返还定金；收受定金的一方不履行债务或者履行债务不符合约定，致使不能实现合同目的的，应当双倍返还定金。

2.违约责任的承担主体

(1)合同当事人双方违约时违约责任的承担。当事人双方都违反合同的，应当各自承担相应的责任。

(2)因第三人原因造成违约时违约责任的承担。当事人一方因第三人的原因造成违约的，应当向对方承担违约责任。当事人一方和第三人之间的纠纷，依照法律规定或者依照约定解决。

案例解析

我国《民法典》第五百八十五条规定，约定的违约金低于造成的损失的，人民法院或者仲裁机构可以根据当事人的请求予以增加；约定的违约金过分高于造成的损失的，人民法院或者仲裁机构可以根据当事人的请求予以适当减少。

当事人主张约定的违约金过高请求予以适当减少的，人民法院应当以实际损失为基础，兼顾合同的履行情况、当事人的过错程度以及预期利益等综合因素，根据公平原则和诚实信用原则予以衡量，并作出裁决。当事人约定的违约金超过造成损失的30%的，一般可以认定为“过分高于造成的损失”。总体上而言，我国立法中违约金的法律性质是以补偿性为主，惩罚性为辅。

田某、赵某双方约定违约金为合同标的额的30%，本身约定过高。赵某的违约行为只是逾期12天付款，并不构成严重违约，且田某因赵某的违约行为所遭受的直接经济损失充其量只是被赵某占用资金的同期银行存款利息。因此，在田某起诉赵某要求支付18万元违约金而赵某要求法院依法予以调整的情况下，法院应当支持赵某的调低要求。

任务1.7　合同争议的解决

案例引入

陕西某建筑工程有限公司A(需方)与浙江某装备有限公司B(供方)签订了“产品采购合同”。合同第十二条约定：“本合同一式两份，供方、需方各执一份，未尽事宜或发生纠纷，由双方协商解决，协商无效，在需方所在地申请法律仲裁。”合同履行过程中，双方发生争议。

A公司认为，双方所签订的“产品采购合同”第十二条未约定具体的仲裁机构，且双方未就仲裁机构达成补充协议，故应依法确认该仲裁条款无效。

B公司认为，“产品采购合同”是A公司提供的格式合同，经双方协商一致后签署，双方所约定的仲裁机构是确定的、唯一的，即陕西仲裁委员会，申请人要求确认仲裁条款无效缺乏依据。

就仲裁条款的效力确定，双方诉讼于人民法院。

思考

合同的争议该如何解决？关于仲裁有哪些规定？本案仲裁条款是否有效？让我们来学习以下知识。

理论知识

合同争议是指合同当事人之间对合同履行状况和合同违约责任承担等问题所产生的意见分歧。合同争议的解决方式有和解、调解、仲裁或者诉讼。其中,和解与调解是解决合同争议的常用和有效方式。当事人可以通过和解或者调解解决合同争议。

1.7.1 和解

和解是合同当事人之间发生争议后,在没有第三人介入的情况下,合同当事人双方在自愿、互谅的基础上,就已经发生的争议进行商谈并达成协议,自行解决争议的一种方式。和解方式简便易行,有利于加强合同当事人之间的协作,使合同能更好地得到履行。

1.7.2 调解

调解是指合同当事人于争议发生后,在第三者的主持下,根据事实、法律和合同,经过第三者的说服与劝解,使发生争议的合同当事人双方互谅、互让,自愿达成协议,从而公平、合理地解决争议的一种方式。

与和解相同,调解也具有方法灵活、程序简便、节省时间和费用、不伤害发生争议的合同当事人双方的感情等特征,而且由于有第三者的介入,可以缓解发生争议的合同双方当事人之间的对立情绪,便于双方较为冷静、理智地考虑问题。同时,由于第三者常常能够站在较为公正的立场上,较为客观、全面地看待、分析争议的有关问题并提出解决方案,从而有利于争议的公正解决。

参与调解的第三者不同,调解的性质也就不同。调解有民间调解、仲裁机构调解和法庭调解三种。

1.7.3 仲裁

仲裁是指发生争议的合同当事人双方根据合同中约定的仲裁条款或者争议发生后由其达成的书面仲裁协议,将合同争议提交给仲裁机构并由仲裁机构按照仲裁法律规范的规定居中裁决,从而解决合同争议的法律制度。当事人不愿协商、调解或协商、调解不成的,可以根据合同中的仲裁条款或事后达成的书面仲裁协议,提交仲裁机构仲裁。涉外合同的当事人可以根据仲裁协议向中国仲裁机构或者其他仲裁机构申请仲裁。

仲裁协议包括合同中订立的仲裁条款和以其他书面方式在纠纷发生前或者纠纷发生后达成的请求仲裁的协议。仲裁协议应当具有下列内容:请求仲裁的意思表示;仲裁事项;选定的仲裁委员会。仲裁协议对仲裁事项或者仲裁委员会没有约定或者约定不明确的,当事人可以补充协议;达不成补充协议的,仲裁协议无效。

根据《中华人民共和国仲裁法》，对于合同争议的解决，实行"或裁或审制"。即发生争议的合同当事人双方只能在"仲裁"或者"诉讼"两种方式中选择一种方式解决其合同争议。

仲裁裁决具有法律约束力。合同当事人应当自觉执行裁决。不执行的，另一方当事人可以申请有管辖权的人民法院强制执行。裁决作出后，当事人就同一争议再申请仲裁或者向人民法院起诉的，仲裁机构或者人民法院不予受理。但当事人对仲裁协议的效力有异议的，可以请求仲裁机构作出决定或者请求人民法院作出裁定。

1.7.4　诉讼

诉讼是指合同当事人依法将合同争议提交人民法院受理，由人民法院依司法程序通过调查、作出判决、采取强制措施等来处理争议的法律制度。有下列情形之一的，合同当事人可以选择诉讼方式解决合同争议：

(1)合同争议的当事人不愿和解、调解的；

(2)经过和解、调解未能解决合同争议的；

(3)当事人没有订立仲裁协议或者仲裁协议无效的；

(4)仲裁裁决被人民法院依法裁定撤销或者不予执行的。

合同当事人双方可以在签订合同时约定选择诉讼方式解决合同争议，并依法选择有管辖权的人民法院，但不得违反《中华人民共和国民事诉讼法》关于级别管辖和专属管辖的规定。对于一般的合同争议，由被告住所地或者合同履行地人民法院管辖。建设工程施工合同以施工行为地为合同履行地。

案例解析

本案经审判，得出以下结论：本案合同仲裁条款中双方当事人仅约定仲裁地点，而对仲裁机构没有约定。发生纠纷后，双方当事人就仲裁机构达不成补充协议，应依据《中华人民共和国仲裁法》第十八条之规定，认定本案所涉仲裁协议无效，陕西省×市人民法院可以依法受理本案。

任务 1.8　契约精神

合同管理是规范市场经济运行、市场主体之间经济行为采用的重要手段。市场经济重视契约精神，重视诚实守信，防范交易风险，追求交易效率和质量。契约精神作为一个法律意义上的概念，近年来受到各行业的广泛推崇和倡导。工程项目由于建设规模大、投资额度高、实施周期长、参与主体多、影响因素复杂等特殊性，在实施过程中一旦出现相关主体不讲诚信、违背规则等行为，将对工程项目和其他参与方的利益造成严重损失。

1.8.1 契约与契约精神

中国是世界上契约关系发展最早的国家之一。早在西周时，就有了一些对契约的界定，如《周礼》中就有“六曰听取予以书契，七曰听卖买以质剂”。在西方，契约的概念源于古希腊哲学和《罗马法》，是商品经济的产物，本质上属于经济关系的范畴。自从《罗马法》以后，契约这一概念在其漫长的历史演变中，逐渐和各种现代观念混合起来。16～18世纪，古典自然法学派的思想家又将契约观念由经济观念发展为一种社会的和政治的观念，并成为近代资产阶级革命的重要思想武器。

我国在引入大陆法系以前，民法著述中大都用“契约”一词，而非“合同”。直至20世纪70年代，“合同”一词才在我国得到广泛承认和使用，“契约”一词则多在学术研究及日常生活中偶尔使用。而实际上，现行立法中已经淘汰了“契约”的称谓(例如1999年10月1日起施行，2021年1月1日废止的《中华人民共和国合同法》)。但近年来，随着国际交流及西方经典译著的增多，“契约”一词又开始被广泛应用于各种场合。“契约”和“合同”两个概念虽有细微区分，但一般来说是等同的、可相互替换的。因此，在合同法理论中，合同也称契约。

顾名思义，契约精神是指契约中所蕴含和体现出来的精神品格及思想价值观念。具体而言，一般是指存在于商品经济社会并由此派生的契约关系与内在原则，是一种自由、平等、守信的精神，它要求社会中的每个人都要受自己诺言的约束，信守约定。这既是古老的道德原则，也是现代法治精神的要求。

1.8.2 契约精神的内容

契约精神本体上存在四个重要内容，即契约自由精神、契约平等精神、契约信守精神以及契约救济精神，具体内容如下：

(1)契约自由精神主要表现在私法领域，包含三个方面的内容——选择缔约者的自由、决定缔约内容的自由以及决定契约方式的自由。

(2)契约平等精神是指缔结契约的主体的地位是平等的，缔约双方平等享有权利、履行义务，互为对待给付，无人有超出契约的特权。

(3)契约信守精神是契约精神的核心精神，也是契约从习惯上升为精神的伦理基础，诚实信用为民法的“帝王条款”和“君临全法域之基本原则”。在缔约者内心之中存在契约守信精神，缔约双方基于守信，在订约时不欺诈、不隐瞒真实情况、不恶意缔约，履行契约时完全履行，同时尽必要的善良管理人、照顾、保管等附随义务。

(4)契约救济精神是一种救济的精神，在商品交易中人们通过契约来实现对自己的损失的救济。当缔约方因另一方的行为遭受损害时，提起违约之诉，从而使自己的利益得到最终的保护，上升至公法领域公民与国家订立契约，即宪法。当公民的私权益受到公权力的侵害时，依然可以通过与国家订立的契约而得到救济。

1.8.3　契约精神在《民法典》中的体现

1.契约自由精神在《民法典》中的体现

契约自由在《民法典》中具体表现有几个方面：一是当事人有签订合同的自由；二是当事人有选择相对人与之签订合同的自由；三是当事人有决定合同内容的自由；四是当事人有通过协商变更和解除合同的自由；五是当事人有选择合同方式的自由；六是当事人有选择解决合同争议方式的自由。

《民法典》第五条规定："民事主体从事民事活动，应当遵循自愿原则，按照自己的意思设立、变更、终止民事法律关系。"第一百三十条更是明确规定："民事主体按照自己的意愿依法行使民事权利，不受干涉。"自愿原则的核心是遵从当事人的意思，它是指自然人、法人和其他组织在是否订立合同、同谁订立合同、订立什么样的合同以及变更转让合同和选择解决合同纠纷的方式时，完全由他们自己决定，任何单位和个人不得非法干涉。但自愿原则并不意味着当事人可以随心所欲地订立合同而不受任何约束。它必须是在法律规定范围内的自愿。

2.契约平等精神在《民法典》中的体现

契约平等精神贯彻于合同的全部过程中，在《民法典》及相关条款中，公平原则也是契约平等精神的集中体现。它要求合同当事人以平等、协商的方式设立、变更或消灭合同关系，避免一方将自己的意志强加于对方的情况发生。

《民法典》第二条规定："民法调整平等主体的自然人、法人和非法人组织之间的人身关系和财产关系。"《民法典》第四条更明确规定："民事主体在民事活动中的法律地位一律平等。"

《民法典》第四百九十六条第二款规定："采用格式条款订立合同的，提供格式条款的一方应当遵循公平原则确定当事人之间的权利和义务，并采取合理的方式提示对方注意免除或者减轻其责任等与对方有重大利害关系的条款，按照对方的要求，对该条款予以说明。提供格式条款的一方未履行提示或者说明义务，致使对方没有注意或者理解与其有重大利害关系的条款的，对方可以主张该条款不成为合同的内容。"

可见，公平原则是民法典领域中确定的基本原则。合同的公平原则要求合同双方当事人之间的权利、义务要基本平衡，其具体要求为：(1) 在订立合同时，应当根据公平原则确定双方的权利和义务，不得欺诈，不得滥用权利，不得假借订立合同恶意进行磋商；(2)根据公平原则确定风险的合理分配；(3) 根据公平原则对合同作出解释，确定违约责任。

3.契约信守精神在《民法典》中的体现

我国《民法典》明确的一个重要原则是"民事主体从事民事活动，应当遵循诚信原则，秉持诚实，恪守承诺"。具体有如下规定。

《民法典》第五百条规定，当事人在订立合同过程中有下列情形之一，造成对方损失的，应当承担赔偿责任：(1)假借订立合同，恶意进行磋商；(2)故意隐瞒与订立合同有关的重要事实或者提供虚假情况；(3)有其他违背诚信原则的行为。

《民法典》第一百四十六条第一款规定："行为人与相对人以虚假的意思表示实施的民事法律行为无效。"

《民法典》第一百四十七条规定："基于重大误解实施的民事法律行为，行为人有权请求人民法院或者仲裁机构予以撤销。"

《民法典》第一百四十八条规定："一方以欺诈手段，使对方在违背真实意思的情况下实施的民事法律行为，受欺诈方有权请求人民法院或者仲裁机构予以撤销。"

《民法典》第一百四十九条规定："第三人实施欺诈行为，使一方在违背真实意思的情况下实施的民事法律行为，对方知道或者应当知道该欺诈行为的，受欺诈方有权请求人民法院或者仲裁机构予以撤销。"

《民法典》第一百五十条规定："一方或者第三人以胁迫手段，使对方在违背真实意思的情况下实施的民事法律行为，受胁迫方有权请求人民法院或者仲裁机构予以撤销。"

《民法典》第一百五十一条规定："一方利用对方处于危困状态、缺乏判断能力等情形，致使民事法律行为成立时显失公平的，受损害方有权请求人民法院或者仲裁机构予以撤销。"

《民法典》第一百五十三条第一款规定："违反法律、行政法规的强制性规定的民事法律行为无效。但是，该强制性规定不导致该民事法律行为无效的除外。"第二款规定："违背公序良俗的民事法律行为无效。"

《民法典》第一百五十四条规定："行为人与相对人恶意串通，损害他人合法权益的民事法律行为无效。"

《民法典》第五百零一条规定："当事人在订立合同过程中知悉的商业秘密或者其他应当保密的信息，无论合同是否成立，不得泄露或者不正当地使用；泄露、不正当地使用该商业秘密或者信息，造成对方损失的，应当承担赔偿责任。"

上述法律条款说明我国《民法典》规定合同的签订、履行都要遵守诚实守信原则，这与契约精神中的信守精神是不谋而合的。

4.契约救济精神在《民法典》中的体现

契约订立的本质在于实现契约目的，须契约双方按照条款规定全面善意地履行。一般而言，一个正常的缔约者是愿意履行和遵守自己的约定的，并希望对方同样如此。但由于现实情况的变化性、复杂性，违约情况也时有发生。对于违约及其损失情况的发生，我国《民法典》中制定了相应规则来应对，部分条款如下。

《民法典》第五百七十七条规定："当事人一方不履行合同义务或者履行合同义务不符合约定的，应当承担继续履行、采取补救措施或者赔偿损失等违约责任。"

《民法典》第五百七十八条规定："当事人一方明确表示或者以自己的行为表明不履行合同义务的，对方可以在履行期限届满前请求其承担违约责任。"

《民法典》第五百九十二条第一款规定："当事人都违反合同的，应当各自承担相应的责任。"

当合同履行过程中发生违约行为时，上述《民法典》中法律条款对违约责任分配作了原则上的规定，有效保障了合同订立双方通过合同来实现己方损失救济的可行性，是契约精神中救济精神的重要体现。

1.8.4 工程合同管理亟须回归契约精神

在我国工程建设领域，契约精神缺失的直接体现是合同纠纷案件的增多。根据全国法院审理民商法案件统计，2014 年全国法院新收建设工程合同纠纷案件 118 649 件，较 2013 年增长 18.70%。

建设工程合同纠纷案件的缘由也是五花八门，可归纳但不限于以下几点。

(1)承包人资质不合格、挂靠现象常见。挂靠是指不具备资质条件的单位或个人以营利为目的，以某一具备资质条件的建筑企业的名义承揽施工任务的行为，为法律禁止行为，但这种行为在建筑工程合同纠纷中屡见不鲜。鉴于建设工程具有投资大、周期长、质量要求高、技术要求强、关乎国计民生等特殊性，《中华人民共和国建筑法》《建设工程质量管理条例》等法律、行政法规都规定，承包人必须具备相应的资质等级，并在资质等级范围内承包工程，否则将导致建设工程合同的无效。挂靠者以追逐利润为目的，但在生产活动中，一方面被收取高额管理费用(即挂靠费)，利润空间被极大压缩；另一方面，挂靠是违法行为，挂靠者和被挂靠者的责、权、利均无对应的法律保护。这两方面因素促使挂靠者普遍力求降低成本和质量标准，甚至偷工减料，以高风险换取高回报，极易导致合同纠纷案件的发生，严重扰乱了建筑市场的正常秩序。

(2)"阴阳合同"屡禁不止。"阴阳合同"是指在建设工程施工招标投标过程中，发包人与中标单位除了公开签订的施工合同外，还私下签订合同。这两份合同的标的物虽然完全一样，但在具体的价款、酬金、履行期限和方式、工期、质量等实质性内容方面则有较大差异。在双方私下签订的合同中，业主往往强迫中标单位垫资、带资承包、压低工程款等，签订这种"阴阳合同"的主观动机大多是为了应付某种检查和监管或规避法律。那份公开的、对外的、在相关行政主管部门备过案或按照招投标文件内容所签订的合同，其内容和程序均合法，称为"阳合同"；而那份私下签订的合同，对"阳合同"具体的价款、酬金、履行期限和方式、工期、质量等实质性内容进行了更改，只为当事人所知并实际履行的合同，一般在内容和程序方面均有违法之处，称为"阴合同"。

(3)承包人未遵循强制性规定、合同约定进行施工，存在质量、安全隐患，甚至引发质量、安全事故。由于工程建设本身的复杂性，造成工程质量、安全问题的原因往往是多方面的，最根本的是参与工程建设的单位或企业对法律、行政法规、部门规章以及国家技术标准规范等强制性规定和合同约定的质量方面的义务的违反。在工程项目实施的过程中，业主方和承包方都各自选择满足自身效益最大化的经济目标，工程质量、工程安全就成为业主方与承包方矛盾冲突的焦点。保证工程施工的质量、安全，必然要提高工程项目的成本，偷工减料、减少安全文明措施费用的实际投入等必然导致建设工程项目质量的降低、安全风险的提高。

(4)发包人拖欠承包人工程款。我国建筑领域工程款拖欠情况十分严重，根据建设部统计数据，2004 年之前拖欠工程款占建筑业总产值的比例一度在 15%～20%，2003 年 10 月提出全国建设领域拖欠工程款清偿后，这一比例有所下降。目前各级住建部门仍较为频繁通报和整治工程款拖欠案件，可见工程款拖欠解决的情况不容乐观。从业主到总承包商、分包商，再到项目经理、施工队，层层拖欠，形成了一个复杂的"债务"链条。任何一个环节的失信行为都可能引发连锁反应，而业主违反合同拖欠工程款的失信行为正是这个连环套的死结。拖欠工程款问题，严重影响了工程建设的顺利实施，扰乱了建筑市场的正常秩序，恶化社会信用环境，甚至威胁社会安定团结。

(5)承包人违法分包、非法转包。《中华人民共和国建筑法》第二十八条规定："禁止承包单位将其承包的全部建筑工程转包给他人，禁止承包单位将其承包的全部建筑工程肢解以后以分包的名义分别转包给他人。"但是，很多施工单位出于种种原因，或者由于工程标价压得太低，自主施工无利可图；或者是因为施工现场协调难度大，额外的隐性费用较多，自主经营得不偿失；或者工程标量小，机械设备调遣远，费用开支过大，就随意把中标工程肢解后转包或违法分包。工程经层层转包、违法分包，层层盘剥，一方面导致实际投入项目中的资金大大缩水，实际用于工程建设的费用远远低于最初的施工合同的约定，导致工程偷工减料现象大量存在；另一方面，层层转包、违法分包后，责、权、利主体关系变得复杂、不明朗，一旦出现问题，很难追查责任，所以极易诱发信用危机，为工程质量事故埋下隐患，危及社会公共利益和人民群众的生命财产安全。

以上各类合同纠纷案件之所以发生，建筑工程合同双方地位不对等、建设工程合同的不完全性、工程合同双方缺乏重复博弈机制、建筑工程行业契约信用制度尚未建立等均是重要的间接原因，而究其根本在于建筑工程行业契约精神的缺失。要预防各类合同纠纷案件的发生，工程合同管理亟须回归契约精神。

培育契约精神是一项复杂的系统工程，需要政府和社会(包括行业协会、从业单位和个人等)的共同努力，主要可通过以下措施来实现。

(1)强化理论研究，依托高校、科研院所、咨询公司等研究机构，结合我国社会体制和经济发展现状，针对建设工程行业的特殊性，研究判断契约精神的产生环境和现有内涵，使得契约精神理论能在宏观上指导和引导人们有更清醒的认识。

(2)重视教育引导。培养合乎契约精神的公民意识。高等教育中与工程建设相关专业的培养计划中应重点突出契约精神的培育。对于已进入工程建设行业的从业人员，主管部门、行业协会应有计划、有针对性地开展职业道德教育、专业知识技能的再教育。

(3)营造诚信环境。通过政府主管部门、行业管理协会以及社会媒体,在整个工程建设行业乃至全社会范围内开展对契约精神的广泛宣传,开发和应用企业和从业人员诚信管理平台,激励诚信企业和个人,惩戒淘汰失信者,营造良好的行业发展环境。

(4)完善制度建设。从法律上完善契约制度,使得违反契约精神的行为受到法律的禁锢和惩处。健全监督体系,公检法等政府部门、媒体以及社会公众都应成为监督体系的组成部分,对工程建设行业的企业和个人的经营活动是否违反契约精神、是否违法进行监督。

思考与练习

一、选择题

1. 下列情形中属于效力待定合同的有(　　)。

A. 出租车司机借抢救重病人急需租车之机将车价提高10倍

B. 10周岁的儿童因发明创造而接受奖金

C. 成年人甲误将本为复制品的油画当成真品购买

D. 10周岁的少年将自家的电脑卖给40岁的张某

2. 某建设工程施工合同无效,但该工程竣工验收合格,以下说法正确的是(　　)。

A. 合同无效是从订立时起承包人的权益就不受法律保护,所以承包人无法获取工程价款

B. 因为合同无效,承包人应提出要求对方赔偿损失

C. 因合同无效,承包人可以请求参照市场价格支付工程价款

D. 虽然合同无效,但承包人可以请求参照合同约定支付工程价款

3. 合同中具有相对独立性,效力不受合同无效、变更或者终止影响的条款是(　　)条款。

A. 违约责任　　B. 解决争议　　C. 价款或酬金　　D. 数量和质量

4. 无效合同从(　　)之日起就不具备法律效力。

A. 确认　　B. 订立　　C. 履行　　D. 谈判

5. 乙方当事人的违约行为导致工程受到损失,甲方没有采取任何措施减损,导致损失扩大到5万元。甲方与乙方就此违约事实发生纠纷,经过鉴定机构鉴定,乙方的违约行为给甲方造成的损失是2万元,乙方应该向甲方赔偿损失(　　)万元。

A. 1　　B. 2　　C. 3　　D. 5

6. 合同条款空缺时,可以采用(1)交易习惯;(2)补充协议;(3)按照《民法典》约定这三种方式来处理,但是这三种方式是有先后顺序的,其正确的先后顺序是(　　)。

A. (1)(2)(3)　　B. (3)(2)(1)　　C. (1)(3)(2)　　D. (2)(1)(3)

7. 合同内容中,可作为发生纠纷后确定法院地域管辖依据的是(　　)。

A. 合同标的　　B. 履行期限　　C. 解决争议的方法　　D. 履行地点

8. 甲向某出版社乙去函,询问该出版社是否出版了《现行建筑施工规范大全》资料,乙立即向甲

邮寄了《现行建筑施工规范大全》两套，共 380 元，甲认为该书不符合其需要，拒绝接受，双方因此发生了争议。从本案来看甲乙之间（　　）。

A. 合同已经成立　　B. 合同未成立

C. 已经完成要约和承诺阶段　　D. 合同是否成立无法确定

9. 甲公司的总经理张三到乙公司的董事长李四的办公室，看到丙公司向乙公司发出的一份要约，很感兴趣，就向李四要了这份要约，并按照要约上的要求回复了丙公司，甲公司发出的文件属于（　　）。

A. 要约邀请　　B. 新要约　　C. 承诺　　D. 承诺意向

10. 甲向乙发出了一份投标邀请函，在邀请函中写明，投标书应通过电子邮件的形式提交给甲，依据《民法典》，要约生效的时间应为（　　）。

A. 乙发出电子邮件时的时间　　B. 乙发出电子邮件得到甲确认的时间

C. 乙发出的邮件进入甲邮箱的时间　　D. 甲知道收到邮件时的时间

11. 下列合同订立的原则中，可以作为合同当事人的行为准则，防止当事人滥用权利，保护当事人合法权益，维护和平衡当事人之间的利益的原则是（　　）。

A. 合法原则　　B. 诚实信用原则　　C. 公平原则　　D. 自愿原则

12. 某工程招标时，甲施工单位委派的项目经理没有取得建造师的执业资格，所提供的资格证书复印件是伪造的。则甲施工单位违背了合同订立中的（　　）。

A. 平等原则　　B. 诚实信用原则　　C. 公平原则　　D. 自愿原则

13. 某中标的施工企业与房地产开发商签订施工合同时，开发商强迫要求施工企业必须承诺在施工过程中无论发生什么情况都不得提出索赔，而施工企业在投标时，开发商并没有明确表示会有这一要求。开发商的这一要求违反了订立合同的（　　）。

A. 平等原则　　B. 诚实信用原则　　C. 公平原则　　D. 自愿原则

14. 关于《民法典》的公平原则，下列表述不正确的是（　　）。

A. 公平包括合同当事人双方的权利义务要平等

B. 公平包括合同的风险应该合理分配

C. 公平包括不得假借订立合同恶意进行磋商

D. 公平包括合同中违约责任的确定要合理

15. 当事人在合同中约定有定金和违约金的情况时，（　　）。

A. 可以选择适用定金或者违约金　　B. 可以定金和违约金一起适用

C. 只能适用违约金　　D. 视情况确定适用定金或违约金

16. 甲，乙双方签订了买卖合同，在合同履行过程中，发现该合同履行费用的负担问题约定不明确。在这种情况下，可供甲、乙双方选择的履行规则有（　　）。

A. 双方协议补充　　B. 按交易习惯确定

C. 由履行义务一方负担　　D. 按合同有关条款确定

17. 甲与乙订立买卖合同，合同到期，甲按约定交付了货物，但乙以资金紧张为由迟迟不支付货款。之后，甲了解到，乙借给丙的一笔款项已到期，但乙一直不向丙催讨欠款，于是，甲向人民法院请求以甲的名义向丙催讨欠款，甲请求人民法院以自己的名义向丙催讨欠款的权利在法律上称为（　　）。

A. 撤销权　　B. 代位权　　C. 同时履行抗辩权

D. 后履行抗辩权　　E. 不安抗辩权

18. 甲乙双方订立买卖合同，约定收货后一周内付款。甲方在交货前发现乙方经营状况严重恶化，根据《民法典》的规定甲方可行使（　　）。

A. 同时履行抗辩权　　B. 后履行抗辩权

C. 不安抗辩权　　D. 撤销权

19. 甲公司与乙公司订立的买卖合同，甲公司向乙公司购买西服价款总值为 9 万元，甲公司于 5 月 1 日前向乙公司预先支付货款 6 万元，余款于 6 月 10 日在乙公司交付西服后 2 日内一次付清。甲公司以资金周转困难为由未按合同约定预先支付货款 6 万元。6 月 10 日，甲公司要求乙公司交付西服。根据《民法典》规定，乙公司可以行使的权利是（　　）。

A. 同时履行抗辩权　　B. 后履行抗辩权

C. 不安抗辩权　　D. 撤销权

20. 甲公司于 4 月 1 日向乙公司发出订购一批实木沙发的要约，要求乙公司于 4 月 8 日前答复。4 月 2 日乙公司收到该要约。4 月 3 日，甲公司欲改向丙公司订购实木沙发，遂向乙公司发出撤销要约的信件，该信件于 4 月 4 日到达乙公司。4 月 5 日，甲公司收到乙公司的回复，乙公司表示暂无实木沙发，问甲公司是否愿意选购布艺沙发。根据《民法典》的规定，甲公司要约失效的时间是（　　）。

A. 4 月 3 日　　B. 4 月 4 日　　C. 4 月 5 日　　D. 4 月 8 日

二、案例分析

1. 2019 年 3 月 15 日，某外贸公司为出口化工原料，到某化工厂采购化工原料 400 t。外贸公司到化工厂看了样品、包装样品及产品说明书，双方口头商定：由化工厂于同年 5 月 20 日前将 400 t 化工原料托运到外贸公司仓库，产品质量达到国家标准，每吨价格为 5 000 元，付款结算办法为先由化工厂发货，然后由化工厂凭本厂发票及铁路托运票证到外贸公司结算，发一批货，结一次款项。此次商谈的两天后，外贸公司给化工厂打来电话称：“将原定的 400 t 改为 600 t，质量、价格、到站地点与原商定一样，无变化。”

后来由于外贸公司未与外商正式签订合同，外商改变了从中国进口此货的计划。在此情况下，外贸公司既未令化工厂停止发货，也未从某仓库将货物取走或转为内销。11 月，外贸公司发现此化工原料已经变质，于是找到化工厂要求其处理此货。此时，化工厂与该外贸公司已结算了全部货款。化工厂以合同已经履行完毕，该化工原料已超过保质期为由拒绝处理。双方协商不成，外贸公司以双方口头约定不明确、产品质量有问题为由，将化工厂起诉至法院，要求退货给对方，并由对方承担切损失。请问，没有签订书面合同，但已履行完毕是否有效？

2.2019 年 7 月，甲公司为采购一批设备，委托一家招投标公司组成评标委员会进行招标活动。乙公司通过现场竞标后，经过评标委员会评议被确定为中标单位，并于次日由评标委员会出具了中标通知书。但是甲公司通过考察，不同意确定乙公司为中标人。那么，甲公司能拒绝与乙公司签订合同吗？

3.于某做服装生意，近期资金周转不畅，于是向做布料生意的谈某借款 20 万元。双方约定：借款期限为 2 年，每年的 8 月 20 日支付当年的利息，否则当年利息并入本金。那么，双方这种“利滚利”的约定受法律保护吗？

项目二

施工项目招标与投标

项目目标

知识目标	技能目标	素质(思政)目标
1. 施工招标方式与招标范围； 2. 招标程序； 3. 投标程序； 4. 施工招标策划； 5. 施工投标报价策略； 6. 评标与授标	能够利用招标投标法规相关条文，分析并处理有关招投标过程中的相关事件	1. 树立职业自豪感和使命感，激发学生的爱国热情； 2. 使学生了解招标和投标环节的相关法律法规，树立恪守职业道德，规范职业行为； 3. 培养学生树立安全生产意识，牢固树立“安全第一、预防为主”的思想； 4. 培养学生团队协作精神和集体荣誉感

任务 2.1　施工招标方式与招标范围

案例引入

某房地产公司计划在XX市XX区开发60 000 m^2的住宅项目，可行性研究报告已经通过原国家计委批准，资金自筹，资金尚未完全到位，仅有初步设计图纸，因急于开工，组织销售，在此情况下决定采用邀请招标的方式，随后向7家施工单位发出了投标邀请书。

思考

(1)《中华人民共和国招标投标法》中规定的招标方式有哪几种？

(2)通常情况下，哪些工程项目适宜采用邀请招标的方式进行招标？

理论知识

2.1.1　招投标概述

1. 招投标的概念

招标投标是在市场经济条件下进行大宗货物的买卖、工程建设项目的发包与承包，以及服务项目的采购与提供时，由交易活动的发起方在一定范围内公布标的特征和部分交易条件，按照依法确定的规则和程序，对多个响应方提交的报价及方案进行评审，择优选择交易主体并确定全部交易条件的一种交易方式。

工程建设项目招标投标是国际上广泛采用的发包人择优选择工程承包人的主要交易方式。招标的目的是为拟建的工程项目选择适当的承包人，将全部工程或其中某一部分工作委托这个(些)承包人负责完成。承包人则通过投标竞争，决定自己的生产任务和销售对象，也就是使产品得到社会的承认，从而完成生产计划并实现盈利计划。为此承包人必须具备一定的条件，才有可能在投标竞争中获胜，为招标人所选中。这些条件主要是一定的技术、经济实力和管理经验，能够胜任承包的任务，做到效率高、价格合理以及信誉良好。

工程建设项目招标投标制度是在市场经济条件下产生的，因而必然受竞争机制、供求机制、价格机制的制约。招标投标意在鼓励竞争，防止垄断。根据《民法典》的相关规定，建设工程招标文件是要约邀请，而投标文件是要约，中标通知书则是承诺。

2.建设工程招标投标的原则

建设工程招标投标活动的基本原则，就是建设工程招标投标活动应遵循的普遍的指导思想与准则。根据《中华人民共和国招标投标法》的规定，这些原则包括公开、公平、公正和诚实信用。

(1)公开原则。公开原则就是要求招标投标活动具有高度的透明性，招标信息、招标程序必须公开，即必须做到招标通告公开发布，开标程序公开进行，中标结果公开通知，使每一个投标人获得同等的信息，在信息量相等的条件下进行公平竞争。

(2)公平原则。公平原则要求给予所有投标人完全平等的机会，使每一个投标人享有同等的权利并承担同等的义务，招标文件和招标程序不得含有任何对某一方歧视的要求或规定。

(3)公正原则。公正原则就是要求在选定中标人的过程中，评标机构的组成必须避免任何倾向性，评标标准必须完全一致。

(4)诚实信用原则。诚实信用原则也称诚信原则。这条原则要求招标投标当事人应以诚实守信的态度行使权利，履行义务，以维护双方的利益平衡，双方当事人都必须以尊重自身利益的同等态度尊重对方利益，同时必须保证自己的行为不损害第三方利益和国家、社会的公共利益。《中华人民共和国招标投标法》规定，应该实行招标的项目不得规避招标，招标人和投标人不得有串通投标、泄露标底、骗取中标等行为。

诚实守信

近年来，建筑市场发展迅速，建筑工程大多采用招投标活动，而招投标活动中经常出现违背诚实信用原则的事件。主要体现在恶意串标、弄虚作假、分转包谋利、陪标等，这些现象严重阻碍了我国建筑市场竞争机制有效健康的运行。为有效完善我国现行的招投标机制，建筑企业应加强思想道德教育及法律教育，加大对评审专家及投标单位的监督和管理；国家也应加大违法执法力度，加快建立诚信档案体系，杜绝现存的诚信问题的发生，进一步规范招投标领域的各种行为，促进我国建筑市场持续健康的发展，做到真正的诚实守信。

2.1.2　施工招标方式与范围

1.招标方式

根据《中华人民共和国招标投标法》规定，工程施工招标分为公开招标和邀请招标两种方式。

1）公开招标

公开招标又称无限竞争性招标，是指招标人按程序，通过报刊、广播、电视、网络等媒体发布招标公告，邀请具备条件的施工承包商投标竞争，然后从中确定中标者并与之签订施工合同的过程。

公开招标方式的优点：招标人可以在较广的范围内选择承包商，投标竞争激烈，择优率更高，有利于招标人将工程项目交予可靠的承包商实施，并获得有竞争性的商业报价，同时，也可在较大程度上避免招标过程中的贿标行为。因此，在国际上，政府采购通常采用这种方式。

公开招标方式的缺点：准备招标、对投标申请者进行资格预审和评标的工作量大，招标时间长、费用高。同时，参加竞争的投标者越多，中标的机会就越小；投标风险越大，损失的费用也就越多，而这种费用的损失必然会反映在标价中，最终会由招标人承担，故这种方式在一些国家较少采用。

2）邀请招标

邀请招标也称有限竞争性招标，是指招标人以投标邀请书的形式邀请预先确定的若干家施工承包商投标竞争，然后从中确定中标者并与之签订施工合同的过程。

采用邀请招标方式时，邀请对象应以5～10家为宜，至少不应少于3家，否则就失去了竞争意义。与公开招标方式相比，邀请招标方式的优点是不发布招标公告，不进行资格预审，简化了招标程序，因而节约了招标费用、缩短了招标时间。而且由于招标人比较了解投标人以往的业绩和履约能力，从而减少了合同履行过程中承包商违约的风险。对于采购标的较小的工程项目，采用邀请招标方式比较有利。此外，有些工程项目的专业性强，有资格承接的潜在投标人较少或者需要在短时间内完成投标任务等，不宜采用公开招标方式的，也应采用邀请招标方式。值得注意的是，尽管采用邀请招标方式时不进行资格预审，但为了体现公平竞争和便于招标人对各投标人的综合能力进行比较，仍要求投标人按招标文件的有关要求在投标文件中提供有关资质资料，在评标时以资格后审的形式作为评审内容之一。

邀请招标方式的缺点：由于投标竞争的激烈程度较差，有可能会提高中标合同价；也有可能排除某些在技术上或报价上有竞争力的承包商参与投标。

2. 建设工程招标的范围

2018 年 6 月 1 日起实施的《必须招标的工程项目规定》（中华人民共和国国家发展和改革委员会令第 16 号）规定，全部或者部分使用国有资金投资或者国家融资的项目和使用国际组织或者外国政府贷款、援助资金的项目达到一定规模的必须进行招标。

（1）全部或者部分使用国有资金投资或者国家融资的项目包括：

①使用预算资金 200 万元人民币以上，并且该资金占投资额 10%以上的项目；

②使用国有企业事业单位资金，并且该资金占控股或者主导地位的项目。

（2）使用国际组织或者外国政府贷款、援助资金的项目包括：

①使用世界银行、亚洲开发银行等国际组织贷款、援助资金的项目；

②使用外国政府及其机构贷款、援助资金的项目。

（3）不属于上述规定情形的大型基础设施、公用事业等关系社会公共利益、公众安全的项目，按《必须招标的基础设施和公用事业项目范围规定》（发改法规〔2018〕843 号）规定，包括：

①煤炭、石油、天然气、电力、新能源等能源基础设施项目；

②铁路、公路、管道、水运，以及公共航空和 A1 级通用机场等交通运输基础设施项目；

③电信枢纽、通信信息网络等通信基础设施项目；

④防洪、灌溉、排涝、引（供）水等水利基础设施项目；

⑤城市轨道交通等城建项目。

（4）勘察、设计、施工、监理以及与工程建设有关的重要设备、材料等的采购达到下列标准之一的，属于必须招标的范围：

①施工单项合同估算价在 400 万元人民币以上；

②重要设备、材料等货物的采购，单项合同估算价在 200 万元人民币以上；

③勘察、设计、监理等服务的采购，单项合同估算价在 100 万元人民币以上。

同一项目中可以合并进行的勘察、设计、施工、监理以及与工程建设有关的重要设备、材料等的采购，合同估算价合计达到前款规定标准的，必须招标。

任何单位和个人不得将依法必须进行招标的项目化整为零或者以其他任何方式规避招标。

（5）依法必须进行施工招标的工程建设项目有下列情形之一的，可以不进行施工招标：

①涉及国家安全、国家秘密、抢险救灾或者属于利用扶贫资金实行以工代赈需要使用农民工等特殊情况，不适宜进行招标；

②施工主要技术采用不可替代的专利或者专有技术；

③已通过招标方式选定的特许经营项目投资人依法能够自行建设；

④采购人依法能够自行建设；

⑤在建工程追加的附属小型工程或者主体加层工程，原中标人仍具备承包能力，并且其他人承担将影响施工或者功能配套要求；

⑥国家规定的其他情形。

案例解析

(1)《中华人民共和国招标投标法》中规定的招标方式有公开招标与邀请招标两种。

(2)有下列情形之一的，经批准可以进行邀请招标：①项目技术复杂或有特殊要求，只有少量几家潜在投标人可供选择的；②受自然地域环境限制的；③涉及国家安全、国家秘密或者抢险救灾，适宜招标但不宜公开招标的；④拟公开招标的费用与项目的价值相比不值得的；⑤法律、法规规定不宜公开招标的。

任务 2.2　施工招标与投标程序

案例引入

某公路路基工程具备招标条件，决定进行公开招标。招标人委托某招标代理机构 K 进行招标代理。招标方案由 K 招标代理机构编制，经招标人同意后实施。招标文件规定本项目采取公开招标、资格后审方式选择承包人，同时规定投标有效期为 90 日。2020 年 10 月 12 日 16:00为投标截止时间，且同一时间在某某会议室召开开标会议。

2020 年 9 月 15 日，K 招标代理机构在国家指定媒介上发布招标公告。招标公告内容如下：

①招标人的名称和地址；

②招标代理机构的名称和地址；

③招标项目的内容、规模及标段的划分情况；

④招标项目的实施地点和工期；

⑤对招标文件收取的费用。

2020 年 9 月 18 日，招标人开始出售招标文件。2020 年 9 月 22 日，有两家外省市的施工单位前来购买招标文件，被告知招标文件已停止出售。截至 2020 年 10 月 12 日 16:00 即投标文件递交截止时间，共有 48 家投标单位提交了投标文件。在招标文件规定的时间进行开标，经招标人代表检查投标文件的密封情况后，由招标代理机构当众拆封，宣读投标人名称、投标价格、工期等内容，并由投标人代表对开标结果进行了签字确认。随后，招标人依法组建的评标委员会对投标人的投标文件进行了评审，最后确定了 A、B、C 三家投标人分别为某合同段第一、第

二、第三中标候选人。招标人于2020年10月28日向A投标人发出了中标通知书，A中标人于当日确认收到此中标通知书。此后，自10月30日至11月30日招标人又与A投标人就合同价格进行了多次谈判，于是A投标人将价格在正式报价的基础上下浮了0.5%，最终双方于12月3日签订了书面合同。

思考

(1)针对本工程，写出一个完整的招标程序。

(2)本案招投标程序有哪些不妥之处？为什么？

理论知识

2.2.1 招标程序

公开招标与邀请招标在程序上的主要差异：一是使施工承包商获得招标信息的方式不同；二是对投标人资格审查的方式不同。但是，公开招标与邀请招标均要经过招标准备、资格审查与投标、开标评标与授标三个阶段。

1. 招标应具备的条件

(1)依法必须招标的工程建设项目，应当具备下列条件才能进行施工招标：

①招标人已经依法成立，工程施工招标人是依法提出施工招标项目、进行招标的法人或者其他组织；

②初步设计及概算应当履行审批手续的，已经批准；

③有相应资金或资金来源已经落实；

④有招标所需的设计图纸及技术资料。

(2)按照国家有关规定需要履行项目审批、核准手续的依法必须进行施工招标的工程建设项目，其招标范围、招标方式、招标组织形式应当报项目审批部门审批、核准。项目审批、核准部门应当及时将审批、核准确定的招标内容通报有关行政监督部门。

(3)自行组织招标的，招标人自行办理招标事宜组织工程招标的资格条件要求具备以下五个方面：

①具有项目法人资格(或法人资格)；

②具有与招标项目规模和复杂程度相适应的工程技术、概预算、财务和工程管理等方面专业技术力量；

③有从事同类工程建设项目招标的经验；

④设有专门的招标机构或者拥有3名以上专职招标业务人员；

⑤熟悉和掌握《中华人民共和国招标投标法》及有关法规规章。

自行组织招标虽然便于协调管理，但往往容易受招标人认识水平和法律、技术专业水平的限制而影响和制约招标采购的“三公”原则和规范性、竞争性。因此招标人如不具备自行组织招标的能力条件者，应当选择委托代理招标的组织形式。招标代理机构相对招标人具有更专业的招标资格能力和业绩经验，并且相对独立、中立。因此即使招标人具有自行组织招标的能力条件，也可优先考虑选择委托代理招标。

(4)委托代理招标。

招标人应该根据招标项目的行业和专业类型、规模标准，选择具有相应资格的招标代理机构，委托其代理招标采购业务。招标代理机构是依法设立、从事招标代理业务并提供相关服务的社会中介组织。招标代理机构与行政机关和其他国家机关不得存在隶属关系或者其他利益关系。招标代理机构应当有从事招标代理业务的营业场所和相应资金，有能够编制招标文件和组织评标的相应专业力量；按照招标人委托代理的范围、权限和要求，依法提供招标代理的相关咨询服务，并收取相应服务费用。

招标人与招标代理机构应当订立委托招标的书面合同，明确委托招标代理的内容、范围、权限、义务和责任。委托代理服务的范围可以包括以下全部或部分工作内容：招标前期准备策划、制订招标方案、编制发售资格预审公告和资格预审文件，协助招标人组织资格评审、确定投标人名单，编制发售招标文件，组织投标人踏勘现场、答疑、组织开标，配合招标人组建评标委员会，协助评标委员会完成评标与评标报告，确定中标候选人并办理公示，协助招标人定标并向中标人发出中标通知书，协助招标人拟订和签订施工合同，协助招标人向招投标监督部门办理有关招标投标的报告、核准和备案手续，解答或协助处理投标人和其他利害关系人提出的异议、投诉，配合监督部门调查违法行为，招标人委托的其他服务工作。

招标代理机构不得无权代理、越权代理，不得明知委托事项违法而进行代理。招标代理机构不得在所代理的招标项目中投标或者代理投标，也不得为所代理的招标项目的投标人提供咨询；未经招标人同意，不得转让招标代理业务。工程招标代理机构与招标人应当签订书面委托合同，并按双方约定的标准收取代理费。

2.招标前的准备工作

(1)招标人办理审批手续、成立招标组织。

强制招标的工程项目必须经有关部门审核批准，并且建设资金已经落实后，才能招标。此外，对于不属强制招标的范围，但是法律、法规、规章明确应当审批的项目，也必须履行审批手续。成立招标组织，由招标人自行招标或委托招标。

(2)招标人编制招标文件。

招标人应当根据招标项目的特点和需要编制招标文件。招标文件应当包括招标项目的技术要求，对投标人资格审查的标准，投标报价要求和评标标准等所有实质性要求和条件，以及拟签订合同的主要条款。国家对招标项目的技术、标准有规定的，招标人应当按照其规定在招标文件中提出相应要求。招标项目需要划分标段、确定工期的，招标人应当合理划分标段、确定工期，并在招标文件中载明。招标文件不得要求或者标明特定的生产供应者以及含有倾向或者排斥潜在投标人的其他内容。

(3)招标人编制标底。

设有标底的招标项目，招标人应当编制标底。标底是我国工程招标中的一个特有概念，标底既是招标人对该工程的预期价格，也是评标的依据。标底是依据国家统一的工程量计算规则、预算定额和计价办法计算出来的工程造价，是招标人对建设工程预算的期望值。标底的编制应当注意以下几点。

①根据设计图纸及有关资料、招标文件，参照国家的技术、经济标准定额及规范，确定工程量和设定标底。

②标底价格应由成本、利润和税金组成，一般应控制在批准的建设项目总概算及投资包干的限额内。

③标底价格作为招标人的期望价，应力求与市场的实际变化相吻合，要有利于竞争和保证工程质量。

④标底价格应考虑人工、材料、机械台班等价格变动因素，还应包括施工不可预见费、包干费和措施费等；工程要求优良的，还应增加相应费用。

⑤一个工程只能编制一个标底，标底在开标前是保密的，任何人不得泄露标底。

3. 招标阶段的主要工作

(1)刊登招标公告或发出投标邀请书。

采用公开招标方式的，招标人应当发布招标公告，邀请不特定的法人或者其他组织投标。依法必须进行施工招标项目的招标公告，应当在“中国招标投标公共服务平台”或者项目所在地省级电子招标投标公共服务平台发布。

采用邀请招标方式的，招标人应当向 3 家以上具备承担施工招标项目的能力、资信良好的特定的法人或者其他组织发出投标邀请书。招标公告或者投标邀请书应当至少载明下列内容。

①招标人的名称和地址；

②招标项目的内容、规模、资金来源；

③招标项目的实施地点和工期；

④获取招标文件或者资格预审文件的地点和时间；

⑤对招标文件或者资格预审文件收取的费用；

⑥对招标人的资质等级的要求。

(2)资格审查。

资格审查分为资格预审和资格后审。资格预审是指在投标前对潜在投标人进行的资格审查。资格后审是指在开标后对投标人进行的资格审查。进行资格预审的，一般不再进行资格后审，但招标文件另有规定的除外。

采取资格预审的，招标人应当在资格预审文件中载明资格预审的条件、标准和方法；采取资格后审的，招标人应当在招标文件中载明对投标人资格要求的条件、标准和方法。

招标人不得改变载明的资格条件或者以没有载明的资格条件对潜在投标人或者投标人进行资格审查。资格审查时，招标人不得以不合理的条件限制、排斥潜在投标人或者投标人，不得对潜在投标人或者投标人实行歧视待遇。任何单位和个人不得以行政手段或者其他不合理方式限制投标人的数量。经资格预审后，招标人应当向资格预审合格的潜在投标人发出资格预审合格通知书，告知获取招标文件的时间、地点和方法，并同时向资格预审不合格的潜在投标人告知资格预审结果。资格预审不合格的潜在投标人不得参加投标。经资格后审不合格的投标人的投标应予否决。资格审查应主要审查潜在投标人或者投标人是否符合下列条件。

①具有独立订立合同的权力；

②具有履行合同的能力，包括专业、技术资格和能力，资金、设备和其他物质设施状况，管理能力，经验、信誉和相应的从业人员；

③没有处于被责令停业，投标资格被取消，财产被接管、冻结，破产状态；

④在最近三年内没有骗取中标和严重违约及重大工程质量问题；

⑤法律、行政法规规定的其他资格条件。

(3)发放招标文件。

招标文件发放给通过资格预审获得投标资格或被邀请的投标单位。投标单位收到招标文件、图纸和有关资料后，应认真核对。招标单位对招标文件所做的任何修改或补充，须在投标截止时间至少十五日前，发给所有获得招标文件的投标单位，修改或补充内容作为招标文件的组成部分。

招标人应当确定投标人编制投标文件所需要的合理时间，但是，依法必须进行招标的项目，自招标文件开始发出之日起至投标人提交投标文件截止之日止，最短不得少于二十日。

(4)踏勘现场及答疑。

招标人根据招标项目的具体情况，可以组织潜在投标人踏勘项目现场，向其介绍工程场地和相关环境的有关情况。潜在投标人依据招标人介绍情况作出的判断和决策，由投标人自行负责。招标人不得单独或者分别组织任何一个投标人进行现场踏勘。

对于潜在投标人在阅读招标文件和现场踏勘中提出的疑问，招标人可以以书面形式或召开投标预备会的方式解答，但需同时将解答以书面方式通知所有购买招标文件的潜在投标人。该解答的内容为招标文件的组成部分。

4.决标成交阶段的主要工作

(1)接收投标文件。

招标文件中明确规定了投标者投送投标文件的地点和期限。招标人收到投标文件后，应当向投标人出具标明签收人和签收时间的凭证,在开标前,任何单位和个人不得开启投标文件。在招标文件要求提交投标文件的截止时间后送达的投标文件,招标人应当拒收。依法必须进行施工招标的项目提交投标文件的投标人少于3个的,招标人在分析招标失败的原因并采取相应措施后,应当依法重新招标。重新招标后投标人仍少于3个的,属于必须审批、核准的工程建设项目,报经原审批、核准部门审批、核准后可以不再进行招标;其他工程建设项目,招标人可自行决定不再进行招标。

投标人在招标文件要求提交投标文件的截止时间前,可以补充、修改或者撤回已提交的投标文件,并书面通知招标人。补充、修改的内容为投标文件的组成部分。在提交投标文件截止时间后到招标文件规定的投标有效期终止之前,投标人不得撤销其投标文件,否则招标人可以不退还其投标保证金。

在开标前,招标人应妥善保管好已接收的投标文件、修改或撤回通知、备选投标方案等投标资料。

(2)开标、评标。

开标应当在招标文件确定的提交投标文件截止时间的同一时间公开进行;开标地点应当为招标文件中确定的地点。投标人对开标有异议的,应当在开标现场提出,招标人应当当场作出答复,并形成记录。

评标委员会按载明的评标办法完成评标后,应向招标人提交书面评标报告。评标报告由评标委员会全体成员签字。

(3)定标。

依法必须进行招标的项目,招标人应当自收到评标报告之日起三日内公示中标候选人,公示期不得少于三日。中标通知书由招标人发出。招标人可以授权评标委员会直接确定中标人。

(4)发出中标通知书,签订合同。

招标人和中标人应当在投标有效期内并在自中标通知书发出之日起三十日内,按照招标文件和中标人的投标文件订立书面合同。

2.2.2 投标程序

1.投标前期工作

(1)获取信息。

搜集并跟踪投标信息是经营人员的重要工作,经营人员应建立广泛的信息网络,不仅要关注各招标机构公开发行的招标公告和公开发行的报刊、网络媒体,还要建立与建设管理部门、建设单位、设计院、咨询机构的良好联系,以便尽早了解建设项目的信息,为投标工作早作准备,经营人员注意了解国家、省、市发改委的有关政策,预测投资动向和发展规划,从而把握经营方向,为企业进入市场做好准备。

(2)选择投标项目。

对于建筑施工企业,并不是所有的招标项目都适合。如果参加中标概率小或者盈利能力差的项目投标,既浪费经营成本,又有可能失去其他更好的机会。所以,投标班子的负责人要在众多的招标信息中选择适合的项目投标,在选择项目时要结合企业、项目和市场的具体情况综合考虑。

①确定信息的可靠性。目前,国内建设工程在招标信息的真实性、公平性、透明度、业主支付工程款、合同的履行等方面存在不少问题,因此参加投标的企业在确定投标对象时必须认真分析信息的真实性、可靠性。

②对业主进行必要的调查研究。对业主的调查了解是非常重要的,特别是业主单位的工程款支付能力。有些业主单位长期拖欠工程款,导致承包企业不仅不能获取利润,甚至连成本都无法收回。还有些业主单位的工程负责人利用职权与分包商或者材料供应商等勾结,索要巨额回扣,或者直接向建筑承包企业索要贿赂,致使承包企业苦不堪言。除此之外,承包商还必须对获得项目之后业主单位履行合同的各种风险进行认真的评估分析。风险是客观存在的,利润总是与风险并存的,利用好风险可以为企业带来效益,但不良的业主风险同样也可使承包商蒙受巨大的经济损失。

③对承包市场情况、竞争形势进行分析。市场处于发展繁荣阶段或者处于不景气阶段对投标人的决策有十分重要的影响。

④对竞争对手进行必要的了解。通过对竞争对手的数量、实力、在建工程和拟建工程状况的了解,确定自己的竞争优势,初步判断中标的概率。如果竞争对手很多,实力又很强,就要考虑是否值得下功夫去投标。

⑤对招标项目的工程情况作初步分析。应了解工程的水文地质条件、勘测深度和设计水平、工程控制性工期和总工期,如果工程规模、技术要求超过本企业的技术等级,就不能参加投标。

⑥对本企业实力的评估。投标人应对企业自身的技术、经济实力、管理水平和目前在建工程项目的情况有清醒的认识,确认企业能够满足投标项目的要求。如果接受超出自身能力的项目,就可能导致巨大的经济损失,并损害企业信誉,在竞争激烈的市场上给以后的工作埋下很大的隐患。另外,如果企业施工任务相对饱和,对盈利水平低、风险大的项目可以考虑放弃。

2.资格预审

投标人在确定了投标项目之后,应当按照招标公告或投标邀请书中所提出的资格审查要求,如资质要求、财务要求、业绩要求、信誉要求、项目经理资格等,向招标人申报资格审查。参加资格预审时,投标人应注意以下几个方面的问题。

(1)应注意资格预审有关资料的积累工作。平时要将一般资格预审的有关资料随时存入计算机内,并予以整理,以备今后填写资格预审申请文件之用。对于过去业绩与企业介绍最好印成精美图册。此外，每完工一项工程，宜请该工程项目业主和有关单位开具证明工程质量良好的鉴定书，作为业绩的有力证明。如有各种奖状或者 ISO9000 认证证书等，应备有彩色照片及复印件。总之，资格预审所需资料应平时有目的地积累，不要临时拼凑，否则可能因达不到业主要求而失去机会。

(2)加强填表时的分析。既要针对工程项目的特点，下功夫填好重点部位，又要反映出本公司的施工经验、施工水平和施工组织能力。这往往是业主考虑的重点。

(3)注意收集信息。在本企业拟发展经营业务的地区，注意收集信息，发现可投标的项目，并做好资格预审的申请准备。当认为本企业某些方面难以满足投标要求(如资金、技术水平、经验、年限等)时，则应考虑与适当的其他施工企业组成联合体来参加资格预审。

(4)做好递交资格预审申请后的跟踪工作。资格预审申请呈交后，应注意信息跟踪工作，以便发现不足之处，及时补送资料。

经过资格预审，没通过资格预审的投标人到此就完成了短暂的投标过程；通过资格预审的投标人继续后边的程序和工作。

3.购买与研究招标文件

(1)申请者接到招标单位的资格预审通过通知书，就表明已具备并获得参加该项目投标的资格，如果决定参加投标，就应按招标单位规定的日期和地点凭邀请书或通知书及有关证件购买招标文件。

(2)招标文件是业主对投标的要约邀请，几乎包括了全部合同文件。它所确定的招标条件和方式、合同条件、工程范围和工程的各种技术文件，是承包商制订实施方案和报价的依据，也是双方商谈的基础。

(3)招标人取得(购得)招标文件后，通常首先进行总体检查，重点是检查招标文件的完备性。一般要对照招标文件目录检查文件是否齐全，是否有缺页，对照图纸目录检查图纸是否齐全，然后进行全面分析。

①投标人须知分析。通过分析不仅可以掌握投标条件、招投标过程、评标的规则和各项要求，对投标报价工作作出具体安排，还可以了解投标风险，以确定投标策略。

②工程技术文件分析、图纸会审、工程量复核、图纸和规范中的问题分析，了解招标的具体工程项目范围、技术要求、质量标准。在此基础上做好施工组织和计划，确定劳动力的安排，进行材料设备的分析，为编制合理的实施方案、确定投标报价奠定基础。

③合同评审。分析的对象是合同协议书和合同条件，从合同管理的角度研究招标文件，其最重要的工作是合同评审。合同评审是一项综合的、复杂的、技术性很强的工作，它要求合同管理者必须熟悉合同相关的法律法规，谙熟合同条款，对工程环境有全面的了解，有合同管理的实际工作经验和经历。

④业主提供的其他文件。如场地资料，包括地质勘探钻孔记录和测试的结果；场地内和周

围环境的情况报告(场地地貌图、水文测量资料、水文地质资料);场地及周围自然环境的公开参考资料;场地地表以下的设备、设施、地下管道和其他设施的资料;毗邻场地和在场地上的建筑物、构筑物和设备的资料等。

4.参加现场踏勘和投标预备会

(1)参加现场踏勘。现场踏勘主要是指去工地现场进行勘察,目的是让投标人对工程项目所在地的地理、地质、水文材料和周围的环境有充分的了解,并据此进行投标报价和制订施工规划。

(2)参加投标预备会。现场踏勘完成后,为了解答各投标单位对招标文件、图纸和现场踏勘等各方面的疑问,要组织投标预备会(又称为答疑会或者标前会议)。一般在现场踏勘之后的1～2天内举行,投标预备会的目的除了解答投标人对招标文件和在现场提出的问题,还要对图纸进行交底和解释。投标人要充分利用这次会议,提出自己关心的问题,作为以后报价的基础。

现阶段,为防止串标等不法活动,一般不组织现场踏勘和投标预备会环节。

5.编制实施方案

施工方案是承包商按照自己的实际情况(如技术装备水平、管理水平、资源供应能力、资金等)确定的,在具体条件下全面、安全、高效地完成合同所规定的工程任务的技术、组织措施和手段。

(1)实施方案的作用。

①投标报价的依据。不同的实施方案有不同的工程预算成本,自然就有不同的报价。

②评标的重要内容。虽然施工方案及施工组织文件不作为合同文件的一部分,但在投标文件中承包商必须向业主说明拟采用的实施方案和工程总的进度安排。业主以此评价承包商投标的科学性、安全性、合理性和可靠性。这是业主选择承包商的重要决定因素。

(2)实施方案的内容。

①施工方案。如工程施工所采用的技术、工艺、机械设备、劳动组织及各种资源的供应方案等。

②工程进度计划。在业主招标文件中确定的总工期计划控制下确定工程总进度计划,包括总的施工顺序、主要活动工期安排计划、工程中主要里程碑事件的安排计划等。

③现场的平面布置方案。如现场道路、仓库、各种临时设施、水电管网、围墙门卫等的布置。

④施工中所采用的质量保证体系以及安全、健康和环境保护等措施。

⑤其他方案。如设计和采购方案(对总承包合同)、运输方案设备的租赁分包方案。

招标人将根据这些资料评价投标人是否采取了充分合理的措施,保证按期完成工程施工任务。另外,施工规划对投标人自己也十分重要,因为进度安排是否合理、施工方案选择是否恰当,与工程承包和报价有密切关系。制订施工规划的依据是设计图纸规范、经过复核的工程量清单、现场施工条件、开竣工日期要求、机械设备来源、劳动力来源等。编制一个好的施工规划可以大大降低标价，提高竞争力。编制的原则是在保证工期和工程质量的前提下，尽可能使工程承包价最低，投标价格合理。

6.确定投标报价

投标报价是承包商采用投标方式承揽工程任务时，计算和确定承包该工程的投标价格，是投标人投标时响应招标文件要求所报出的对已标价工程量清单汇总后标明的总价。报价一经确认，即成为有法律约束力的合同价格。

根据国家政策法规的规定，从 2003 年 7 月 1 日起，建设工程招投标中的投标报价活动全面推行建设工程工程量清单计价的报价方法。因此招标人必须按照计价规范的规定编制建设工程工程量清单，并列入招标文件中提供给投标人，投标人也必须按照规范的要求填报工程量清单计价表并据此进行投标报价。

(1)投标报价的一般规定。

①投标报价应由投标人或受其委托具有相应资质的工程造价咨询人员编制。投标报价应由投标人负责编制，但当投标人不具备编制投标报价的能力时，则应委托具有相应工程造价咨询资质的工程造价咨询单位编制。

②投标人应依据计价规范的规定自主确定投标报价。投标报价编制和确定的最基本特征是投标人自主报价，它是市场竞争形成价格的体现，但投标人自主决定报价时应遵循国家的相关政策、规范、标准及招标文件的要求。

恪守职业道德，规范职业行为

《中华人民共和国招标投标法》中规定，招标与投标不仅是一种市场行为，更是在法律法规规范下的法律行为。投标人自主决定报价时应遵循国家的相关政策、规范、标准及招标文件的要求，要求学生了解职业相关法律、恪守职业道德、规范职业行为。

③投标报价不得低于成本。在评标过程中，评标委员会发现投标人的报价明显低于其他投标报价或者在设有标底时明显低于标底，使得其投标报价可能低于其个别成本的，应当要求该投标人作出书面说明并提供相关证明材料。投标人不能合理说明或者不能提供相关证明材料的，由评标委员会认定该投标人低于成本报价竞标，其投标应作为废标处理。

④投标人必须按照招标文件的工程量清单填报价格。实行工程量清单招标，招标人在招标文件中提供工程量清单，其目的是使各投标人在投标报价中具有共同的竞争平台。因此，要求投标人在投标报价时填写的工程量清单中的项目编码、项目名称、项目特征、计量单位、工程量必须与招标工程量清单一致。

⑤投标人的投标报价高于招标控制价的应予废标。招标控制价作为招标人能够接受的最高交易价，投标人的投标报价高于招标控制价的，其投标应作为废标，予以拒绝。

(2)投标报价的编制。

投标报价按规范的规定与要求，根据招标人提供的统一的工程量清单进行填报与编制，综合单价中应包括招标文件中划分的应由投标人承担的风险范围及其费用，招标文件中没有明确的，应提请招标人明确。

分部分项工程和措施项目中的单价项目，应根据招标文件和招标工程量清单项目中的特征描述确定综合单价计算。

措施项目中的总价项目金额应根据招标文件及投标时拟定的施工组织设计或施工方案，采用综合单价计价方式自主确定，其中安全文明施工费必须按国家或省级、行业建设主管部门的规定计算，不得作为竞争性费用。

其他项目应按下列规定报价：

①暂列金额应按招标工程量清单中列出的金额填写；

②材料、工程设备暂估价应按招标工程量清单中列出的单价计入综合单价；

③专业工程暂估价应按招标工程量清单中列出的金额填写；

④计日工应按招标工程量清单中列出的项目和数量，自主确定综合单价并计算计日工金额；

⑤总承包服务费应根据招标工程量清单中列出的内容和提出的要求自主确定。

规费和税金必须按国家或省级、行业建设主管部门的规定计算，不得作为竞争性费用。

招标工程量清单和计价表中列明的所有需要填写单价和合价的项目，投标人均应填写且只允许有一个报价。未填写单价和合价的项目，可视为此项费用已包含在已标价工程量清单中其他项目的单价和合价之中。当竣工结算时，此项目不得重新组价予以调整。

投标总价应当与分部分项工程费、措施项目费、其他项目费和规费、税金的合计金额一致。标价的计算必须与招标文件中规定的合同形式相协调。

7.编制投标文件

投标文件应完全按招标文件规定的要求进行编制，投标文件应当对招标文件提出的实质性要求和条件作出响应，一般不能带有任何附加条件，否则可能导致投标无效。

(1)投标文件内容。

①投标书(投标函)；

②投标书附录；

③投标保函(投标保证书、担保书等)；

④法定代表人资格证明文件；

⑤授权委托书；

⑥已标价的工程量清单报价表；

⑦施工规划或施工组织设计；

⑧施工组织机构表和主要工程管理人员人选及其简历、业绩；

⑨拟分包的工程和分包商的情况(如有);

⑩其他附件及资料。

(2)编制投标文件注意事项。

①对招标文件要研究透彻,重点是投标须知、合同条件技术规范、工程量清单及图纸等。

②为编制好投标文件和投标报价,应收集现行定额标准、取费标准及各类标准图集,收集并掌握政策性条件、文件及材料和设备价格等情况。

③在投标文件编制中,投标单位应依据招标文件和工程技术规范的要求,根据施工现场情况编制施工方案或施工组织设计。

④按照招标文件中规定的各种因素和依据计算报价,并仔细核对,确保准确,在此基础上正确运用报价技巧和策略,并用科学方法作出报价决策。

⑤填写各种投标表格。招标文件所要求的每一种表格都要认真填写,尤其是需要签章的一定要按要求完成,否则有可能会导致废标。

⑥投标文件的封装。投标文件编写完成后要按招标文件要求的方式分装、贴封、签章。

8.递交投标文件

投标文件编制完成,经核对无误,由投标人的法定代表人签字盖章后,分类装订成册封入密封袋中,派专人在投标截止日期之前送到招标人指定的地点,并领取回执作为凭证。在投标截止时间之前应按招标文件要求提交投标保证金或投标保函,否则按无效标处理。

招标人收到投标文件后,应当签收保存,不得开启。投标人在递交投标文件后,投标截止时间之前,可以对所递交的投标文件进行补充、修改或撤回,并书面通知招标人,所递交的补充、修改或撤回通知必须按照招标文件的规定编制、密封和标识。补充、修改的内容作为投标文件的组成部分。如果投标人在投标截止时间之后撤回投标文件,投标保证金将被没收。

递送投标文件不宜太早,因市场情况在不断变化,投标人需要根据市场行情及自身情况对投标文件进行修改,递送投标文件的时间在招标人接收投标文件截止日期前两天为宜。

9.参加开标会以及评标期间的澄清

投标人必须按规定的日期参加开标会,投标单位的法人代表或授权代表应签名报到以证明出席开标会议,投标单位未派代表出席开标会议的,视为自动弃权,其投标文件将不予启封,不予参加评标。

投标人参加开标会议要注意其投标文件是否被正确启封、宣读,对于被错误地认定为无效的投标文件或唱标出现的错误,应当场提出异议。

在评标期间,评标委员会要求澄清投标文件中不清楚的问题的,投标人应积极予以说明、解释、澄清。一般可以采用向投标人发出书面询问,由投标人书面作出说明或澄清的方式,也可以采用召开澄清会的方式,所说明、澄清和确认的问题,经招标人和投标人双方签字后作为投标书的组成部分。在澄清会谈中,投标人不得更改标价、工期等实质性内容,开标后和定标前提出的任何修改声明或附加优惠条件一律不得作为评标的依据。但对于确定为实质上响应招标文件要求的，投标文件在进行校核时发现的计算上或累计上的计算错误可以予以修正。

10.中标与签约

业主确定中标人后，向中标人发出中标通知书，中标单位应接收招标人发出的中标通知书，未中标的投标人有权要求返还其投标保证金。招标人与中标人应当自中标通知书发出之日起三十日之内，按照招标文件和中标人的投标文件签订书面合同，中标人向招标人提交履约保函或履约保证金，招标人同时退还中标人的投标保证金。招标人和中标人不得另行订立违背招标文件和中标文件实质性内容的其他协议。

中标人如拒绝在规定时间内提交履约担保和签订合同，招标人报请招投标管理机构批准同意后取消其中标资格，并按规定不退还中标人的投标保证金，并考虑在其余投标人中重新确定中标人。招标人与中标人签订正式合同后，应按要求将合同副本分送有关主管部门备案。

案例解析

(1)针对本工程，一个完整的招标程序如下。

按招投标程序成立招标工作小组→委托招标代理机构→编制招标文件→编制标底(如有)→发布招标公告→出售招标文件→组织现场踏勘和招标答疑→接收投标文件→开标→评标→确定中标人→发出中标通知书→签订合同协议书。

(2)本案招标程序中，存在以下不妥之处。

①招标公告的内容不全。招标项目的资金来源、获取招标文件的时间和地点、对投标人的资质等级要求等内容不全。

②招标文件停止出售的时间不妥。《工程建设项目施工招标投标办法》第十五条规定，自招标文件出售之日起至停止出售之日止，最短不得少于五日。

③由招标人代表检查投标文件的密封情况不妥。《中华人民共和国招标投标法》第三十六条规定，开标时，由投标人或者其推选的代表检查投标文件的密封情况，也可以由招标人委托的公证机构检查并公证。

④招标人和中标人签订书面合同的期限和合同价格不妥。《中华人民共和国招标投标法》第四十六条规定，招标人和中标人应当自中标通知书发出之日起三十日内，按照招标文件和中标人的投标文件订立书面合同。本案例中通知书于10月28日发出，直至12月3日才签订了书面合同，已超过了法律规定的三十日期限。中标人的中标价格属于合同实质性内容，其中标价就是签约合同价。本案中将其下浮0.5%后作为签约合同价，违反了《中华人民共和国招标投标法》。

任务 2.3 施工招标策划

案例引入

某事业单位(以下称招标单位)建设某工程项目,该项目技术复杂、难度大,对施工单位的施工设备和同类工程施工经验要求高,工期为两年。受自然地域环境限制,该项目初步设计及概算应当履行的审批手续已经批准;资金来源尚未落实;有招标所需的设计图纸及技术资料。该项目拟采用总价合同方式发布招标公告,采用公开招标的方式进行招标。

思考

(1)招标文件由哪些部分构成?

(2)本项目计价方式采用总价合同是否合理?

理论知识

2.3.1 招标文件的组成

招标人根据施工招标项目的特点和需要编制招标文件。按照《工程建设项目施工招标投标办法》(七部委 30 号令,2013 年 4 月修订),招标文件一般包括下列内容。

1.招标公告或投标邀请书

当未进行资格预审时,招标文件中应包括招标公告。当进行资格预审时,招标文件中应包括投标邀请书,该邀请书可代替资格预审通过通知书,以明确投标人已具备了在某具体项目或某具体标段的投标资格,其他内容包括招标文件的获取、投标文件的递交等。

2.投标人须知

投标人须知主要包括对于项目概况的介绍和招标过程的各种具体要求,在正文中的未尽事宜可以通过"投标人须知前附表"进行进一步明确,由招标人根据招标项目具体特点和实际需要编制和填写,但务必与招标文件的其他章节相衔接,并不得与"投标人须知"正文的内容相抵触,否则抵触内容无效。

3.合同主要条款

合同主要条款包括本工程拟采用的通用合同条款、专用合同条款以及各种合同附件的格式。

4.投标文件格式

投标文件格式提供各种投标文件编制所应依据的参考格式。

5. 采用工程量清单招标的，应当提供工程量清单

工程量清单是表现拟建工程分部分项工程、措施项目和其他项目名称及相应数量的明细清单，以满足工程项目具体量化和计量支付的需要；是招标人编制招标控制价和投标人编制投标报价的重要依据。如按照规定应编制招标控制价的项目，其招标控制价也应在招标时一并公布。

6. 技术条款

招标文件规定的各项技术标准应符合国家强制性规定。招标文件中规定的各项技术标准均不得要求或标明某一特定的专利、商标、名称、设计、原产地或生产供应者，不得含有倾向或者排斥潜在投标人的其他内容。如果必须引用某一生产供应商的技术标准才能准确或清楚地说明拟招标项目的技术标准时，应当在参照后面加上“或相当于”的字样。

7. 设计图纸

图纸是指应由招标人提供的用于计算招标控制价和投标人计算投标报价所必需的各种详细程度的图纸。

8. 评标标准和方法

评标办法可选择经评审的最低投标价法和综合评估法。

9. 投标辅助材料

如需要其他材料，应在“投标人须知前附表”中予以规定。招标人应当在招标文件中规定实质性要求和条件，并用醒目的方式标明。除了以上内容外，根据 2018 年 3 月 8 日发布的《危险性较大的分部分项工程安全管理规定》(住建部令第 37 号)要求，建设单位应当组织勘察、设计等单位在施工招标文件中列出危大工程清单，要求施工单位在投标时补充完善危大工程清单并明确相应的安全管理措施。

“安全第一、预防为主”

根据 2018 年 3 月 8 日发布的《危险性较大的分部分项工程安全管理规定》(住建部令第 37 号)要求，建设单位应当组织勘察、设计等单位在施工招标文件中列出危大工程清单，要求施工单位在投标时补充完善危大工程清单并明确相应的安全管理措施。2019 年 3 月 21 日，中建二局在扬州市进行中航宝胜海洋工程施工时，发生脚手架坍塌事故，致多人伤亡。因此，我们要培养学生树立安全生产意识，坚持“安全第一、预防为主”的思想，增强学生的安全责任心，时刻绷紧安全这根弦。

2.3.2　施工招标策划

施工招标策划是指建设单位及其委托的招标代理机构在准备招标文件前，根据工程项目特

点及潜在投标人情况等确定招标方案。招标策划的好坏，关系到项目招标的成败，直接影响投标人的投标报价乃至施工合同价。因此，招标策划对于施工招投标过程中的工程造价管理起着关键作用。施工招标策划主要包括施工标段划分、合同计价方式及合同类型选择等内容。

1.施工标段划分

工程项目施工是一个极其复杂的系统工程，影响标段划分的因素有很多。应根据工程项目的内容规模和专业复杂程度确定招标范围，合理划分标段。对于工程规模大、专业复杂的工程项目，且当建设单位的管理能力有限时，应考虑采用施工总承包的招标方式选择施工队伍。这样，有利于减少各专业之间因配合不当造成的窝工、返工、索赔等风险。但采用这种总承包方式，有可能使工程报价相对较高。对于施工工艺成熟的一般性项目，涉及专业不多时，可考虑采用平行承包的招标方式，分别选择各专业承包单位并签订施工合同。采用这种平行承包方式，建设单位一般可得到较为满意的报价，有利于控制工程造价，但需要建设单位积极参与到工程管理中。

划分施工标段时，应考虑的因素包括工程特点、工地管理、各施工承包单位专长的发挥、对工程造价的影响和其他因素等。

(1)工程特点。

如果工程场地集中、工程量不大、结构不太复杂、施工技术难度不大，这时一家承包单位总包易于管理，则一般不分标。但如果工地场面大、工程量大，又有特殊技术要求，则应考虑划分若干标段进行招标。

(2)工地管理。

从工地管理角度看，分标时应考虑两方面：一是工程进度的衔接问题；二是工地现场的布置和干扰程度。工程进度的衔接很重要，特别是工程网络计划中关键线路上的控制性工程一定要选择施工水平强、管理水平高、信誉好的承包单位，以防止影响其他承包单位的施工进度。从现场布置的角度看，承包单位越少越好。分标时应对几个承包单位在现场的施工场地进行细致周密的安排。

(3)承包单位专长的发挥。

工程项目由单项工程、单位工程或专业工程组成，在考虑划分施工标段时，既要考虑不会产生各承包单位之间的施工交叉和干扰，又要注意各承包单位之间在空间和时间上的衔接问题。

(4)对工程造价的影响。

通常情况下，一项工程由一家施工单位总承包易于管理，同时便于劳动力、材料、机械设备的调配，因而可得到交底造价。但大型、复杂的工程项目对承包单位的施工能力、施工经验、管理水平、施工设备等有较高要求。在这种情况下，如果不划分标段，就可能使有资格参加投标的承包单位大大减少。竞争对手的减少，必然会导致工程报价的上涨，反而得不到较为合理的报价。

(5)其他因素。

除上述因素外，还有许多其他因素影响施工标段的划分，如建设资金、设计图纸供应等。资金不足、图纸分期供应时，可先进行部分标段招标。

总之，标段的划分是选择招标方式和编制招标文件前的一项非常重要的工作，需要考虑上述因素综合分析后确定。

2. 合同计价方式

施工合同中，计价方式可分为三种：总价方式、单价方式和成本加酬金方式。相应的施工合同也被称为总价合同、单价合同和成本加酬金合同。其中，成本加酬金的计价方式又可根据酬金的计取方式不同，分为百分比酬金、固定酬金、浮动酬金和目标成本加奖罚四种计价方式。不同计价方式合同的比较见表1。

表1　不同计价方式合同的比较

<table>
<tr><th colspan="2">合同类型</th><th>应用范围</th><th>建设单位造价控制</th><th>施工承包单位风险</th></tr>
<tr><td colspan="2">总价合同</td><td>广泛</td><td>易</td><td>大</td></tr>
<tr><td colspan="2">单价合同</td><td>广泛</td><td>较易</td><td>小</td></tr>
<tr><td rowspan="4">成本加酬金合同</td><td>百分比酬金</td><td rowspan="3">有局限性</td><td>最难</td><td rowspan="2">基本没有</td></tr>
<tr><td>固定酬金</td><td>难</td></tr>
<tr><td>浮动酬金</td><td>不易</td><td>有可能</td></tr>
<tr><td>目标成本加奖罚</td><td>酌情</td><td>有可能</td><td>有</td></tr>
</table>

3. 合同类型选择

施工合同的类型不同，合同双方的义务和责任不同，计价方式不同，各自承担的风险也不尽相同。建设单位应综合考虑以下因素来选择适合的合同类型。

(1)工程项目复杂程度。

工程建设规模大且结构复杂的工程项目，承包风险较大，各项费用不易准确估算，因而不宜采用固定总价合同。对承包商而言，最好是针对有把握的部分采用固定总价合同，估算不准的部分采用单价合同或成本加酬金合同。有时，在同一施工合同中采用不同的计价方式组合，是建设单位与施工承包单位合理分担施工风险的有效方法之一。

(2)工程项目设计深度。

工程项目的设计深度是选择合同类型的重要因素。如果已完成工程项目的施工图设计，施工图纸和工程量清单详细而明确，则可选择总价合同；如果实际工程量与预计工程量可能有较大出入，此时应优先选择单价合同；如果只完成工程项目的初步设计，施工图纸和工程量清单不够明确时，则应选择单价合同或成本加酬金合同。

(3)施工技术先进程度。

如果在工程施工中有较大部分采用了新技术、新工艺,建设单位和施工承包单位又对此缺乏经验,且无国家标准时,为了避免投标单位盲目地提高工程价款,或由于承包商对施工难度估计不足而导致亏损,则不宜采用固定总价合同,应选用成本加酬金合同。

(4)施工工期紧迫程度。

对于一些紧急工程(如灾后恢复工程等),要求尽快开工且工期较紧时,可能仅有实施方案,还没有施工图纸,施工承包单位不可能报出合理的价格,此时选择成本加酬金合同较为合适。

总之,对于一个工程项目而言,究竟采用何种合同类型不是固定不变的。在同一个工程项目中不同的工程部分或不同的阶段,可以采用不同类型的合同。在进行招标策划时,必须依据工程特点、承包商的实力等实际情况,权衡各方利弊,作出最佳决策。

案例解析

(1)招标人根据施工招标项目的特点和需要编制招标文件。招标文件一般包括下列内容:

①招标公告或投标邀请书; ②投标人须知;

③合同主要条款; ④投标文件格式;

⑤采用工程量清单招标的,应当提供工程量清单;

⑥技术条款; ⑦设计图纸;

⑧评标标准和方法; ⑨投标辅助材料。

(2)本项目采用总价合同不合理。因为对于建设规模大且结构复杂的工程项目,承包风险较大,各项费用不易准确估算,因而不宜采用固定总价合同。

任务 2.4 施工投标报价策略

案例引入

某办公楼施工招标文件的合同条款中规定:预付款数额为合同价的 30%,开工后 3 d 内支付,上部结构工程完成一半时一次性全额扣回,工程款按季度支付。某承包商对该项目投标,经造价工程师估算,总价为 9 000 万元,总工期为 24 个月,其中,基础工程估价为 1 200 万元,工期为 6 个月;上部结构工程估价为 4 800 万元,工期为 12 个月;装饰和安装工程估价为 3 000 万元,工期为 6 个月。该承包商为了既不影响中标,又能在中标后取得较好的收益,决定采用不平衡报价法对造价工程师的原估价作适当调整,基础工程调整为 1 300 万元,结构工程调整为 5 000万元,装饰和安装工程调整为 2 700 万元。另外,该承包商还考虑到,该工程虽然有预付款,但平时工程款按季度支付不利于资金周转,决定除按上述调整后的数额报价外,还建议业主将支付条件改为：预付款为合同价的 5%，工程款按月支付，其余条款不变。

思考

(1)该承包商所运用的不平衡报价法是否恰当？为什么？

(2)除了不平衡报价法，该承包商还运用了哪一种报价技巧？运用是否得当？

理论知识

2.4.1 基本策略

投标报价的基本策略主要是指投标单位应根据招标项目的不同特点，并考虑自身的优势和劣势，选择不同的报价。

1. 可选择报高价的情形

投标单位遇下列情形时，其报价可高一些：施工条件差的工程（如条件艰苦、场地狭小或地处交通要道等）；专业要求高的技术密集型工程且投标单位在这方面有专长，声望也较高；总价低的小工程，以及投标单位不愿做而被邀请投标，又不便不投标的工程；特殊工程，如港口码头、地下开挖工程等；投标对手少的工程；工期要求紧的工程；支付条件不理想的工程。

2. 可选择报低价的情形

投标单位遇下列情形时，其报价可低一些：施工条件好的工程；工作简单、工程量大而其他投标人都可以做的工程（如大量土方工程、一般房屋建筑工程等）；投标单位急于打入某一市场、某一地区，或虽已在某一地区经营多年，但即将面临没有工程的情况，机械设备无工地转移时；附近有工程而本项目可利用该工程的设备、劳务或有条件短期内突击完成的工程；投标对手多，竞争激烈的工程；非急需工程；支付条件好的工程。

2.4.2 报价技巧

报价技巧是指投标中具体采用的对策和方法，常用的报价技巧有不平衡报价法、多方案报价法、无利润竞标法和突然降价法等。此外，对于计日工、暂定金额、可供选择的项目等也有相应的报价技巧。

1. 不平衡报价法

不平衡报价法是指在不影响工程总报价的前提下，通过调整内部各个项目的报价，以达到既不提高总报价、不影响中标，又能在结算时得到更理想的经济效益的报价方法。不平衡报价法适用于以下几种情况。

(1)能够早日结算的项目（如前期措施费、基础工程、土石方工程等）可以适当提高报价，以利于资金周转，提高资金时间价值。后期工程项目（如设备安装、装饰工程等）的报价可适当降低。

(2)经过工程量核算,预计今后工程量会增加的项目,适当提高单价,这样在最终结算时可多盈利;而对于将来工程量有可能减少的项目,适当降低单价,这样在工程结算时不会有太大损失。

(3)设计图纸不明确、估计修改后工程量要增加的,可以提高单价;而工程内容说明不清楚的,则可降低一些单价,在工程实施阶段通过索赔再寻求提高单价的机会。

(4)对暂定项目要做具体分析。因这一类项目要在开工后由建设单位研究决定是否实施,以及由哪一家承包单位实施。如果工程不分标,不会另由一家承包单位施工,则其中肯定要施工的单价可报高些,不一定要施工的则应报低些。如果工程分标,该暂定项目也可能由其他承包单位施工时,则不宜报高价,以免抬高总报价。

(5)单价与包干混合制合同中,招标人要求有些项目采用包干报价时,宜报高价。一则这类项目多半有风险,二则这类项目在完成后可全部按报价结算。对于其余单价项目,则可适当降低报价。

(6)有时招标文件要求投标人对工程量大的项目报"综合单价分析表",投标时可将单价分析表中的人工费及机械设备费报高一些,而材料费报低一些。这主要是为了在今后补充项目报价时,可以参考选用"综合单价分析表"中较高的人工费和机械费,而材料则往往采用市场价,因而可获得较高的收益。

2.多方案报价法

多方案报价法是指在投标文件中报两个价:一个是按招标文件的条件报一个价;另一个是加注解的报价,即:如果某条款做某些改动,报价可降低多少。这样,可降低总报价,吸引招标人。

多方案报价法适用于招标文件中的工程范围不很明确,条款不很清楚或很不公正,或技术规范要求过于苛刻的工程。采用多方案报价法,可降低投标风险,但投标工作量较大。

3.无利润报价法

对于缺乏竞争优势的承包单位,在不得已时可采用不考虑利润的报价方法,以获得中标机会。无利润报价法通常在下列情形时采用。

(1)有可能在中标后,将大部分工程分包给索价较低的一些分包商。

(2)对于分期建设的工程项目,先以低价获得首期工程,而后赢得机会创造第二期工程中的竞争优势,并在以后的工程实施中获得盈利。

(3)较长时期内,投标单位没有在建工程项目,如果再不中标,就难以维持生存。因此,虽然本工程无利可图,但只要能有一定的管理费维持公司的日常运转,就可设法渡过暂时困难,以图将来东山再起。

4.突然降价法

突然降价法是指先按一般情况报价或表现出自己对该工程兴趣不大，等快到投标截止时，再突然降价。采用突然降价法，可以迷惑对手，提高中标概率。但对投标单位的分析判断和决策能力要求很高，要求投标单位能全面掌握和分析信息，作出正确判断。

5.其他报价技巧

(1)计日工单价的报价。

如果是单纯报计日工单价，且不计入总报价中，则可报高些，以便在建设单位额外用工或使用施工机械时多盈利。但如果计日工单价要计入总报价时，则需具体分析是否报高价，以免抬高总报价。总之，要分析建设单位在开工后可能使用的计日工数量，再来确定报价策略。

(2)暂定金额的报价。

暂定金额的报价有以下三种情形。

①招标单位规定了暂定金额的分项内容和暂定总价款，并规定所有投标单位都必须在总报价中加入这笔固定金额，但由于分项工程量不很准确，允许将来按投标单位所报单价和实际完成的工程量付款。这种情况下，由于暂定总价款是固定的，对各投标单位的总报价水平竞争力没有任何影响，因此，投标时应适当提高暂定金额的单价。

②招标单位列出了暂定金额的项目和数量，但并没有限制这些工程量的估算总价，要求投标单位既列出单价，也应按暂定项目的数量计算总价，当将来结算付款时可按实际完成的工程量和所报单价支付。这种情况下，投标单位必须慎重考虑。如果单价定得高，与其他工程量计价一样，将会增大总报价，影响投标报价的竞争力；如果单价定得低，将来这类工程量增大，会影响收益。一般来说，这类工程量可以采用正常价格。如果投标单位估计今后实际工程量肯定会增大，则可适当提高单价，以在将来增加额外收益。

③只有暂定金额的一笔固定总金额，将来这笔金额做什么用，由招标单位确定。这种情况对投标竞争没有实际意义，按招标文件要求将规定的暂定金额列入总报价即可。

(3)可供选择项目的报价。

有些工程项目的分项工程，招标单位可能要求按某一方案报价，而后再提供几种可供选择方案的比较报价。投标时，应对不同规格情况下的价格进行调查，对于将来有可能被选择使用的规格应适当提高其报价；对于技术难度大或其他原因导致的难以实现的规格，可将价格抬得更高一些，以阻挠招标单位选用。但是，所谓“可供选择项目”，是招标单位进行选择，并非由投标单位任意选择。因此，虽然适当提高可供选择项目的报价，并不意味着肯定可以取得较好的利润，只是提供了一种可能性，一旦招标单位今后选用，投标单位才可得到额外利益。

(4)增加建议方案。

招标文件中有时规定，可提一个建议方案，即可以修改原设计方案，提出投标单位的方案。这时，投标单位应抓住机会，组织一批有经验的设计和施工工程师，仔细研究招标文件中的设计和施工方案，提出更为合理的方案以吸引建设单位，促成自己的方案中标。这种新建议方案可以降低总造价或缩短工期，或使工程实施方案更为合理。但要注意，对原招标方案一定也要报价。建议方案不要写得太具体，要保留方案的技术关键，防止招标单位将此方案交给其他投标单位。同时要强调的是，建议方案一定要比较成熟，具有较强的可操作性。

(5)联合体投标法。

①招标人应当在资格预审公告、招标公告或者投标邀请书中载明是否接受联合体投标。招标人接受联合体投标并进行资格预审的，联合体应当在提交资格预审申请文件前组成。资格预审后联合体增减、更换成员的，其投标无效。联合体各方在同一招标项目中以自己名义单独投标或者参加其他联合体投标的，相关投标均无效。由同一专业的单位组成的联合体，按照资质等级较低的单位确定资质等级。

②联合体各方应签订共同投标协议，明确约定各方拟承担的工作和责任。

③联合体中标的，联合体各方应当共同与招标人签订合同，就中标项目向招标人承担连带责任。

(6)许诺优惠条件。

投标报价中附带优惠条件是一种行之有效的手段。招标单位在评标时，除了主要考虑报价和技术方案外，还要分析其他条件，如工期、支付条件等。因此，在投标时主动提出提前竣工、低息贷款、赠给施工设备、免费转让新技术或某种技术专利、免费技术协作、代为培训人员等，均是吸引招标单位、利于中标的辅助手段。

“人无远虑，必有近忧”

投标报价无论采用哪种报价策略，都需要有一定的前瞻性，古人云：“人无远虑，必有近忧。”做工程也要有一定的规划，才能确保建设工程项目的顺利完成。青年学生对自己的职业规划也必须要有前瞻性，不要眼高手低，戒骄戒躁，用踏实的心态做事，才能厚积薄发。学校应帮助学生进行职业规划，为在校学生找到目标和方向，杜绝一些学生混日子、游手好闲的不良现象。

案例解析

(1)恰当。因为该承包商是将属于前期工程的基础工程和主体结构工程的报价调高，而将属于后期工程的装饰和安装工程的报价调低，可以在施工的早期阶段收到较多的工程款，从而可以提高承包商所得工程款的现值；而且，这三类工程单价的调整幅度均在10%以内，属于合理范围。

(2)该承包商运用的另一种投标技巧是多方案报价法，该报价技巧运用恰当，因为承包商的报价既适用于原付款条件也适用于建议的付款条件。

投标报价策略是指投标单位在投标竞争中的系统工作部署及参与投标竞争的方式和手段。

对投标单位而言，投标报价策略是投标取胜的重要方法。投标报价策略可分为基本策略和报价技巧两个方面。

任务 2.5　施工评标与授标

案例引入

某办公楼的招标人于 2020 年 3 月 20 日向具备承担该项目能力的甲、乙、丙三家承包商发出投标邀请书，其中说明，3 月 25 日在该招标人总工程师室领取招标文件，4 月 25 日 14 时为投标截止时间。该 3 家承包商均接受邀请，并按规定时间提交了投标文件。开标时，由公证机构检查投标文件的密封情况，确认无误后，由工作人员当众拆封，并宣读了该 3 家承包商的名称、投标价格、工期和其他主要内容。

评标委员会委员由招标人直接确定，共有 4 人组成，其中招标人代表 2 人，经济专家 1 人，技术专家 1 人。

招标人预先与咨询单位和被邀请的这 3 家承包商共同研究确定了施工方案。经招标工作小组确定的评标指标及评分方法如下。

报价不超过标底（35 500 万元）的±5%者为有效标，超过者为废标。报价为标底的 98%者得满分，在此基础上，报价比标底每下降 1%，扣 1 分，每上升 1%，扣 2 分（计分按四舍五入取整）。

定额工期为 500 d，评分方法是：工期提前 10%为 100 分，在此基础上每拖后 5 d 扣 2 分。

企业信誉和施工经验得分在资格审查时评定。

上述四项评标指标的总权重分别为：投标报价 45%；投标工期 25%；企业信誉和施工经验均为 15%。

各投标单位的有关情况如下：

投标单位	报价/万元	总工期/d	企业信誉得分	施工经验得分
甲	35 642	460	95	100
乙	34 364	450	95	100
丙	33 867	460	100	95

思考

（1）评标委员会组成是否合理？

（2）请按综合得分最高者中标的原则确定中标单位。

理论知识

2.5.1 评标委员会及其组建

根据《评标委员会和评标方法暂行规定》(七部委令第12号),评标委员会由招标单位负责组建。评标委员会成员名单一般应于开标前确定,并应在中标结果确定前保密。

1.评标委员会的组成

评标委员会由招标单位或其委托的招标代理机构熟悉相关业务的代表,以及有关技术、经济等方面的专家组成,成员人数为五人以上单数,其中,技术、经济等方面的专家不得少于成员总数的2/3。评标委员会设负责人的,评标委员会负责人由评标委员会成员推举产生或者由招标单位确定。评标委员会负责人与评标委员会的其他成员有同等的表决权。

2.评标委员会中专家成员的确定及要求

(1)评标专家的确定。

评标委员会的专家成员应当从省级以上人民政府有关部门提供的专家名册或者招标代理机构专家库中的相关专家名单中确定。评标专家的确定,可采取随机抽取或直接确定的方式。一般项目,可采取随机抽取的方式;技术特别复杂、专业性强或国家有特殊要求的招标项目,采取随机抽取方式确定的专家难以胜任的,可由招标单位直接确定。

(2)评标专家的基本条件。

评标专家应符合下列条件:

①从事相关专业领域工作满8年并具有高级职称或者同等专业水平;

②熟悉有关招标投标的法律法规,并具有与招标项目相关的实践经验;

③能够认真、公正、诚实、廉洁地履行职责。

(3)不得担任评标委员会成员的情形。

有下列情形之一的,不得担任评标委员会成员:

①招标单位或投标单位主要负责人的近亲属;

②项目主管部门或者行政监督部门的人员;

③与投标单位有经济利益关系,可能影响对投标公正评审的;

④曾因在招标、评标以及其他与招标投标有关活动中从事违法行为而受过行政处罚或刑事处罚的。

(4)评标委员会成员应当客观、公正地履行职责,遵守职业道德,对所提出的评审意见承担个人责任。

①评标委员会成员不得与任何投标单位或与招标结果有利害关系的人进行私下接触,不得收受投标单位、中介机构、其他利害关系人的财物或者其他好处;

②评标委员会成员不得透露对投标文件的评审和比较、中标候选人的推荐情况以及与评标有关的其他情况。

2.5.2　评标准备与初步评审

1. 评标准备

评标委员会成员应当编制供评标使用的相应表格，认真研究招标文件，至少应了解和熟悉以下内容：

(1)招标的目标；

(2)招标项目的范围和性质；

(3)招标文件中规定的主要技术要求、标准和商务条款；

(4)招标文件规定的评标标准、评标方法和在评标过程中考虑的相关因素。

招标单位或其委托的招标代理机构应当向评标委员会提供评标所需的重要信息和数据。招标项目设有标底的，标底应保密，并在开标时公布。评标时，标底仅作为参考，不得以投标报价是否接近标底作为中标条件，也不得以投标报价超过标底上下浮动范围作为否决投标的条件。

评标委员会应根据招标文件规定的评标标准和方法，对投标文件进行系统的评审和比较。招标文件没有规定的标准和方法不得作为评标的依据。因此，了解招标文件规定的评标标准和方法，也是评标委员会成员应完成的重要准备工作之一。

2. 初步评审

根据九部委颁布的《标准施工招标文件》(2007 年版)，初步评审属于对投标文件的合格性审查，包括以下四个方面。

(1)投标文件的形式审查。

①提交的营业执照、资质证书、安全生产许可证是否与投标单位的名称一致。

②投标函是否经法定代表人或其委托代理人签字并加盖单位章。

③投标文件的格式是否符合招标文件的要求。

④联合体投标人是否提交了联合体协议书；联合体的成员组成与资格预审的成员组成有无变化；联合体协议书的内容是否与招标文件要求一致。

⑤报价的唯一性。不允许投标单位以优惠的方式，提出如果中标可将合同价降低多少的承诺，这种优惠属于一个投标两个报价。

(2)投标人的资格审查。

对于未进行资格预审的，需要进行资格后审，资格审查的内容和方法与资格预审相同，包括：营业执照、资质证书、安全生产许可证等资格证明文件的有效性；企业财务状况；类似项目业绩；信誉；项目经理；正在施工和承接的项目情况；近年发生的诉讼及仲裁情况；联合体投标的申请人提交联合体协议书的情况等。

(3)投标文件对招标文件的响应性审查。

①投标内容是否与投标人须知中的工程或标段一致,不允许只投招标范围内的部分专业工程或单位工程的施工。

②投标工期应满足投标人须知中的要求,承诺的工期可以比招标工期短,但不得超过要求的时间。

③工程质量的承诺和质量管理体系应满足要求。

④提交的投标保证金形式和金额是否符合投标须知的规定。

⑤投标人是否完全接受招标文件中的合同条款,如果有修改建议的话,不得对双方的权利、义务有实质性背离且是否为招标单位所接受。

⑥核查已标价的工程量清单。如果有计算错误,单价金额小数点有明显错误的除外,总价金额与依据单价计算出的结果不一致时,以单价金额为准修正总价;若是书写错误,当投标文件中的大写金额与小写金额不一致时,以大写金额为准。评标委员会对投标报价的错误予以修正后,请投标单位书面确认,作为投标报价的金额。投标单位不接受修正价格的,其投标作废标处理。

⑦投标文件是否对招标文件中的技术标准和要求提出不同意见。

细节决定成败

现实生活中,经常有因忘盖单位公章导致废标、因开标大会迟到导致无法参加投标、标书商务标中因计算疏忽出现重大误差导致废标等现象的发生,教师应向学生阐明细节的重要性,因为细节决定成败,教育学生平时对待学习中的任何环节都不能粗枝大叶,培养学生严谨负责的职业道德观。

(4)施工组织设计和项目管理机构设置的合理性审查。

①施工组织的合理性包括:施工方案与技术措施、质量管理体系与措施、安全生产管理体系与措施、环境保护管理体系与措施等的合理性和有效性。

②施工进度计划的合理性包括:总体工程进度计划和关键部位里程碑工期的合理性及施工措施的可靠性、机械和人力资源配备计划的有效性及均衡施工程度。

③项目组织机构的合理性包括:技术负责人的经验和组织管理能力、其他主要人员的配置是否满足实施招标工程的需要及技术和管理能力。

④拟投入施工的机械和设备包括:施工设备的数量、型号能否满足施工的需要,试验、检测仪器设备是否能够满足招标文件的要求等。

初步评审内容中,投标文件有一项不符合规定的评审标准时,即作废标处理。

3.投标文件的澄清和说明

评标委员会可以以书面方式要求投标单位对投标文件中含意不明确的内容做必要的澄清、说明或补正，但是澄清、说明或补正不得超出投标文件的范围或者改变投标文件的实质性内容。

投标人资格条件不符合国家有关规定和招标文件要求的，或者拒不按照要求对投标文件进行澄清、说明或者补正的，评标委员会可以否决其投标。

评标委员会发现投标单位的报价明显低于其他投标报价或者在设有标底时明显低于标底，使得其投标报价可能低于其个别成本的，应当要求该投标单位作出书面说明并提供相关证明材料。投标单位不能合理说明或者不能提供相关证明材料的，由评标委员会认定该投标单位以低于成本报价竞标，其投标应作废标处理。

4.投标偏差及其处理

评标委员会应当根据招标文件，审查并逐项列出投标文件的全部投标偏差。投标偏差分为重大偏差和细微偏差。

(1)重大偏差。

下列情况属于重大偏差：

①没有按照招标文件要求提供投标担保或者所提供的投标担保有瑕疵；

②投标文件没有投标单位授权代表签字和加盖公章；

③投标文件载明的招标项目完成期限超过招标文件规定的期限；

④明显不符合技术规格、技术标准的要求；

⑤投标文件载明的货物包装方式、检验标准和方法等不符合招标文件的要求；

⑥投标文件附有招标单位不能接受的条件；

⑦不符合招标文件中规定的其他实质性要求。

投标文件有上述情形之一的，为未能对招标文件作出实质性响应，除招标文件对重大偏差另有规定外，应作废标处理。

(2)细微偏差。

细微偏差是指投标文件在实质上响应招标文件要求，但在个别地方存在漏项或者提供了不完整的技术信息和数据等情况，并且补正这些遗漏或者不完整不会对其他投标单位造成不公平的结果。细微偏差不影响投标文件的有效性。

评标委员会应当书面要求存在细微偏差的投标单位在评标结束前予以补正。拒不补正的，在详细评审时可以对细微偏差作不利于该投标单位的量化，量化标准应在招标文件中规定。

2.5.3 详细评审

经初步评审合格的投标文件，评标委员会应根据招标文件确定的评标标准和方法，对其技术部分和商务部分做进一步评审、比较。通常情况下，评标方法有两种，即经评审的最低投标价法和综合评估法。

1.经评审的最低投标价法

经评审的最低投标价法一般适用于采用通用技术施工，项目的性能标准为规范中的一般水平，或者招标单位对施工没有特殊要求的招标项目。能够满足招标文件的实质性要求，并经评审的最低投标价的投标，应当推荐为中标候选人。

采用经评审的最低投标价法时，评标委员会应根据招标文件中规定的量化因素和标准进行价格折算，对所有投标单位的投标报价以及投标文件的商务部分做必要的价格调整。根据《标准施工招标文件》(2007 年版)，主要的量化因素包括单价遗漏和付款条件等，招标单位可根据工程项目的具体特点和实际需要，进一步删减、补充或细化量化因素和标准。例如世界银行贷款项目，采用经评审的最低投标价法时，通常考虑的量化因素和标准包括：一定条件下的优惠(借款国国内投标单位有 7.5%的评标优惠)；工期提前的效益对报价的修正；同时投多个标段的评标修正等。所有的这些修正因素都应在招标文件中有明确规定。对同时投多个标段的评标修正，一般的做法是，如果投标单位在某一个标段已中标，则在其他标段的评标中按照招标文件规定的百分比(通常为 4%)乘以总报价后，在评标价中扣减此值。

根据经评审的最低投标价法完成详细评审后，评标委员会应当拟定一份“价格比较一览表”，连同书面评标报告提交招标单位。“价格比较一览表”应当载明投标单位的投标报价、对商务偏差的价格调整和说明以及已评审的最终投标价。

评标委员会按照经评审的投标价由低到高的顺序推荐中标候选人，或根据招标单位授权直接确定中标单位。经评审的投标价相等时，投标报价低的优先；投标报价也相等的，由招标单位自行确定。

2.综合评估法

综合评估法是指将各个评审因素(包括技术部分和商务部分)以折算为货币或打分的方法进行量化，并在招标文件中明确规定需量化的因素及其权重，然后由评标委员会计算出每一投标的综合评估价或综合评估分，并将最大限度地满足招标文件中规定的各项综合评价标准的投标，推荐为中标候选人。

不宜采用经评审的最低投标价法的招标项目，一般应当采取综合评估法进行评审。综合评估法适用于较复杂工程项目的评标，由于工程投资额大、工期长、技术复杂、涉及专业面广，施工过程中存在较多的不确定因素，因此，对投标文件评审比较的主导思想是选择价格功能比最好的投标单位，而不过分偏重于投标价格的高低。

采用打分法时，评标委员会按规定的评分标准进行打分，并按得分由高到低顺序推荐中标候选人，或根据招标单位授权直接确定中标单位。综合评分相等时，以投标报价低的优先；投标报价也相等的，由招标单位自行确定。

根据综合评估法完成评标后，评标委员会应当拟定一份“综合评估比较表”，连同书面评标报告提交招标单位。“综合评估比较表”应当载明投标单位的投标报价、所做的任何修正、对商务偏差的调整、对技术偏差的调整、对各评审因素的评估以及对每一投标的最终评审结果。

2.5.4 评标报告

1. 评标报告内容

除招标单位授权直接确定中标单位外，评标委员会完成评标后，应当向招标单位提交书面评标报告，并抄送有关行政监督部门。评标报告应如实记载以下内容。

(1)基本情况和数据表；

(2)评标委员会成员名单；

(3)开标记录；

(4)符合要求的投标一览表；

(5)废标情况说明；

(6)评标标准、评标方法或者评标因素一览表；

(7)经评审的价格或者评分比较一览表；

(8)经评审的投标单位排序；

(9)推荐的中标候选人名单与签订合同前要处理的事宜；

(10)澄清、说明、补正事项纪要。

2. 评标报告要求

评标报告应由评标委员会全体成员签字。对评标结果有不同意见的评标委员会成员应以书面形式说明其不同意见和理由，评标报告应注明该不同意见。评标委员会成员拒绝在评标报告上签字又不书面说明其不同意见和理由的，视为同意评标结果。

2.5.5 授标

1. 中标单位的确定

对使用国有资金投资或者国家融资的项目，招标单位应确定排名第一的中标候选人为中标单位。排名第一的中标候选人放弃中标、因不可抗力提出不能履行合同，或者招标文件规定应当提交履约保证金而在规定的期限内未能提交的，招标单位可确定排名第二的中标候选人为中标单位。排名第二的中标候选人因上述同样原因不能签订合同的，招标单位可以确定排名第三的中标候选人为中标单位。

招标单位也可授权评标委员会直接确定中标单位。

2. 中标通知

中标单位确定后，招标单位应向中标单位发出中标通知书，并同时将中标结果通知所有未中标的投标单位。中标通知书对招标单位和中标单位具有法律效力。中标通知书发出后，招标单位改变中标结果，或者中标单位放弃中标项目的，应当依法承担法律责任。

2.5.6 签订施工合同

1. 履约担保

在签订合同前，中标单位以及联合体中标人应按招标文件规定的金额、担保形式和履约担保格式，向招标单位提交履约担保。履约担保一般采用银行保函和履约担保书的形式，履约担保金额一般为中标价的10%。中标单位不能按要求提交履约担保的，视为放弃中标，其投标保证金不予退还，给招标单位造成的损失超过投标保证金数额的，中标单位还应对超过部分予以赔偿。中标后的承包商应保证其履约担保在建设单位颁发工程接收证书前一直有效。建设单位应在工程接收证书颁发后28天内将履约担保退还给承包商。

2. 签订合同

招标单位与中标单位应自中标通知书发出之日起30天内，根据招标文件和中标单位的投标文件订立书面合同。一般情况下，中标价就是合同价。招标单位与中标单位不得再行订立背离合同实质性内容的其他协议。

为了在施工合同履行过程中对工程造价实施有效管理，合同双方应在合同条款中对涉及工程价款结算的下列事项进行约定：预付工程款的数额、支付时限及抵扣方式；工程进度款的支付方式、数额及时限；工程施工中发生变更时，工程价款的调整方法、索赔方式、时限要求及金额支付方式；发生工程价款纠纷的解决方法；约定承担风险的范围和幅度，以及超出约定范围和幅度的调整办法；工程竣工价款的结算与支付方式、数额及时限；工程质量保证（保修）金的数额、预扣方式及时限；安全措施和意外伤害保险费用；工期及工期提前或延后的奖惩办法；与履行合同、支付价款相关的担保事项等。

中标单位无正当理由拒签合同的，招标单位取消其中标资格，其投标保证金不予退还；给招标单位造成的损失超过投标保证金数额的，中标单位还应对超过部分予以赔偿。发出中标通知书后，招标单位无正当理由拒签合同的，招标单位向中标单位退还投标保证金；给中标单位造成损失的，还应当赔偿损失。招标单位与中标单位签订合同后5个工作日内，应当向中标单位和未中标的投标单位退还投标保证金。

案例解析

（1）不合理。评标委员会由招标单位或其委托的招标代理机构熟悉相关业务的代表，以及有关技术、经济等方面的专家组成，成员人数为5人以上单数，其中，技术、经济等方面的专家不得少于成员总数的2/3。

（2）各单位的各项指标得分及总得分如下：

①投标报价得分

投标单位	报价/万元	报价与标底的比例/%	扣分	得分
甲	35 642	35 642/35 500=100.4	(100.4−98)×2≈5	100−5=95
乙	34 364	34 364/35 500=96.8	(98−96.8)×1≈1	100−1=99
丙	33 867	33 867/35 500=95.4	(98−95.4)×1≈3	100−3=97

②工期得分

投标单位	工期/d	工期与定额工期的比较	扣分	得分
甲	460	460−500(1−10%)=10	10/5×2=4	100−4=96
乙	450	450−500(1−10%)=0	0	100−0=100
丙	460	460−500(1−10%)=10	10/5×2=4	100−4=96

③综合得分(投标报价45%+工期25%+企业信誉×15%+施工经验×15%)

项目	甲	乙	丙	权重
报价得分	95	99	97	45%
工期得分	96	100	96	25%
企业信誉得分	95	95	100	15%
施工经验得分	100	100	95	15%
总得分	96	98.8	96.6	100%

乙单位的综合得分最高,应选择乙单位为中标单位。

思考与练习

一、选择题

1. 招标文件是由(　　)编写的。

A. 招标人　B. 投标人　C. 行政主管部门　D. 任何人

2. 投标文件(投标书)是由(　　)编写的。

A. 招标人　B. 投标人　C. 行政主管部门　D. 任何人

3. 招投标活动的原则是(　　)。

A. 公开、公平、公正　B. 公开、公正、诚实信用

C. 公开、公平、公正、诚实信用　D. 公平、公正、诚实信用

4. 在我国可以选择的招标方式是(　　)。

A. 公开招标和代理招标、议标　　B. 邀请招标和自行招标、议标

C. 公开招标和邀请招标、议标　　D. 公开招标和自行招标、议标

5. 工程招标代理机构是为(　　)进行招标业务服务的。

A. 业主　　B. 施工企业　　C. 投标人　　D. 招标代理机构

6. 投标人应当具备承担投标项目的能力，通常包括下列(　　)条件。

①与招标文件要求相适应的人力、物力和财力

②招标文件要求的资质证书和相应的工作经验与业绩证明

③法律、法规规定的其他条件

A. ①②③　　B. ②③　　C. ①③　　D. ①②

7. 在依法必须进行招标的工程范围内，对于重要设备、材料等货物的采购，其单项合同估算价在(　　)万元人民币以上的，必须进行招标。

A. 50　　B. 100　　C. 150　　D. 200

8. 招标范围广，时间长，竞争最激烈的招标方式是(　　)。

A. 协商议标　　B. 邀请招标　　C. 公开招标　　D. 直接指定

9. 根据《中华人民共和国招标投标法》及有关规定，下列选项中不属于必须进行施工招标的工程建设项目的是(　　)。

A. 某城市地铁工程　　B. 国家博物馆的修葺工作

C. 某城市的体育馆建设项目　　D. 抢修的堤坝工程

10. 下列使用国有资金的项目中，必须通过招标方式选择施工单位的是(　　)。

A. 某水利工程，其单项施工合同估算价 600 万元人民币

B. 利用扶贫资金实行以工代赈需要使用农民工的项目

C. 某军事工程，其重要的设备的采购单项合同估算价 100 万元人民币

D. 某福利院工程，其单项施工合同估算价为 300 万元人民币且施工主要技术采用某专有技术

11. 下述人员中可以作为评标委员会成员的是(　　)。

A. 由投标人从省人民政府有关部门提供的专家花名册的专家名单中确定的人员

B. 某投标人的近亲属

C. 该市建设行政主管部门的工作人员

D. 从事招标工作满九年且有高级职称的招标人代表

12. 政府投资建设某小学的教学楼，根据有关规定，其勘察设计合同估算价在(　　)万元人民币以上必须招标。

A. 25　　B. 50　　C. 100　　D. 200

13. 根据《中华人民共和国招标投标法》有关规定，评标委员会中技术、经济等方面的专家不得少于成员总数的(　　)。

A. 三分之一 B. 三分之二 C. 四分之一 D. 四分之二

14. 根据《中华人民共和国招标投标法》及有关规定，下列建设项目中属于必须进行招标的项目范围的有(　　)。

A. 利用世界银行贷款新建水电站 B. 某市居民用水水库工程

C. 某涉及国家秘密的军事工程 D. 某市利用国有资金建的垃圾处理厂

E. 某高校的图书馆改建工程

15. 下面说法错误的是(　　)。

A. 某施工单项合同估算价在200万元人民币以上的项目都必须招标

B. 使用国有资金投资的项目必须招标

C. 符合工程招标范围，重要材料单项合同估算价在100万元人民币以上的项目必须招标

D. 符合工程招标范围，监理单位合同估算价在50万元人民币以上的必须招标

E. 只要建设项目中所包含的施工单项合同估算价在200万元人民币以下的，该建设项目就不需要招标

16. 某市一基础设施项目进行招标，现拟组建招标评标委员会，按《评标委员会和评标方法暂行规定》，不能担任评标委员会人员的有(　　)。

A. 投标人的亲属

B. 行政监督管理部门人员

C. 与投标人有经济利益关系的人员

D. 从事相关专业领域工作满3年以上的人员

E. 熟悉招投标法规，并且有与招投标项目相关实践的人员

17. 下列(　　)等特殊情况，不适宜进行招标的项目，按照规定可以不进行招标。

A. 涉及国家安全、国家秘密项目

B. 抢险救灾项目

C. 利用扶贫资金实行以工代赈，需要使用农民工等特殊情况

D. 使用国际组织或者外国政府资金的项目

E. 生态环境保护项目

18. 可认定为废标的情形有(　　)。

A. 在所有投标者中投标报价最高

B. 开标时发现投标文件没有密封

C. 投标文件附有招标人不能接受的条件

D. 投标文件没有投标人授权代表签字和加盖公章

19. 某投标人于2016年5月3日收到中标通知书。但是在2016年5月10日却又收到了招标人改变中标结果的通知。则下面说法正确的是(　　)。

A. 招标人有权改变中标结果，不需要为此承担任何法律责任

B. 招标人应当为擅自改变中标结果承担违约责任

C. 招标人应当为擅自改变中标结果承担缔约过失责任

D. 招标人由于在投标有效期前发出通知，因此不需要承担任何责任

二、案例分析

某重点工程项目计划于 2019 年 12 月 28 日开工，由于工程复杂，技术难度高，一般施工队伍难以胜任，业主自行决定采取邀请招标方式。于 2019 年 9 月 8 日向通过资格预审的 A、B、C、D、E 五家施工承包企业发出了投标邀请书。该五家企业均接受了邀请，并于规定时间 9 月 20 日～22 日购买了招标文件。招标文件中规定，10 月 18 日下午 4 时是招标文件规定的投标截止时间，11 月 10 日发出中标通知书。

在投标截止时间之前，A、B、D、E 四家企业提交了投标文件，但 C 企业于 10 月 18 日下午 5 时才送达，原因是中途堵车；10 月 21 日下午由当地招投标监督管理办公室主持进行了公开开标。

评标委员会成员共有 7 人组成，其中当地招投标监督管理办公室 1 人，公证处 1 人，招标人 1 人，技术经济方面专家 4 人。评标时发现 E 企业投标文件虽无法定代表人签字和委托人授权书，但投标文件均已有项目经理签字并加盖了公章。评标委员会于 10 月 28 日提出了评标报告。B、A 企业分别综合得分第一名、第二名。由于 B 企业投标报价高于 A 企业，11 月 10 日招标人向 A 企业发出了中标通知书，并于 12 月 12 日签订了书面合同。

1. 企业自行决定采取邀请招标方式的做法是否妥当？说明理由。

2. C 企业和 E 企业投标文件是否有效？说明理由。

3. 请指出开标工作的不妥之处，说明理由。

4. 请指出评标委员会成员组成的不妥之处，说明理由。

项目三 建设工程合同管理

项目目标

知识目标	技能目标	素质(思政)目标
1. 建设工程勘察设计合同的订立与履行； 2. 建设工程监理合同的订立与履行； 3. 建设工程施工合同的订立与履行； 4. 建设工程施工合同(示范文本)的订立与履行； 5. 材料设备采购合同的订立与履行	能够利用各种类型合同的示范文本，根据工程项目特点，签订合同	1. 培养学生遵守法律法规的意识，规范职业行为； 2. 培养学生的基本商务礼仪

任务 3.1 建设工程勘察设计合同

案例引入

某厂拟新建一车间，分别与市某设计院和市某建筑公司签订设计合同和施工合同。工程竣工后厂房北侧墙壁发生裂缝。为此该厂向法院起诉建筑公司。经勘验裂缝是由于地基不均匀沉降引起，结论是结构设计图纸所依据的地质资料不准，于是该厂又向法院起诉设计院。设计院答称，设计院是根据该厂提供的地质资料设计的，不应承担事故责任。经法院查证：该厂提供的地质资料不是新建车间的地质资料，而是与该车间相邻的某厂的地质资料，事故前设计院也不清楚该情况。

思考

(1)该事故的责任者是谁？

(2)该厂发生的诉讼费应由谁承担？

案例解析

(1)该案例中，设计合同的主体是某厂和市某设计院，施工合同的主体是该厂和某建筑公司。根据案情，由于设计图纸所依据的资料不准，使地基不均匀沉降，最终导致墙壁裂缝事故。所以，事故涉及的是设计合同中的责权关系，而与施工合同无关，即建筑公司没有责任。

（2）在设计合同中，提供准确的资料是委托方（某厂）的义务之一，而且委托方要对资料的真实性、可靠性负责，所以委托方提供假地质资料是事故的根源，委托方是事故的责任者之一；市设计院接受对方提供的资料设计，似乎没有过错，但是直到事故发生前市设计院仍不知道资料虚假，说明在整个设计过程中，市设计院并未对地质资料进行认真的审查，使假资料蒙混过关，导致事故。否则，有可能防患于未然。所以，市设计院也是事故的责任者之一。由此可知，在此事故中，委托方（某厂）为直接责任者、主要责任者，承接方（市设计院）为间接责任者、次要责任者。

根据上述结论，该厂发生的诉讼费，主要应由该厂负担，市设计院也应承担一小部分费用。

理论知识

建设工程勘察设计合同是指委托方与承包方为完成特定的勘察设计任务，明确相互权利义务关系而订立的合同。建设单位称为委托方，勘察设计单位称为承包方。

3.1.1 建设工程勘察设计合同概述

为了规范勘察设计的市场秩序，维护勘察设计合同当事人的合法权益，保证勘察设计合同的内容完备、责任明确、风险责任分担合理，住房和城乡建设部与工商总局颁布了《建设工程勘察合同（示范文本）》（GF—2016—0203）和《建设工程设计合同示范文本（房屋建筑工程）》（GF—2015—0209）、《建设工程设计合同示范文本（专业建设工程）》（GF—2015—0210）。

凡在我国境内的建设工程，对其进行勘察、设计的单位，应当按照《建设工程勘察设计合同管理条例》，接受建设行政主管部门和工商行政管理部门对建设工程项目勘察设计合同的管理与监督。

1. 建设工程勘察设计合同概念

1）基本概念

建设工程的勘察包括选址勘察、初步勘察、详细勘察和施工勘察等4个阶段，其主要工作内容有地形测量、工程勘察、地下水勘察、地表水勘察、气象调查等。建设工程勘察合同是指根据建设工程的要求，查明、分析、评价建设场地的地质地理环境特征和岩土工程条件，编制建设工程勘察文件的协议。

建设工程设计一般分为初步设计和施工图设计两个阶段，包括工业建筑设计和民用建筑设计。建设工程设计合同是指根据建设工程的要求，对建设工程所需的技术、经济、资源、环境等条件进行综合分析、论证，编制建设工程设计文件的协议。

为保证工程项目的建设质量达到预期的投资目的，实施过程必须遵循项目建设的内在规律，即坚持先勘察、后设计、再施工的程序。

2)委托方和承包方签订勘察设计合同的作用

①有利于保证建设工程勘察设计任务按期、按质、按量地顺利完成。

②有利于委托方与承包方明确各自的权利、义务以及违约责任等内容，一旦发生纠纷，责任明确，避免不必要的争执。

③促使双方当事人加强管理与经济核算，提高管理水平。

④为双方的设计管理工作提供法律依据。

3)合同的主体

《建设工程勘察设计合同管理办法》第四条规定："勘察设计合同的发包人(以下简称甲方)应当是法人或者自然人，承接方(以下简称乙方)必须具有法人资格。甲方是建设单位或项目管理部门，乙方是持有建设行政主管部门颁发的工程勘察设计资质证书、工程勘察设计收费资格证书和工商行政管理部门核发的企业法人营业执照的工程勘察设计单位。"

4)合同形式

《建设工程勘察设计合同管理办法》第五条规定："签订勘察设计合同，应当采用书面形式，参照文本的条款，明确约定双方的权利义务。对文本条款以外的其他事项，当事人认为需要约定的，也应采用书面形式。对可能发生的问题，要约定解决办法和处理原则。双方协商同意的合同修改文件、补充协议均为合同的组成部分。"

2.《建设工程勘察合同(示范文本)》

1)《建设工程勘察合同(示范文本)》的组成

《建设工程勘察合同(示范文本)》(以下简称《示范文本》)，由合同协议书、通用合同条款和专用合同条款三部分组成。

(1)合同协议书。

《示范文本》合同协议书共计 12 条，主要包括工程概况、勘察范围和阶段、技术要求及工作量、合同工期、质量标准、合同价款、合同文件构成、承诺、词语定义、签订时间、签订地点、合同生效和合同份数等内容，集中约定了合同当事人基本的合同权利义务。

(2)通用合同条款。

通用合同条款是合同当事人根据《中华人民共和国民法典》《中华人民共和国建筑法》《中华人民共和国招标投标法》等相关法律法规的规定，就工程勘察的实施及相关事项对合同当事人的权利义务作出的原则性约定。

通用合同条款具体包括一般约定、发包人、勘察人、工期、成果资料、后期服务、合同价款与支付、变更与调整、知识产权、不可抗力、合同生效与终止、合同解除、责任与保险、违约、索赔、争议解决及补充条款等共计 17 条。上述条款安排既考虑了现行法律法规对工程建设的有关要求，也考虑了工程勘察管理的特殊需要。

(3)专用合同条款。

专用合同条款是对通用合同条款原则性约定的细化、完善、补充、修改或另行约定的条款。合同当事人可以根据不同建设工程的特点及具体情况,通过双方的谈判、协商对相应的专用合同条款进行修改补充。在使用专用合同条款时,应注意以下事项。

①专用合同条款编号应与相应的通用合同条款编号一致。

②合同当事人可以通过对专用合同条款的修改,满足具体项目工程勘察的特殊要求,避免直接修改通用合同条款。

③在专用合同条款中有横道线的地方,合同当事人可针对相应的通用合同条款进行细化、完善、补充、修改或另行约定;如无细化、完善、补充、修改或另行约定,则填写“无”或划“/”。

2)《示范文本》的适用范围

《示范文本》为非强制性使用文本,合同当事人可结合工程具体情况,根据《示范文本》订立合同,并按照法律法规和合同约定履行相应的权利义务,承担相应的法律责任。

《示范文本》适用于岩土工程勘察、岩土工程设计、岩土工程物探/测试/检测/监测、水文地质勘察及工程测量等工程勘察活动,岩土工程设计也可使用《建设工程设计合同示范文本(专业建设工程)》(GF—2015—0210)。

3)《建设工程设计合同示范文本(房屋建筑工程)》的适用范围

《建设工程设计合同示范文本(房屋建筑工程)》供合同双方当事人参照使用,可适用于方案设计招标投标、队伍比选等形式下的合同订立。

《建设工程设计合同示范文本(房屋建筑工程)》适用于建设用地规划许可证范围内的建筑物构筑物设计、室外工程设计、民用建筑修建的地下工程设计及住宅小区、工厂厂前区、工厂生活区、小区规划设计及单体设计等,以及所包含的相关专业的设计内容(总平面布置、竖向设计、各类管网管线设计、景观设计、室内外环境设计及建筑装饰、道路、消防、智能、安保、通信、防雷、人防、供配电、照明、废水治理、空调设施、抗震加固等)等工程设计活动。

3.1.2 勘察设计合同订立

1.建设工程勘察合同的订立

依据《示范文本》订立建设工程勘察合同时,双方通过协商,应根据工程项目的特点,在相应条款内明确以下方面的具体内容。

(1)发包人应提供的勘察依据文件和资料。

①提供本工程批准文件(复印件),以及用地(附红线范围)、施工勘察许可等批件(复印件)。

②提供工程勘察任务委托书、技术要求和工作范围的地形图、建筑总平面布置图。

③提供勘察工作范围已有的技术资料及工程所需的坐标与标高资料。

④提供勘察工作范围地下已有埋藏物的资料(如电力、电讯电缆、各种管道、人防设施、洞室

等）及具体位置分布图。

⑤其他必要的相关资料。

（2）委托任务的工作范围。

①工程勘察任务（内容）可能包括自然条件观测、地形图测绘、资源探测、岩土工程勘察、地震安全性评价、工程水文地质勘察、环境评价、模型试验等。

②预计的勘察工作量。

③勘察成果资料提交的份数。

（3）合同工期。

合同约定的勘察工作开始和终止时间。

（4）勘察费用。

①勘察费用的预算金额。

②勘察费用的支付程序和每次支付的百分比。

（5）发包人应为勘察人提供的现场工作条件。

根据项目的具体情况，双方可以在合同内约定由发包人负责保证勘察工作顺利开展应提供的条件，可能包括：

①落实土地征用、青苗树木赔偿；

②拆除地上地下障碍物；

③处理施工扰民及影响施工正常进行的有关问题；

④平整施工现场；

⑤修好通行道路、接通电源水源、挖好排水沟渠以及准备好水上作业用船等。

（6）违约责任。

①承担违约责任的条件。

②违约金的计算方法等。

（7）合同争议的最终解决方式、约定仲裁委员会的名称。

2.建设工程设计合同的订立

依据《建设工程设计合同示范文本（房屋建筑工程）》订立建设工程设计合同时，双方通过协商，应根据工程项目的特点，在相应条款内明确以下具体内容（发包人应提供的文件和资料如下）。

（1）设计依据文件和资料。

①经批准的项目可行性研究报告或项目建议书。

②城市规划许可文件。

③工程勘察资料等。

注：发包人应向设计人提交的有关资料和文件在合同内需约定资料和文件的名称、份数、提

交的时间及有关事宜。

(2)项目设计要求。

①工程的范围和规模。

②限额设计的要求。

③设计依据的标准。

④法律、法规规定应满足的其他条件。

(3)委托任务的工作范围。

①设计范围。合同内应明确建设规模以及详细列出工程分项的名称、层数和建筑面积。

②建筑物的合理使用年限设计要求。

③委托的设计阶段和内容。可以包括方案设计、初步设计和施工图设计的全过程,也可以是其中的某几个阶段。

④设计深度要求。设计标准可以高于国家规范的强制性规定,发包人不得要求设计人违反国家有关标准进行设计。方案设计文件应当满足编制初步设计文件和控制概算的需要,初步设计文件应当满足编制施工招标文件、主要设备材料订货和编制施工图设计文件的需要。施工图设计文件应当满足设备材料采购、非标准设备制作和施工的需要,并注明建设工程合理使用年限。具体内容要根据项目的特点在合同内约定。

⑤设计人配合施工工作的要求。包括向发包人和施工承包人进行设计交底、处理有关设计问题、参加重要隐蔽工程部位验收和竣工验收等事项。

3.1.3 勘察设计合同的履行

勘察设计合同是勘察设计单位在工程设计过程中的最高行为准则,勘察设计单位在工程设计过程中的一切活动都是为了履行合同责任。

勘察设计合同管理是指勘察设计合同条件的拟定、合同的签订和履行、合同的变更与解除、合同争议的解决和合同索赔等管理工作。其目的是促使合同双方(委托单位和勘察设计单位)全面有序地完成合同规定的各方的义务与责任,从而保证工程勘察设计工作的顺利实施。

1.勘察设计合同的主要内容

(1)勘察合同的主要内容。

①总述。主要说明建设工程名称、规模、建设地点、委托方和承包方的概况。

②委托方的义务。在勘察工作开展前,委托方应向承包方提交由设计单位提供、经建设单位同意的勘察范围的地形图和建筑平面布置图各一份,提交由建设单位委托、设计单位填写的勘察技术要求及附图。委托方应负责勘察现场的水电供应、平整道路现场清理等工作,以保证勘察工作的顺利开展。在勘察人员进入现场作业时,委托方应负责提供必要的工作和生活条件。

③承包方的义务。勘察单位应按照规定的标准、规范、规程和技术条例进行工程测量、工程地质、水文地质等勘察工作，并按合同规定的进度、质量要求提供勘察成果。

④工程勘察收费属于经营性收费，其收费办法和收费标准由国务院主管勘察的部门负责组织各有关部门拟定，经国家物价局会同国务院主管勘察的部门审核批准后颁发施行。

该收费标准仍是按事业单位会计制度的事业费支出水平为基础进行测算的，其费用由工资、补助工资、职工福利费、公务费、修缮费、业务费和国家规定必须缴纳的工商税等构成。

⑤违约责任。

a. 委托方若不履行合同，无权要求返还定金；而承包方若不履行合同，应双倍偿还定金。

b. 对于由于委托方变更计划，提供不准确的资料，未按合同规定提供勘察设计工作必需的资料或工作条件，或修改设计，因而造成勘察设计工作的返工、停工、窝工的，委托方应按承包方实际消耗的工作量增加费用。

c. 勘察设计的成果按期、按质、按量交付后，委托方要按期、按量支付勘察设计费。

d. 因勘察设计质量低劣引起返工，或未按期提出勘察设计文件，拖延工程工期造成委托方损失的，应由承包方继续完善勘察，完成设计，并视造成的损失、浪费的大小，减收或免收勘察设计费。

e. 对因勘察设计错误而造成工程重大质量事故，承包方除免收受损失部分的勘察设计费外，还应支付与该部分勘察设计费相当的赔偿金。

⑥合同争端的处理。

a. 建设工程勘察设计合同在实施中若发生争端，双方应及时协商解决。

b. 若协商不成，双方又同属于同一个部门，可由上级主管部门调解。

c. 调解不成或双方不属于同一个部门，可根据双方订立的仲裁条款或事后达成的书面仲裁协议，向仲裁机构申请仲裁。

d. 若合同中没有订立仲裁条款，事后又没有达成书面仲裁协议的，可向人民法院起诉。

⑦其他规定。

a. 建设工程勘察设计合同必须明确规定合同的生效和失效日期。通常，勘察合同在全部勘察工作验收合格、委托方支付完毕后失效，设计合同在全部设计任务完成、委托方支付完毕后失效。勘察设计合同的未尽事宜，需经双方协商，作出补充规定。补充规定与原合同具有同等效力，但不得与原合同内容冲突。

b. 附件是勘察设计合同的组成部分。勘察合同的附件一般包括测量任务和质量要求表、工程地质勘察任务和质量要求表等；设计合同的附件一般包括委托设计任务书、工程设计取费表、补充协议书等。

(2)设计合同的主要内容。

①总述。即对建设工程名称、规模、投资额、地点、合同双方的简单介绍等。

②委托方的义务。

a. 如果委托初步设计，委托方应在规定的日期内向承包方提供经过批准的设计任务书（或可行性研究报告）、选择建设地址的报告，以及原料（或经过批准的资源报告）、燃料、水电、运输等方面的协议文件、能满足初步设计要求的勘察资料和经科研取得的技术资料等。

b. 如果委托施工图设计，委托方应在规定日期内向承包方提供经过批准的初步设计文件和能满足施工图设计要求的勘察资料、施工条件以及有关设备的技术资料。

c. 委托方应负责及时地向有关部门办理各阶段设计文件的审批工作。

d. 明确设计范围和深度。

e. 如果委托设计中配合引进项目的设计，则在引进过程中，从询价、对外谈判、国内外技术考察直到建成投产的各个阶段，都应通知承担有关设计任务的单位参加，这样有利于设计任务的完成。

f. 在设计人员进入施工现场工作时，委托方应提供必要的工作和生活条件。

g. 委托方要按照国家有关规定付给承包方勘察设计费，维护承包方的勘察成果和设计文件，不得擅自修改，也不得转让给第三方重复使用，否则便侵犯了承包方的智力成果权。

③承包方的义务。

a. 承包方要根据批准的设计任务书（或可行性研究报告）或上一阶段设计的批准文件，以及有关设计的技术经济文件、设计标准、技术规范、规程、定额等提出的勘察技术要求进行设计，并按合同规定的进度和质量要求，提交设计文件（包括概预算文件、材料设备清单）。

b. 初步设计经上级主管部门审查后，在原定任务范围内的必要修改，应由承包方承担。

c. 承包方对所承担设计任务的建设项目应配合施工，进行设计技术交底，解决施工中的有关设计问题，负责设计变更和修改预算，参加试车考核和工程竣工验收。对于大中型工业项目和复杂的民用工程，应派现场设计代表，并参加隐蔽工程验收。

④设计的修改和停止。

a. 设计文件批准后，就具有一定的严肃性，不能任意修改和变更。如果必须修改，也需经有关部门批准，其批准权限视修改的内容所涉及的范围而定。如果修改的部分是属于初步设计的内容（如总平面布置图、工艺流程、设备、面积、建筑标准、定员、概算等），须经设计的原批准单位批准；如果修改部分是属于设计任务书的内容（如建设规模、产品方案、建设地点及主要协作关系等），则须经设计任务书的原批准单位批准；施工图设计的修改，须经设计单位同意。

b. 委托方因故要求修改工程的设计，经承包方同意后，除设计文件的提交时间另定外，委托方还应按承包方实际返工修改的工作量增付设计费。

c. 原定设计任务书或初步设计如有重大变更而需要重做或修改时，须经设计任务书的批准机关或初步设计批准机关同意，并经双方当事人协商后另订合同。委托方负责支付已经进行了的设计的费用。

d. 委托方因故要求中途停止设计时，应及时书面通知承包方，已付的设计费用不退，并按该阶段实际耗用工日，增付和结清设计费，同时结束合同关系。

⑤设计费。工程设计收费属于经营性收费，其收费办法和收费标准由国务院主管设计的部门负责组织各有关部门拟定，经国家物价局会同国务院主管设计的部门审核批准后颁发施行。

⑥违约责任。违约责任的条款同勘察合同要求。

⑦合同争端的处理。同勘察合同要求。

⑧其他规定。同勘察合同要求。

2.勘察设计合同管理

1)勘察设计合同主体与客体的法律地位

勘察设计合同法律关系的主体是合同双方当事人，即委托方和承包方，其客体是指委托勘察设计的建设项目。合同主体与客体的地位必须符合有关法律的规定，否则合同的有效性得不到法律的承认与保护。因此，对合同的任何一方来说，合同管理的第一步是确认合同法律关系主体与客体是否合法。

(1)合同法律关系主体的法律地位。

合法的合同法律关系主体，应是经国家规定的审批程序成立的法人组织，有相应的法人章程和营业执照，其经营活动应在章程或营业执照规定的范围内进行。同时，参加合同签订的人员应是合同主体的法定代表人或具有有效授权证书的法人委托的代理人。代理人的活动应在其代理委托书的授权范围内。

(2)合同法律关系客体的法律地位。

由于建设项目的建筑物和构筑物是附着于土地之上的，因此勘察设计合同客体的合法性不仅包括建设项目本身的合法性，而且包括土地使用的合法性。

①勘察设计项目必须符合基本建设程序。根据国家相关规定，建设项目的决策和实施必须遵守国家的基本建设程序，进行可行性研究。在编制可行性研究报告或设计任务书并报计划行政主管部门批准后，方可进行项目的设计工作。

②勘察设计项目必须有建设用地规划许可证。根据《中华人民共和国土地管理法》和《中华人民共和国城市规划法》的规定，城市规划区内的建设工程的选址和布局必须符合城市规划。

设计任务书(可行性研究报告)报请批准时，必须附有城市规划行政主管部门的选址意见书。在城市规划内进行建设需要申请用地的，必须持国家批准建设项目的有关文件，向城市规划行政主管部门申请规划设计条件，核发建设用地规划许可证。

建设单位或者个人在管理部门申请用地，经县级以上人民政府审查批准后，由土地管理部门划拨土地。

2)资质分级标准

(1)建筑行业工程设计分级标准。

勘察设计单位级别和分级标准按照《建设工程勘察设计资质管理规定》，工程勘察资质分为工程勘察综合资质、工程勘察专业资质、工程勘察劳务资质。工程勘察综合资质只设甲级;工程勘察专业资质设甲级、乙级。根据工程性质和技术特点,部分专业可以设丙级;工程勘察劳务资质不分等级。

工程设计资质分为工程设计综合资质、工程设计行业资质、工程设计专业资质和工程设计专项资质。工程设计综合资质只设甲级;工程设计行业资质、工程设计专业资质、工程设计专项资质设甲级、乙级。根据工程性质和技术特点,个别行业、专业、专项资质可以设丙级,建筑工程专业资质可以设丁级。

以工程设计综合甲级标准为例。

①资历和信誉。

a.具有独立企业法人资格。

b.注册资本不少于6 000万元人民币。

c.近3年年平均工程勘察设计营业收入不少于10 000万元人民币,且近5年内2次工程勘察设计营业收入在全国勘察设计企业排名列前50名以内;或近5年内2次企业营业税金及附加在全国勘察设计企业排名列前50名以内。

d.具有2个工程设计行业甲级资质,且近10年内独立承担大型建设项目工程设计每行业不少于3项,并已建成投产。或同时具有某1个工程设计行业甲级资质和其他3个不同行业甲级工程设计的专业资质,且近10年内独立承担大型建设项目工程设计不少于4项。其中,工程设计行业甲级相应业绩不少于1项,工程设计专业甲级相应业绩各不少于1项,并已建成投产。

②技术条件。

a.技术力量雄厚,专业配备合理。

企业具有初级以上专业技术职称且从事工程勘察设计的人员不少于500人,其中具备注册执业资格或高级专业技术职称的不少于200人,且注册专业不少于5个,5个专业的注册人员总数不低于40人。

企业从事工程项目管理且具备建造师或监理工程师注册执业资格的人员不少于10人。

b.企业主要技术负责人或总工程师应当具有大学本科以上学历、15年以上设计经历,主持过大型项目工程设计不少于2项,具备注册执业资格或高级专业技术职称。

c.拥有与工程设计有关的专利、专有技术、工艺包(软件包)不少于3项。

d.近10年获得过全国优秀工程设计奖、全国优秀工程勘察奖、国家级科技进步奖的奖项不少于5项,或省部级(行业)优秀工程设计一等奖(金奖)、省部级(行业)科技进步一等奖的奖项不少于5项。

e.近10年主编2项或参编过5项以上国家、行业工程建设标准、规范。

③技术装备及管理水平。

a. 有完善的技术装备及固定工作场所，且主要固定工作场所建筑面积不少于 10 000 平方米。

b. 有完善的企业技术、质量、安全和档案管理，通过 ISO9000 族标准质量体系认证。

c. 具有与承担建设项目工程总承包或工程项目管理相适应的组织机构或管理体系。

(2)勘察设计单位服务的区域范围。

取得工程勘察综合资质的企业，可以承接各专业(海洋工程勘察除外)、各等级工程勘察业务；取得工程勘察专业资质的企业，可以承接相应等级相应专业的工程勘察业务；取得工程勘察劳务资质的企业，可以承接岩土工程治理、工程钻探、凿井等工程勘察劳务业务。

取得工程设计综合资质的企业，可以承接各行业、各等级的建设工程设计业务；取得工程设计行业资质的企业，可以承接相应行业相应等级的工程设计业务及本行业范围内同级别的相应专业、专项(设计施工一体化资质除外)工程设计业务；取得工程设计专业资质的企业，可以承接本专业相应等级的专业工程设计业务及同级别的相应专项工程设计业务(设计施工一体化资质除外)；取得工程设计专项资质的企业，可以承接本专项相应等级的专项工程设计业务。

3)勘察设计过程中的合同管理

勘察设计合同的双方当事人都应重视合同管理工作，委托方如没有专业合同管理人员，可委托监理工程师负责。承包方应建立自己的合同管理专门机构，负责勘察设计合同的起草、协商和签订工作，同时在每个勘察设计项目中指定合同管理人员参加项目管理班子，专门负责合同实施控制和管理。

(1)合同资料文档管理。

在合同管理中，无论是合同签订、合同条款分析、合同的跟踪与监督、合同变更与索赔等，都以合同资料为依据，同时在合同管理过程中会产生大量的合同资料。因此，合同资料文档管理是合同管理的一个基本业务。

勘察设计中的主要合同资料包括：

①勘察设计招标投标文件(如果有的话)。

②中标通知书(如果有的话)。

③勘察设计合同及附件(包括委托设计任务书、工程设计取费表、补充协议书等)。

④委托方的各种指令、签证、双方的往来书信和电函、会谈纪要等。

⑤各种变更指令、变更申请和变更记录等。

⑥各种检测、试验和鉴定报告等。

⑦勘察设计文件。

⑧勘察设计工作的各种报表、报告等。

⑨政府部门和上级机构的各种批文、文件和签证等。

(2)合同实施的跟踪与监督。

对委托方而言，合同的跟踪与监督就是掌握承包方勘察设计工作的进程，监督其是否按合同进度和合同规定的质量标准进行，发现拖延应立即督促承包方进行弥补，以保证勘察设计工作能够按期、按质完成。同时，也应及时将本方的合同变更指令通知对方。

对承包方而言，合同的跟踪与监督就是对合同实施情况进行跟踪，将实际情况和合同资料进行对比分析，发现偏差。合同管理人员应及时将合同的偏差信息及原因、分析结果和建议提供给设计项目的负责人，以便及早采取措施，调整偏差。同时，合同管理人员应及时将委托方的变更指令传达给本方设计项目负责人或直接传达给各专业设计部门和人员。

(3)合同变更管理。

勘察设计合同的变更表现为设计图纸和说明的非设计错误的修改、设计进度计划的变动、设计规范的改变、增减合同中约定的设计工作量等。这些变更导致合同双方责任的变化。例如，由于委托方产生新的想法，要求承包方对按合同进度计划已完成的设计图纸进行返工修改，这就增加了承包方的合同责任及费用开支，并拖延了设计进度。对此，委托方应给予承包方应得的补偿，这往往又是引起双方合同纠纷的原因。

勘察设计人员之职业道德

勘察设计工作在建设项目中起着非常重要的作用，很大程度上会影响工程设计方案。在勘察设计中，勘察人员必须严格按照要求对工程项目进行翔实、细致的勘察，只有做到细致、认真、负责，才能获得详细的第一手勘察设计资料，为后续设计人员进行方案设计提供真实可靠的数据。例如业主未核实地质资料信息，就为勘察设计单位提供了错误的地质资料，而作为勘察设计单位，未进行实地考察，就作出设计方案，最后使主体工程产生不均匀沉降，进而导致墙壁产生裂缝的事故。

因此，我们无论做什么工作，都必须做到认真、负责，自觉承担起自己的责任。

任务 3.2　建设工程监理合同

案例引入

建设单位将某建设工程项目委托某监理单位进行施工阶段的监理。在委托建设工程监理合同中，对建设单位和监理单位的权利、义务和违约责任所作的某些规定如下。

(1)在施工期间，任何工程设计变更均须经过监理方审查、认可，并发布变更指令方为有效，实施变更。

(2)监理方应在建设单位的授权范围内对委托的建设工程项目实施施工监理。

(3)监理方发现工程设计中的错误或不符合建筑工程质量标准的要求时，有权要求设计单位改正。

(4)监理方仅对本工程的施工质量实施监督控制,业主则实施进度控制和投资控制任务。

(5)监理方在监理工作中只对业主负责,维护业主的利益。

(6)监理方有审核批准索赔权。

(7)监理方对工程进度款支付有审核签认权,业主方有独立于监理方之外的自主支付权。

(8)在合同任期内,监理方未按合同要求的职责履行约定的义务,或业主违背对监理方合同约定的义务,双方均应向对方赔偿造成的经济损失。

(9)当事人一方要求变更或解除合同时,应当在 42 日前通知对方,因解除合同使一方遭受损失的,除依法免除责任的外,应由责任方负责赔偿。

(10)当业主认为监理方无正当理由而又未履行监理义务时,可向监理方发出指明其未履行义务的通知。若业主发出通知后 21 日内没有收到答复,可在第一个通知发出后 35 日内发出终止委托监理合同的通知,合同即行终止,监理方承担违约责任。

(11)在施工期间,因监理单位的过失发生重大质量事故,监理单位应付给业主相当于质量事故经济损失 20%的罚款。

(12)监理单位有发布开工令、停工令、复工令等指令的权力。

思考

上述各条规定中有无不妥之处?怎样才是正确的?

案例解析

(1)第 1 条不妥,应为:设计变更的审批权在业主,任何设计变更须经监理方审查后,报业主审查、批准,业主同意后再由监理方发布变更指令,实施变更。

(2)第 2 条正确。

(3)第 3 条不妥,应为:监理方发现工程设计错误或不符合建筑工程质量标准及合同约定的质量要求时,应当报告业主,由业主要求设计单位改正。

(4)第 4 条不妥,应为:监理方有实施工程项目质量、进度和投资三方面的监督控制权。

(5)第 5 条不妥,应为:在监理工作中,监理方在维护业主合法权益时,不得损害承建单位的合法权益。

(6)第 6 条不妥,应为:监理方有审核索赔权,除非有专门约定外,索赔的批准、确认应通过业主。

(7)第 7 条不妥,应为:在工程承包合同议定的工程价格范围内,监理方对工程进度款的支付有审核签认权;未经监理方签字确认,业主不支付工程进度款。

(8)第 8 条正确。

(9)第 9 条正确。

(10)第 10 条正确。

(11)第 11 条不妥,应为:因监理方过失而造成了业主的经济损失,应当向业主赔偿。累计赔偿总额不应超过监理报酬总额(除去税金)。

(12)第 12 条正确。

理论知识

3.2.1 建设工程监理合同概述

1.建设工程监理合同的概念和特征

1)建设工程监理合同的概念

建设工程监理合同简称监理合同,是指委托人与监理人就委托的工程项目管理内容签订的,为委托监理单位承担监理业务而明确双方权利、义务关系的协议。即工程发包人将项目建设过程中的第三方所签订的合同履行管理任务,以监理合同的方式委托给专业化的监理公司,由监理公司负责监督协调和管理工作。

随着我国建设工程的发展,我国建设工程项目的规模趋于大型化,而项目建设周期却在逐渐缩短,这就要求在工程建设的过程中必须具备较高水平的管理手段。建设监理制度是我国工程建设管理制度的重要制度之一。

《工程建设监理规范》(GB/T50319—2013)中明确提出:“建设工程监理是指工程监理单位受建设单位委托,根据法律法规、工程建设标准、勘察设计文件及合同,在施工阶段对建设工程质量、进度、造价进行控制,对合同、信息进行管理,对工程建设相关方的关系进行协调,并履行建设工程安全生产管理法定职责的服务活动。”其目的在于确保工程建设质量、提高投资效益和社会效益。

工程监理是咨询工程师的一项重要业务工作。咨询工程师(或公司)受委托人委托作为监理工程师负责项目实施阶段的合同管理,负责对工程质量、工程费用和工程进度进行协调和控制。

2)建设工程监理合同的特征

建设工程监理合同的主体是组织工程建设的委托人和参与工程建设管理的监理单位。

监理公司作为独立的社会中介组织,与委托人签订书面合同后,遵循公正、独立、科学和诚实守信的原则,在委托人委托授权的范围内,依据法律法规及相关技术标准、设计文件和建设工程合同,对承包单位在工程质量、建设工期和建设资金使用等方面,代替委托人实施监督。

建设工程监理合同是一种委托合同,通过合同来约定双方的关系,向对方履行相关的义务。而委托人与承包人通过承包合同来约定双方的关系,向对方履行相关的义务。从合同关系上看,监理人与承包人之间没有任何合同关系,监理人对所监理的工程项目拥有的管理权限是委托人授予的。所以,工程建设监理活动具有以下特点。

①建设工程监理合同的当事人双方应当是具有民事权利能力和民事行为能力,取得法人资格的企事业单位、其他社会组织,个人在法律允许的范围内也可以成为合同当事人。委托人必须是具有国家批准的建设项目、落实投资计划的企事业单位、其他社会组织及个人。受托人必须是依法成立具有法人资格的监理企业,并且所承担的工程监理业务应与企业资质等级和业务范围相符合。

②监理活动的公正性。建设工程监理合同委托的工作内容必须符合工程项目建设程序,遵守相关法律、行政法规。监理合同是以对建设工程项目实施控制和管理为主要内容,因此,监理合同必须符合建设工程项目的程序,符合国家和建设行政主管部门颁发的有关建设工程的法律、行政法规、部门规章和各种标准、规范要求。

监理人的守法诚信

工程建设监理中,监理人应当守法诚信。监理人及其工作人员不得从与实施工程有关的第三方处获得任何经济利益;不得泄露对方申明的保密资料,亦不得泄露与实施工程有关的第三方所提供的保密资料。在监理过程中,监理人按照自己的工作计划程序、流程和方法,严格按照法律法规、工程建设有关标准及双方签订的合同,根据自己的判断,独立地开展工作;客观、公正地对待监理的委托人和承包人,在维护委托人的合法权益时,不损害承包人的合法权益。

③服务性合同。监理合同属于商业合同,但监理公司不为委托人提供直接的建筑产品生产,建设工程监理合同的标的是服务。建设工程实施阶段所签订的其他合同,如勘察设计合同、施工承包合同、物资采购合同、加工承揽合同的标的物是产生新的物质成果或信息成果,而监理合同的标的是服务。即在工程项目建设监理过程中,由组织管理能力强、工程建设经验丰富、能全面负责履行合同的总监理工程师主持项目监理工作;同时,配备足够的、有丰富管理经验和应变能力的监理工程师组成骨干队伍,建立一套健全的管理制度,应用现代化管理手段和先进的管理理论、方法,科学、严谨、实事求是、创造性地利用知识、技能和经验、信息以及必要的试验和检测手段,为委托人提供管理服务。监理活动不能完全取代委托人的管理活动,只能在授权范围内代表委托人进行工程管理。

2.《建设工程监理合同(示范文本)》

为规范建设工程监理活动,维护建设工程监理合同当事人的合法权益,住房和城乡建设部、国家工商行政管理总局对《建设工程委托监理合同(示范文本)》(GF—2000—2002)进行了修订,制定了《建设工程监理合同(示范文本)》(GF—2012—0202)。

《建设工程监理合同(示范文本)》除包括“协议书”“通用条件”“专用条件”3 个部分外,还包括“附录 A 相关服务的范围和内容”“附录 B 委托人派遣的人员和提供的房屋、资料、设备”。

《建设工程监理合同(示范文本)》的组成包括以下三个方面。

(1)合同协议书。

《建设工程监理合同(示范文本)》合同协议书共计8条,主要包括工程概况、词语限定、组成本合同的文件、总监理工程师、签约酬金、期限、双方承诺、合同订立等内容,集中约定了合同当事人基本的合同权利和义务。

(2)通用合同条款。

通用合同条款是合同当事人根据《中华人民共和国民法典》《中华人民共和国建筑法》《中华人民共和国招标投标法》等相关法律法规的规定,就工程委托监理与相关服务事项对合同当事人的权利和义务作出的原则性约定。

通用合同条款具体包括定义与解释,监理人的义务,委托人的义务,违约责任,支付,合同生效、变更、暂停、解除与终止,争议解决,其他等内容。

(3)专用合同条款。

专用合同条款是对通用合同条款原则性约定的细化、完善、补充、修改或另行约定的条款。合同当事人可以根据不同建设工程的特点及具体情况,通过双方的谈判、协商,对相应的专用合同条款进行修改、补充。在使用专用合同条款时,应注意以下事项。

①专用合同条款编号应与相应的通用合同条款编号一致。

②合同当事人可以通过对专用合同条款的修改,满足具体项目工程勘察的特殊要求,避免直接修改通用合同条款。

③在专用合同条款中有横道线的地方,合同当事人可针对相应的通用合同条款进行细化、完善、补充、修改或另行约定;如无细化、完善、补充、修改或另行约定,则填写“无”或划“/”。

3.2.2 监理合同订立

1.委托的监理业务

(1)委托工作的范围。

监理合同的范围是监理工程师为委托人提供服务的范围和工作量。实施建设工程监理前,建设单位必须委托具有相应资质的工程监理单位,并以书面形式与工程监理单位订立建设工程监理合同。合同中应包括监理工作的范围、内容、服务期限和酬金,以及双方的义务、违约责任等相关条款。

委托人委托监理业务的范围可以非常广泛。从工程建设各阶段来说,可以包括项目前期立项咨询、设计阶段、施工阶段、保修阶段的全部监理工作或某一阶段的监理工作。在每一阶段内,又可以进行投资、质量、进度的三大控制,以及信息、合同、安全三项管理。施工阶段是工程项目建设过程中最为重要、持续时间最长的一个阶段,因此,主要介绍施工阶段的监理业务。通常,施工监理合同中的“监理工作范围”条款,一般应与工程项目总概算、单位工程概算所涵盖的工程范围相一致，或与工程总承包合同、单项工程承包所涵盖的范围相一致。

施工阶段的监理业务包括：

①协助委托人选择承包人以及组织设计、施工、设备采购等工作的招标。

②技术监督和检查：检查工程设计、材料和设备质量，对操作或施工质量的监理和检查等。

③施工管理包括质量控制、成本控制、计划和进度控制等。

(2)对监理工作的要求。

在监理合同中明确约定的监理人执行监理工作的要求，应当符合《建设工程监理规范》的规定。例如，针对工程项目的实际情况派出监理工作需要的监理机构及人员，编制监理规划和监理实施细则，采取实现监理工作目标相应的监理措施，从而保证监理合同得到真正的履行。

针对具体的建设工程项目，委托人可以委托建设工程监理人对建设工程的可行性研究阶段、勘察设计阶段、施工阶段以及竣工后的保修阶段等全程进行监督和管理。建设工程监理的主要工作内容是“三控三管一协调”。“三控”指建设工程监理对建设工程的质量控制、进度控制和投资控制；“三管”指建设工程监理要对参与工程建设的各方进行合同管理、信息管理、安全管理；“一协调”是指建设工程监理要组织、协调好参与工程建设的各方工作关系。

建设工程监理必须凭借自己的知识、经验、技能，依据法律法规和技术标准、工程具体数据实现对工程质量、工程工期和工程投资的有效管理和控制。

委托人与监理单位签订的监理合同中，会对监理人员数量、素质、服务范围、服务费用、服务时间以及权利等各个方面进行详细规定。不同的委托人委托监理单位监理的内容会有所差异。同样，不同的委托人对建设工程监理授予的权利也会有所区别。因此，监理单位必须依照委托合同中规定的工作任务和授权范围履行职责。

2.监理合同的履行期限、地点和方式

订立监理合同时，约定的履行期限、地点和方式是指合同中规定的当事人履行自己的义务，完成工作的时间、地点以及结算酬金。

在签订建设工程监理合同时，双方必须商定监理期限，标明何时开始、何时完成。合同中注明的监理工作和相关服务工作的开始实施和完成期限是根据工程情况估算的时间，合同约定的监理酬金是根据这个时间估算的。如果委托人根据实际需要增加委托工作范围或内容，导致需要延长合同期限，双方可以通过协商，另行签订补充协议。

监理合同的有效期即监理人的责任期，不是以合同中约定的日历天数为准，而是由监理单位是否完成包括正常、附加和额外工作在内的义务来判定的。监理合同的有效期为双方签订合同后，从工程准备工作开始，到监理单位向委托人办理完竣工验收或工程移交手续，承包人和委托人已签订工程保修责任书，监理收到监理报酬尾款，监理合同才终止。如果保修期间仍需要监理单位执行相应的监理工作，双方应在专用条款中另行约定。

承诺生效合同成立，是以承诺生效地点为合同成立地点为基本原则。但是如果法律规定或者当事人双方约定采用特定形式成立合同的，特定形式完成地点为合同成立的地点。如当事人双方在合同成立前要求采用确认书、合同书等书面形式的，确认书从签订生效时合同成立，合同成立时的地点为合同成立的地点。合同书从签字或者盖章时成立，签字或者盖章的地点为合同成立的地点。

3.2.3 双方的权利

合同双方的权利、义务和责任是在合同中约定的。权利和义务必须是对等的，责任则是对未完成履行义务(包括过失)的补偿。《建设工程监理合同(示范文本)》将“委托合同”规定的监理人的义务(监理人在履行合同的义务期间应认真、勤奋地工作，为委托人提供与其水平相适应的咨询意见，公正维护各方面的合法权益)进一步明确为22项监理基本工作内容中的7条内容，有利于对监理人工作进行评价。

1. 监理人的权利

委托人与监理人签订监理合同时，应明确监理人、总监理工程师和授予项目监理机构的权限，将自身拥有的一部分权利授予给监理人。委托人授予监理人的权利，大致可分为以下5类。

(1)决定权。具体包括：对不符合设计要求和合同约定及国家质量标准的材料、构配件和设备，有权通知承包商停止使用；对不符合规范和质量标准的工序、分部分项工程和不安全的施工作业，有权通知承包人停工整改返工；由于第三方原因，可能使工程在投资进度、质量、安全等方面受到严重影响时，有权对合同中规定的第三方义务提出变更，但应事先取得委托人认可；紧急情况下，可先处理事故，后报告委托人。

(2)审查权。具体包括：审查施工组织设计、技术方案和施工进度计划的审查权；分包人资质条件的审查权；工程开工条件的审查权；工程用材料、构配件的设备证明文件的有效性和符合性的审查权，凡不合格材料及不合格工程，均可要求施工单位整改直至合格；工程变更申请、竣工验收申请与结算的审查权。

(3)建议权。具体包括：选择工程总设计单位和施工总承包单位的建议权，但对设计分包单位和施工单位有确认权和否定权；对不能胜任本职工作的施工人员提出调换的建议权；工程建设有关事项包括工程规模设计标准、规划设计、生产工艺及使用功能的建议权；工程结构设计和其他专业设计中的技术问题，按照安全和优化的原则，自主向设计单位提出建议，并向委托人提出书面报告；如果拟提出的建议会提高工程造价，或延长工期，应事先取得委托人的同意。

(4)签认权。具体包括：对工程竣工日期、工期索赔有签认权；工程款支付的审核有签认权。未经总监理工程师签字确认，委托人不得支付工程款。

(5)监督权。监督权是指监理人有权对工程建设各责任主体行为的合法性进行监督。

2.委托人的权利

委托人对监理人总监理工程师的更换具有审批权，对不能胜任本职工作的项目监理机构人员的更换具有建议权。

按照《建设工程监理合同(示范文本)》标准条件中相关条款的规定，委托人的权利如下。

(1)选择承包商和监理单位的权利。

委托人拥有选择承包商和监理单位，以及与其订立合同的决定权。委托人与承包商签订的合同中，会明确规定监理工程师的权利和职责，从而奠定了委托人和监理单位之间的工作关系。对于委托人所选定的承包商，监理单位没有决定权。委托人与监理单位的关系是委托与被委托、授权与被授权的关系。在委托人与监理单位签订的“建设工程监理合同”中，主要对监理人员数量、素质、服务范围、服务费用、服务时间以及权利等各方面进行了详细规定。

(2)授予监理单位权限的权利。

委托人根据工程项目特点、自身管理水平、总监理工程师的工作能力等因素综合考虑，在监理合同范围内明确对监理单位的授权范围。监理单位在授权范围内可对所监理的合同自主采取各种措施进行监督、管理和协调，如果需处理的情况超越权限，则应首先征得委托人同意后，方可发布相关指令。在监理合同内授予监理单位的权限，在合同执行过程中可随时通过书面附加协议予以扩大。

(3)对监理单位履行合同义务的监督权。

委托人对监理单位所选总监理工程师及监理机构派驻人员计划有控制监督权。在合同开始履行时，监理单位应向委托人报送委派的总监理工程师及其监理机构主要成员名单。

当监理单位调换总监理工程师时，须经委托人同意。委托人有权要求监理单位更换不称职的监理人员。简而言之，委托人对监理人总监理工程师的更换具有审批权，对不能胜任本职工作的项目监理机构人员的更换具有建议权。

在合同履行过程中，委托人有权要求监理单位提交监理工作月、季、年度监理报告，以及监理业务范围内的专项报告。委托人按照合同约定检查监理工作的执行情况，发现监理人员不按监理合同履行职责或与承包商串通，给委托人或工程造成损失的，委托人有权要求监理单位更换单位或更换监理人员，直至合同终止，并要求其承担相应赔偿责任。

3.2.4 监理合同的履行

建设监理合同的当事人应按照合同的约定履行各自的义务。其中，最主要是监理单位应当完成监理工作，委托人应当支付酬金。

1.监理人应完成的监理工作

监理人工作的范围是依据国家相关法律法规规定，必须对国家重点建设工程、大中型公用事业工程、成片开发建设的住宅小区工程、利用国外政府或者国际组织贷款、援助资金的工程以及必须实行监理的其他工程进行监理工作。

监理单位的工作任务是按委托人委托工程的范围来划分的，监理合同专用条件内明确了委托监理工作范围和内容。具体包括以下工作内容。

(1)正常工作。监理单位正常的监理工作是在委托人与第三方约定期限内，根据监理合同专用条件内所注明的工作内容应该完成的工作任务。

(2)附加工作。附加工作是指在完成正常工作之外，因工作时间延长或工作范围改变而多完成的工作。

在建设工程监理过程中，因为当事人除了委托人、监理单位之外，还有承包商。在当事人之间，委托人与承包商签订的是建设工程施工合同，委托人与监理单位之间签订的是委托监理合同，虽然监理单位和承包商之间没有任何直接关系，也没有互签合同，但是监理单位必须履行对承包商的监督和管理。在委托人与监理单位签订的监理合同履行过程中，由于委托人或第三方原因，如委托人建设资金不到位、工程变更、承包商的工期索赔以及外界的人为或环境因素等，使工期延长，导致监理工作受到阻碍或延误，监理单位应将此情况与可能产生的影响通知委托人，增加相应的工作量以完成监理工作，并应得到附加的工作酬金。

除工作时间变化导致附加工作的产生之外，还有可能因为监理工作范围的变化而导致工作量的增加。如原委托施工阶段的监理，后又增加竣工后的保修阶段监理。对于此类附加监理工作的酬金，当事双方应以补充协议的方式，根据具体的工作内容商定附加工作的应得酬金。

(3)额外工作。正常工作以及附加工作都是在工程项目正常进行的过程中所产生的工作内容，而额外工作主要是指发生意外的非监理单位原因导致的暂停或终止监理业务时，监理单位所做的善后或恢复准备工作。

例如，在合同履行过程中，承包人由于严重违约导致委托人单方终止施工合同时，监理单位应确认违约承包商已完成合格工程的工程价值，协助委托人选择新的承包商，在重新开始施工前做必要的监理准备工作。另外，因不可抗力导致施工被迫中断时，监理单位应完成确认灾害发生前承包商已完成工程的合格和不合格部分，以及灾害后恢复施工前必要的监理准备工作等。

《建设工程监理合同(示范文本)》规定，如果在监理合同签订后，出现不应由监理单位负责的情况，导致监理单位不能全部或部分执行监理任务时，监理单位应立即通知委托人。在这种情况下，如果不得不暂停执行某些监理任务，则该项服务的完成期限应予延长，直到这种情况不再持续。当恢复监理工作时，还应增加不超过 42 天的合理时间用于恢复执行监理业务，并按双方约定的数量支付监理酬金。

2. 监理合同的有效期

除法律另有规定或者专用条件另有约定外，委托人和监理人的法定代表人或其授权代理人在协议书上签字并盖单位章后，合同生效。监理人完成合同约定的全部工作并且委托人与监理人结清并支付全部酬金，监理合同终止。自合同生效至合同终止为合同的有效期。

合同生效后，如果实际情况发生变化使得监理人不能完成全部或部分工作时，监理人应立即通知委托人。除不可抗力外，其善后工作以及恢复服务的准备工作应为附加工作，附加工作酬金的确定方法在专用条件中约定。监理人用于恢复服务的准备时间不应超过28天。

在合同有效期内，因非监理人的原因导致工程施工全部或部分暂停，委托人可通知监理人要求暂停全部或部分工作。监理人应立即安排停止工作，并将开支减至最小。除不可抗力外，由此导致监理人遭受的损失应由委托人予以补偿。

3.**双方的义务**

从监理的定义可以看出，监理人受委托人委托对建设工程质量、进度、造价进行控制，对合同、信息、安全进行管理，对工程建设相关方的关系进行组织与协调，并履行建设工程安全生产管理的法定职责。监理的职责是控制、管理、协调，其工作的意义在于发现和处理问题。当监理人违反或没有履行合同约定的义务时，应当承担违约责任，违约金的确定方法在专用条件中约定。

当委托人没有完全履行合同中约定的义务，给监理人造成损失的，同样应给监理人补偿损失。除此之外，当监理人处理委托业务时因非监理人原因的事由受到损失的，可以向委托人要求补偿损失。因为这种损失的风险本应是委托人承担的，只不过监理人代替委托人承担，理应受到补偿。从监理酬金的角度来分析，监理酬金也未包括这种风险。

(1)监理人的义务。

①遵守国家法律、法规和政策。监理单位应在资质等级许可范围内，承揽监理业务；监理单位与承包商之间不能有隶属关系和其他利害关系；监理工程师也不能在承包商单位兼任职务，更不能从事损害委托人的经济活动。

②根据合同约定向委托人报送委派的总监理工程师及其监理机构主要成员名单、监理规划，并以书面形式向委托人报告。

③完成监理合同专用条件中约定的监理工程范围内的监理服务，不得转让委托监理合同的权利和义务。

④全面履行监理职责，积极进行协调组织，加强建设目标控制，处理工程管理、工程质量及技术、合同管理以及工程款项等事务，努力实现项目建设意图，公正维护各方的合法权益。

⑤独立、公正地开展监理工作，监督建设各方的行为，维护建设各方的合法权益。

⑥加强安全监督，实现安全生产。

⑦在合同期内或合同终止后，未征得有关方同意，不得泄露与本工程、本合同业务活动相关的保密资料。

⑧建设监理合同中规定的其他义务。

(2)委托人的义务。

①告知。委托人应在委托人与承包人签订的合同中明确监理人、总监理工程师和授予项目监理机构的权限。如有变更,应及时通知承包人。

②提供资料。委托人应按照《建设工程监理合同(示范文本)》附录B约定,无偿向监理人提供工程有关的资料。在合同履行过程中,委托人应及时向监理人提供最新的与工程有关的资料。

③提供工作条件。委托人应为监理人完成监理与相关服务提供必要的条件。

委托人应按照《建设工程监理合同(示范文本)》附录B约定,派遣相应的人员,提供房屋、设备,供监理人无偿使用。

委托人应负责协调工程建设中所有外部关系,为监理人履行本合同提供必要的外部条件。

④授权委托人代表。委托人应授权一名熟悉工程情况的代表,负责与监理人联系。委托人应在双方签订本合同后7天内,将委托人代表的姓名和职责书面告知监理人。当委托人更换委托人代表时,应提前7天通知监理人。

⑤委托人提出意见或要求。在合同约定的监理与相关服务工作范围内,委托人对承包人的任何意见或要求应通知监理人,由监理人向承包人发出相应指令。

⑥答复。委托人应在专用条件约定的时间内,对监理人以书面形式提交并要求其作出决定的事宜,给予书面答复。逾期未答复的,视为委托人认可。

⑦支付。委托人应按本合同约定,向监理人支付酬金。

4.违约责任

监理合同在履行的过程中,任何一方因自身过错给对方造成损失,导致合同不能履行或不能完全履行时,有过错的一方应承担违约责任;如属于双方过错,根据实际情况,由双方各自承担各自应负的违约责任。为保证监理合同规定的各项权利义务顺利实施,通用条件中规定:合同责任期内,如果监理人员未按合同中要求的职责服务,或者委托人违背对监理人员的责任时,均应向对方承担赔偿责任。监理单位的赔偿金额最高不超过监理酬金总额(除税金)。

监理单位在责任期内,也就是监理合同的有效期内,如果因过失而造成经济损失,要承担监理失职责任。在监理过程中,如果全部商定的监理任务因工程进展的推迟或延误而超过商定的完成日期,双方应进一步商定相应延长的责任期。监理单位不对责任期以外发生的任何事件所引起的损失或损害承担责任,也不对第三方违反合同规定的质量要求和完工期限承担责任。

(1)监理人的违约责任。监理人未履行本合同义务的,应承担相应的责任。

①因监理人违反合同约定给委托人造成损失的,监理人应当赔偿委托人损失。赔偿金额的确定方法在专用条件中约定。监理人承担部分赔偿责任的,其承担赔偿金额由双方协商确定。

②监理人向委托人的索赔不成立时,监理人应赔偿委托人由此发生的费用。

(2)委托人的违约责任。委托人未履行合同义务的,应承担相应的责任。

①委托人违反合同约定造成监理人损失的，委托人应予以赔偿。

②委托人向监理人的索赔不成立时，应赔偿监理人由此引起的费用。

③委托人未能按期支付酬金超过 28 天，应按专用条件约定支付逾期付款利息。

(3)除外责任。因非监理人的原因，且监理人无过错，发生工程质量事故、安全事故、工期延误等造成的损失，监理人不承担赔偿责任。因不可抗力导致本合同全部或部分不能履行时，双方各自承担其因此而造成的损失、损害。

5.监理合同的酬金

《建设工程监理合同(示范文本)》细化了酬金计取的方式。签约酬金包括监理酬金与相关服务酬金。相关服务酬金包括：勘察阶段服务酬金、设计阶段服务酬金、保修阶段服务酬金、其他相关服务酬金。监理酬金通常包括正常工作酬金、附加工作酬金两部分。正常工作酬金是指监理人完成正常工作，委托人应给付监理人并在协议书中载明的签约酬金额。附加工作酬金是指监理人完成附加工作，委托人应给付监理人的金额。

监理合同以竣工结算价格作为监理报酬的取费基础。为鼓励监理人高水平地工作、降低工程造价和节省投资，委托人给予监理人适当的奖励是合理的。《建设工程监理合同(示范文本)》的通用条件明确支付的酬金包括正常工作酬金、附加工作酬金、合理化建议奖励金额及费用，专用条件中约定正常工作酬金、附加工作酬金、奖励金额的计算方法。相反，如果由于监理人在工作中失职造成委托人的损失，监理人也应按赔偿金的计算方法给予委托人赔偿。

监理酬金支付方式必须明确首期支付金额，支付方式为每月等额支付还是根据工程形象进度支付，支付货币的币种等。

①支付货币。除专用条件另有约定外，酬金均以人民币支付。涉及外币支付的，所采用的货币种类、比例和汇率在专用条件中约定。

②支付申请。监理人应在本合同约定的每次应付款时间的 7 天前，向委托人提交支付申请书。支付申请书应当说明当期应付款总额，并列出当期应支付的款项及其金额。

③支付酬金。支付的酬金包括正常工作酬金、附加工作酬金、合理化建议奖励金额及费用。

④有争议部分的付款。无异议部分的款项应按期支付，有异议部分的款项按“争议解决”中相应条款约定办理。委托人对监理人提交的支付申请书有异议时，应当在收到监理人提交的支付申请书后 7 天内，以书面形式向监理人发出异议通知。

6.协调双方关系的条款

①协商。双方应本着诚信原则协商解决彼此间的争议。

②调解。如果双方不能在 14 天内或双方商定的其他时间内解决本合同争议，可以将其提交给专用条件约定的或事后达成协议的调解人进行调解。

③仲裁或诉讼。双方均有权不经调解直接向专用条件约定的仲裁机构申请仲裁或向有管

辖权的人民法院提起诉讼。

④奖励。监理人在服务过程中提出的合理化建议,使委托人获得经济效益的,双方在专用条件中约定奖励金额的确定方法。奖励金额在合理化建议被采纳后,与最近一期的正常工作酬金同期支付。

⑤守法诚信。监理人及其工作人员不得从与实施工程有关的第三方处获得任何经济利益。

⑥保密。双方不得泄露对方申明的保密资料,亦不得泄露与实施工程有关的第三方所提供的保密资料,保密事项在专用条件中约定。

⑦暂停与解除。除双方协商一致可以解除合同外,当一方无正当理由未履行合同约定的义务时,另一方可以根据合同约定暂停履行本合同直至解除合同。

监理人之职业道德

工程监理单位是建筑市场的主体之一,建设工程监理是一种高智能的有偿技术服务。建设工程监理按监理阶段可分为设计监理和施工监理。工程监理的工作具有服务性、公平性、科学性、独立性等特点。监理人的职责是:认真学习和贯彻有关建设监理的政策、法规以及国家和省、市有关工程建设的法律、法规、政策、标准和规范,在工作中做到以理服人;检查承包单位投入工程项目的人力、材料、主要设备及其使用、运行状况,并做好检查记录;督促、检查施工单位安全措施的投入等。监理人要为工程项目的“安全至上,质量第一”保驾护航。

任务 3.3 建设工程施工合同

案例引入

某综合办公楼工程,建设单位甲通过公开招标确定本工程由乙承包商为中标单位,双方签订了工程总承包合同。由于乙承包商不具有勘察、设计能力,经甲建设单位同意,乙分别与丙建筑设计院和丁建筑工程公司签订了工程勘察设计合同和工程施工合同。勘察设计合同约定由丙对甲的办公楼及附属公共设施提供设计服务,并按勘察设计合同的约定交付有关的设计文件和资料。施工合同约定由丁根据丙提供的设计图纸进行施工,工程竣工时根据国家有关验收规定及设计图纸进行质量验收。

合同签订后,丙按时将设计文件和有关资料交付给丁,丁根据设计图纸进行施工。工程竣工后,甲会同有关质量监督部门对工程进行验收,发现工程存在严重质量问题,是由于设计不符合规范所致。原来丙未对现场进行仔细勘察即自行设计导致设计不合理,给甲带来了重大损失。且丙以与甲方没有合同关系为由拒绝承担责任,乙又以自己不是设计人为由推卸责任,甲遂以丙为被告向法院提起诉讼。

思考

(1)本案例中,甲与乙、乙与丙、乙与丁分别签订的合同是否有效?并分别说明理由。

(2)工程存在严重质量问题的责任应如何划分?

理论知识

3.3.1 建设工程施工合同概述

3.3.1.1 建设工程施工合同

1.建设工程施工合同的概念

建设工程施工合同是指建设单位与施工单位为完成商定的土木工程、设备安装、管道线路敷设、装饰装修和房屋修缮等建设工程项目,明确双方相互间的权利和义务关系的协议。

建设工程施工合同是建设工程合同体系中最重要,也是最常见的一种合同,其标的是将设计图纸变为满足功能、质量、进度、投资等发包人投资预期目的的建筑产品。它与其他建设工程合同一样,是双务有偿合同,在订立时应遵守自愿、公平、诚实信用等原则。

2.建设工程施工合同的特点

建设工程施工合同,除具备合同的一般特征外,还具有自身的特征。

1)合同标的的特殊性

该类合同为完成特定的建设项目需要大量的建筑产品。这些建筑产品是不动产,建造过程中往往受到自然条件、地质水文条件、社会条件、人为条件等因素的影响。这就决定其不同于一般商品,不能批量生产,具有单件性的特点,相互间具有不可替代性。

2)合同履行期限的长期性

施工合同的标的由于结构复杂、体积庞大,人力、物力、财力等资源消耗大,工期一般都以年计,与一般的工业产品生产相比,其生产时间长。

3)合同内容的复杂性

施工合同在履行的过程中,不仅涉及发包人和承包人双方,还涉及监理单位、设计单位、供货单位、分包商等其他参与方。其内容的约定还需与相应的监理合同、设计合同、供货合同、分包合同等其他合同内容相协调。另外,由于施工合同的履行期限一般较长,往往又会在履行过程中受不可抗力(法律法规变化、市场价格波动等)因素的影响,导致合同的内容约定、履行管理等复杂化。

4)合同监督管理的严格性

由于施工合同的履行对国家的经济发展、人民的工作和生活都有重大的影响,国家对施工合同实施进行非常严格的监督。在施工合同的订立、履行、变更、终止的全过程中，除要求合同当事人对合同进行严格的管理外，合同的主管机关（工商行政管理机构）、建设行政主管机关、质量监督机构、金融机构等都要对施工合同进行严格的监督。

3.建设工程施工合同的计价方式

合同的计价方式一般有3种：固定价格合同、可调价格合同、成本加酬金合同。发承包双方应在合同中约定采用哪种合同计价方式。

1）固定价格合同

固定价格合同是指在约定的风险范围内合同价格不再调整的合同。该合同价格并不是绝对的不可调整，而是应由承包人承担约定范围内的风险。总价合同和单价合同都属于此类合同，具体又可细分为固定总价合同和固定单价合同。双方应在合同专用条款内约定合同价款包含的风险范围、风险费用的计算方法和承包风险范围以外对合同价款的调整方法，在约定的风险范围内对合同价款不再调整。

2）可调价格合同

可调价格合同是针对固定价格合同而言的，通常用于工期较长的工程。发承包双方在招投标或合同签订阶段不可能合理预见一年后价格或法律法规变化对合同价款的影响。为合理分担外界因素对合同价款的影响，可采用可调价格合同。可调价格合同的计价方式与固定价格合同的计价方式基本相同，只是增加了可调价的条款，因此，在专用条款内应明确约定调价的计算方法。总价合同和单价合同都属于此类合同，具体又可细分为可调总价合同和可调单价合同。

3）成本加酬金合同

成本加酬金合同通常用于需要立即开展的项目，如灾后修复、抢险救灾等紧急工程；或采用新技术、新工艺施工，双方对施工成本均心中无底，为合理分担风险而采用此种方式。合同双方应在专用条款内约定成本构成和酬金的计算方法。成本加酬金合同通常可分为以下几种形式。

（1）成本加固定酬金合同。这是根据双方协议，工程无论成本多少，其承包商的人工、材料、机械等直接费用全部按实报销，然后再给予承包商一笔固定的费用，作为承包商的酬金。

（2）成本加固定百分比酬金合同。即承包商的酬金以完成的工作量为计算基数，按协议比例提取酬金的合同。

（3）成本加浮动酬金合同。由于合同价格按承包商的实际成本结算，所以在这类合同中，承包商不承担任何风险，而业主承担了全部工作量和价格风险。承包商在工程中没有成本控制的积极性，常常不仅不愿意压缩成本，反而期望提高成本以提高自己的工程经济效益，这样会损害工程整体效益。所以，这类合同的使用应受到严格限制，通常仅用于如下情况。

①投标阶段依据不准，工程的范围无法界定，无法准确估价，缺少工程的详细说明。

②工程特别复杂，工程技术、结构方案不能预先确定。他们可能按工程中出现的新的情况确定。在国外，这一类合同经常被用于一些带研究、开发性质的工程项目中。

③时间特别紧急，要求尽快开工，如抢救、抢险工程，无法详细地计划和商谈。

④在一些项目管理合同和特殊工程的“设计—采购—施工”总承包合同中使用。

由于业主承担全部风险，应加强对工程的控制，参与工程方案（如施工方案、采购、分包）的选择和决策，同时应有权对工程成本开支进行监督和审查。

3.3.1.2 合同当事人及其他相关参与方

1.合同当事人

合同当事人是指发包人和（或）承包人。发包人是指与承包人签订合同协议书的当事人及取得该当事人资格的合法继承人。承包人是指与发包人签订合同协议书的，具有相应工程施工承包资质的当事人及取得该当事人资格的合法继承人。

1）业主（发包人）的主要合同关系

业主作为工程的所有者，确定工程项目的总目标。工程项目总目标是通过许多工程活动的实施实现的，如工程的勘察、设计、各专业工程施工、设备和材料供应、技术咨询、咨询与项目管理（可行性研究招标、监理）等工作。业主通过合同将这些工作委托出去。按照不同的项目实施策略，业主要签订如下几种类型的合同。

①工程承包合同。任何一个工程都必须有工程承包合同。一份承包合同所包括的工程或工作范围会有很大的差异。业主可以将工程施工分专业、分阶段委托，也可以将工程施工与材料和设备供应、设计项目管理等工作以各种形式合并委托，也可采用“设计—采购—施工”总承包模式。所以，一个工程可能有多份工程承包合同。

②勘察合同。即业主与勘察单位签订的合同。

③设计合同。即业主与设计单位签订的合同。

④供应合同。对由业主负责提供的材料和设备，必须与有关的材料和设备供应单位签订供应（采购）合同。在一个工程中，业主可能签订许多供应合同，也可以把材料供应委托给工程承包商，把整个设备供应委托给一个成套设备供应企业。

⑤项目管理合同。在现代工程中，业主的项目管理模式丰富多彩，如业主自己管理，或聘请工程师管理，或派业主代表与工程师共同管理，或采用 CM 模式。项目管理合同的工作范围可能包括：可行性研究、设计监理、招标代理、造价咨询和施工监理等某一项或几项，或全部工作，即由一个项目管理公司负责整个工程的项目管理工作。

⑥贷款合同。即业主与金融机构（如银行）签订的合同，后者向业主提供资金保证。

⑦其他合同。如业主负责签订的工程保险合同。

在工程中，业主的主要合同关系如图 1 所示。

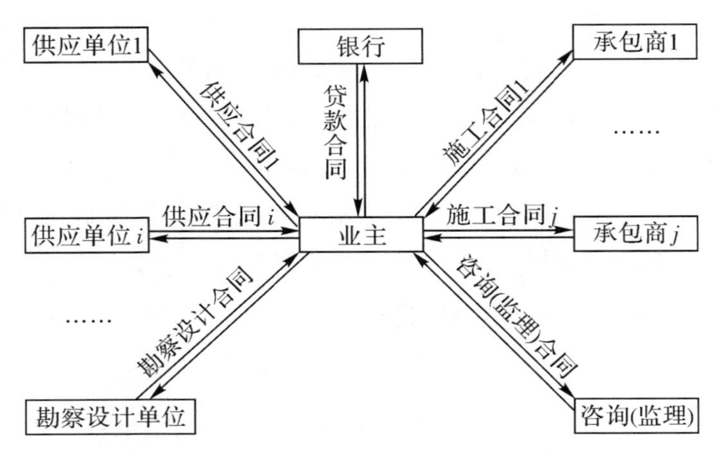

图 1　业主的主要合同关系

2)承包商的主要合同关系

承包商是工程承包合同的执行者,完成承包合同所确定的工程范围的设计施工、竣工和保修任务,为完成这些工程提供劳动力施工设备、材料和管理人员。任何承包商都不可能,也不必具备承包合同范围内所有专业工程的施工能力、材料和设备的生产与供应能力,同样必须将许多专业工程或工作委托出去。所以,承包商常常又有自己复杂的合同关系。

①工程分包合同。承包商把承接到的工程承包合同范围内的某些专业工程施工分包给另一承包商来完成,与其签订分包合同。承包商在承包合同下可能订立许多工程分包合同。

分包商仅完成承包商的工程,向承包商负责,与业主无合同关系。承包商向业主担负全部工程责任,负责工程的管理和所属各分包商工作之间的协调,以及各分包商之间合同责任界面的划分,同时承担协调失误造成损失的责任。

②采购合同。承包商为工程所进行的必要的材料和设备的采购和供应必须与供应商签订采购合同。

③劳务供应合同。承包商与劳务供应商签订的合同,由劳务供应商向工程提供劳务。

④加工合同。承包商将建筑构配件、特殊构件加工任务委托给加工承揽单位而签订的合同。

⑤租赁合同。在建设工程中,承包商需要许多施工设备、运输设备周转材料。当有些设备周转材料在现场使用率较低,或承包商不具备自己购置设备的资金实力时,可以采用租赁方式,与租赁单位签订租赁合同。

⑥运输合同。这是承包商为解决材料和设备运输而与运输单位签订的合同。

⑦保险合同。承包商按工程承包合同要求对工程、设备和人员等进行保险,与保险公司签订保险合同。

承包商的主要合同关系如图 2 所示。

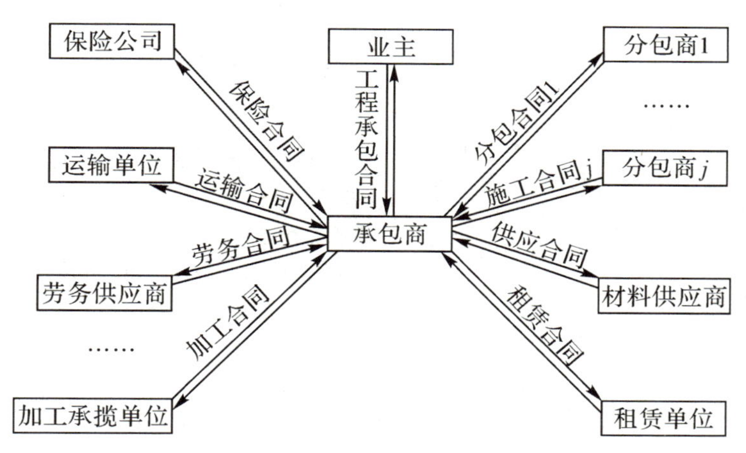

图2 承包商的主要合同关系

2.其他

①设计人:指在专用合同条款中指明的,受发包人委托负责工程设计并具备相应工程设计资质的法人或其他组织。

②分包人:指按照法律规定和合同约定,分包部分工程或工作,并与承包人签订分包合同的具有相应资质的法人。

③项目经理:指由承包人任命并派驻施工现场,在承包人授权范围内负责合同履行,且按照法律规定具有相应资格的项目负责人。

业主、监理工程师、承包商在施工合同中的合作分工如表2所示。

表2 各方合作分工表

合同内容	业主	监理工程师	承包商
总的要求	①项目的立项、选定、融资和施工前期准备; ②项目的合同方式与组织(选择承包商、监理等); ③决定监理职责权限	受业主聘用,按业主和承包商签订的合同中授予的职责、权限对合同实施监管	按合同要求,全面负责工程项目的具体实施、竣工和维修
进度管理	①进度管理主要依靠监理,但对开工、暂停、复工,特别是延期和工期索赔要审批; ②可将短期的工期变更和索赔交由监理决定,报业主备案	①按承包商开工后送交的总进度计划,以及季、月、周进度计划,检查督促; ②下开工令,下令暂停、复工、延期,对工程索赔提出具体建议报业主批准	①制订具体进度计划,研究各工程部位的施工安排及工种、机械的配合调度,以保证施工进度; ②根据实际情况提交工期索赔报告

续表

合同内容	业主	监理工程师	承包商
质量管理	①定期了解、检查工程质量，对重大事故进行研究； ②平时主要依靠监理管理和检查工程质量	①审查承包商的重大施工方案并提出建议，但质量保证措施由承包商决定； ②拟订质量检查办法； ③严格对每道工序、部位、材料的质量进行检查和检验，不合格则下令返工	按规范要求拟订具体施工方案和措施，保证工程质量，对质量问题全面负责
造价管理	①审批监理审核后上报的价款支付表； ②与监理讨论并批复有关索赔问题； ③可将较少数额的支付或索赔交由监理决定，报业主备案	①按照合同规定特别是工程量表的规定严把支付关，审核后报业主审批； ②研究索赔内容，计算索赔数额，上报业主审核	①拟订具体措施，从人工、材料采购、机械使用以及内部管理等方面采取措施降低成本，提高利润； ②设立索赔小组，适时申报索赔
风险管理	注意研究重大风险的防范	替业主把好风险关，进行经常性的风险分析，研究防范措施	注意风险管理，做好风险防范
变更管理	①加强前期设计管理，尽量减少变更； ②慎重确定必要的变更项目，并研究变更对工期价格的影响	提出审批变更建议，计算出对工期、价格的影响，报业主审批	①在需要时，向业主或监理工程师提出变更建议； ②执行监理工程师的变更命令； ③抓紧发生变更后的索赔

3.3.2 建设工程施工合同订立

3.3.2.1 建设工程合同的谈判、签订与审查

1.建设工程合同的谈判

合同谈判前需有相关的法律知识的储备，这是合同谈判人员应具备的最基本条件。谈判人员应由懂建筑方面法律法规与政策的人员、懂工程技术的人员、懂建筑经济的人员组成。

谈判人员在进行谈判之前，需做好以下准备工作。

1)项目相关资料的收集

谈判准备工作中最不可缺少的任务就是要收集整理有关合同对方及项目的各种基础资料和背景材料。这些资料的内容包括对方的资信状况、履约能力、发展阶段、已有成绩等，还包括工程项目的由来、土地获得情况、项目目前的进展、资金来源、双方参加前期阶段谈判的人员名单及其他情况等。

2)对谈判主体的分析

谈判准备工作的重要一环就是对己方和对方的情况进行充分分析。

(1)对发包方的分析。

①签订工程施工合同之前,首先要确定工程施工合同的标的物,即拟建工程项目。

②进行招标投标工作的准备。建设项目的设计任务书和选点报告批准后,发包方就可以进行招标或委托取得工程设计资格证书的设计单位进行设计。随后,发包方需要进行一系列建设准备工作,包括技术准备征地拆迁、现场的"三通一平"等。一旦建设项目得以确定,有关项目的技术资料和文件已经具备,建设单位便可进入工程招投标程序,与众多的工程承包单位接触,此时即进入建设工程合同签订前的实质性准备阶段。

③对承包方进行考察。发包方还应该实地考察承包方以前完成的各类工程的质量和工期,注意考察承包方在被考察工程施工中的主体地位,是总包方还是分包方,不能仅通过观察下结论。最好的方式是亲自到过去与承包方合作的建设单位进行了解。

④发包方不要单纯考虑承包方的报价,要全面考察承包方的资质和能力,否则,会导致合同无法顺利履行,受损害的还是发包方。

(2)对承包方的分析。

①在获得发包方发出招标公告或通知的消息后,不应一味盲目地投标。承包方首先应该对发包方做一系列调查研究工作。例如,工程建设项目是否确实由发包方立项?该项目的规模如何?是否适合自身的资质条件?发包方的资金实力如何?这些问题可以通过审查有关文件,如发包方的法人营业执照、项目可行性研究报告、立项批复、建设用地规划许可证等加以解决。

②要注意一些原则性问题不能让步。承包方为承接项目,往往主动提出某些让利的优惠条件,但这些优惠条件必须是在项目是真实的、发包方主体是合法的、建设资金已经落实的前提条件下进行的让步。否则,即使在竞争中获胜,即使中标承包项目,一旦发生问题,合同的合法性和有效性很难得到保证,此种情况下受损害最大的往往是承包方。

③要注意到该项目本身是否有效益以及己方是否有能力投入或承接。权衡利弊,做深入细致的分析,得出客观可行的结论,供企业决策层参考、决策。

(3)对对方的分析。

①对对方谈判人员的分析。了解对方组成人员的身份、地位、权限、性格、喜好等,掌握与对方建立良好关系的办法与途径,进而发展谈判双方的友谊,争取在到达谈判桌以前就有了一定的亲切感和信任感,为谈判创造良好的氛围。

②对对方实力的分析。这主要指的是对对方资信、技术、物力、财力等状况的分析。在实践中,无论发包方还是承包方都要对对方的实力进行考察,否则就很难保证项目的正常进行。

(4)对谈判目标进行可行性及双方优势与劣势分析。

分析自身设置的谈判目标是否正确与合理、是否切合实际、是否能为对方接受以及接受的程度。同时，要注意对方设置的谈判目标是否正确与合理、与自己所设立的谈判目标差距，以及自己的接受程度等。

3)拟订谈判方案

在对上述情况进行综合分析的基础之上，考虑到该项目可能面临的风险、双方的共同利益、双方的利益冲突，进行进一步拟订合同谈判的方案。谈判方案要注意尽可能地将双方能取得一致的内容列出，还要尽可能地列出双方在哪些问题上还存在着分歧，甚至原则性的分歧问题，从而拟订谈判的初步方案，确定谈判的重点和难点，以便有针对性地运用谈判策略和技巧，获得谈判的成功。

2.建设工程合同的签订

订立合同时应遵循平等、自愿、公平、诚实信用、合法等原则。合同的订立一般应经过要约邀请、要约、承诺、合同生效成立等步骤。发承包双方应采用书面形式订立合同，合同内容应包括工期、质量、造价等实质性内容。

3.建设工程合同的审查

合同的审查应从下列三个方面进行。

1)审查合同是否符合有效条件

合同生效必须同时满足下列几个条件。

(1)订立合同的当事人必须具有相应的民事权利能力和民事行为能力，即要符合主体合格原则或有行为能力原则。

(2)意思表示真实。

(3)不违反法律、法规的强制性规定，不损害公共利益。

(4)具备法律所要求的形式。

2)审查合同有无效力待定情况

(1)审查有无限制民事行为能力的人依法不能独立订立合同的情况。

(2)审查是否有无代理权的人代订合同的情况。

(3)审查合同中是否有无处分权的人处分他人财产的情况。

3)审查合同的主要内容

(1)审查是否确定合理的合同工期。

(2)审查双方代表的权限有无重叠的情况，主要审查甲、乙方的代表以及与监理工程师的职能有无重叠。

(3)审查合同中有关工程造价及计算方法是否明确。

①审查是否约定了分期提供图纸和分期预算。

②审查是否约定分段提供图纸分段施工。

③审查分阶段工程质量验收合格后递交工程决算的期限。

④审查合同中是否约定全部工程竣工通过验收后，承包商递交工程最终决算造价的期限。

(4)审查合同中是否明确了工程竣工交付使用保修年限及质量保证，保修期应自工程验收合格之日起开始算，工程的最低保修期限应满足下列规定。

①基础设施工程、地基基础工程和主体工程为设计文件规定的合理使用年限。

②屋面防水工程、有防水要求的卫生间、房间和外墙面的防渗漏为5年。

③供热与供冷系统为2个采暖期、供冷期。

④管线、设备安装和装修工程为2年。

(5)审查合同中是否具体明确违约责任及争议解决方式。

(6)审查建设工程合同中有无免责及限制对方责任问题。

审查免责事由时，应注意免责事由包括法定的免责事由和约定的免责事由，而法定的免责事由仅指不可抗力。同时，还需注意免责条款无效的情况，造成对方人身伤害和因故意或重大过失造成对方财产损失的，均属免责条款无效的情况。

3.3.2.2 标准和规范

标准和规范是检验承包人施工应遵循的准则，是判断工程质量是否满足要求的标准。国家规范中的标准是强制性标准，合同约定的标准不得低于国家规定的强制性标准。发包人从建筑产品功能要求出发，可以对工程或部分工程部位提出更高的要求。在专用条款内必须明确规定，该工程及主要部位应达到的质量标准及施工过程中需要进行的质量检测、试验的时间、试验内容、试验地点和试验方式等具体约定。

对于采用新技术、新工艺施工的部分，若国内没有相应标准或规范时，在合同内也应约定对质量的检验方式、检验内容及应达到的指标要求，否则，无从判断施工的质量是否合格。

1.我国建设工程合同示范文本

近20多年来，我国在工程合同的标准化方面做了许多工作，颁布了一系列合同范本。其中比较典型的是1991年颁布的《建设工程施工合同(示范文本)》(GF—91—0201)。它是我国国内工程中使用最广的施工合同标准文本。到目前为止，我国陆续颁布了如下工程合同文件。

《建设工程施工合同(示范文本)》(GF—2017—0201)；

《建设工程施工专业分包合同(示范文本)》(GF—2003—0213)；

《建设工程施工劳务分包合同(示范文本)》(GF—2003—0214)；

《建设工程监理合同(示范文本)》(GF—012—0202)；

《建设工程造价咨询合同(示范文本)》(GF—2015—0212)；

《建设工程招标代理合同(示范文本)》(GF—2005—0215)；

《建设工程勘察合同(示范文本)》(GF—2016—0203)；

《建设工程设计合同(示范文本)》(GF—2015—0210)等。

这些文件反映了我国建设工程合同的法律制度和工程惯例，更符合我国的国情。

2. FIDIC 合同条件

FIDIC 合同条件及合同格式

FIDIC 是“国际咨询工程师联合会”的缩写。FIDIC 合同条件是在长期的国际工程实践中形成并逐渐发展成熟起来的国际工程惯例。FIDIC 是国际上最有权威的、被世界银行认可的咨询工程师组织，是国际工程中普遍采用的、标准化的、典型的合同文件。任何要进入国际承包市场、参加国际投标竞争的承包商和工程师，以及面向国际招标的工程的业主，都必须掌握和精通 FIDIC 合同条件。

FIDIC 系列合同条件具有国际性、通用性和权威性。其合同条款公正、合理，职责分明，程序严谨，易于操作。考虑到工程项目的一次性、唯一性等特点，FIDIC 合同条件分成了“通用条件”(General Conditions)和“专用条件”(Conditions of Particular Application)两部分。

通用条件适用于某一类工程，如红皮书适于整个土木工程(包括工业厂房、公路、桥梁、水利、港口、铁路、房屋建筑等)。专用条件则针对一个具体的工程项目，是在考虑项目所在国法律法规不同、项目特点和发包人要求不同的基础上，对通用条件进行的具体化的修改和补充。

3. ICE 合同文本

ICE 为“英国土木工程师协会”(The Institution of Civil Engineers)的缩写。1945 年，ICE 和英国土木工程承包商联合会颁布 ICE 土木工程施工合同条件。该文本历史悠久，它的合同原则和大部分的条款在 19 世纪 60 年代就已经出现，并一直在一些公共工程中应用，到 1956 年已经修改了 3 次。作为原 FIDIC 合同条件(1957 年)编制的蓝本，它主要在英国和其他英联邦以及历史上与英国关系密切的国家的土木工程中使用，特别适用于大型且复杂的工程。

除此以外，ICE 合同系列还有 ICE 设计和施工合同条件、JICE 小型工程合同条件等。

4. NEC 合同

NEC 合同(New Engineering Contract，即新工程合同)，是由英国土木工程师协会(ICE)颁布。其“新”不仅表现在它的结构形式上，而且它的内容也很新颖。自问世以来，已在英国本土、英联邦成员国、南非等地使用，受到了业主、承包商、咨询工程师的一致好评。NEC 合同系列包括以下几种。

1)工程施工合同(ECC)

它适用于所有领域的工程项目。该合同的结构形式在前面已经介绍。ECC 合同有广泛的适用性，如不同的国度、承包方式、计价方式、专业工程、有无工程量清单、双方不同的要求、管理合同 0%～100%的分包、有设计或没有设计等。

ECC 合同的选项包括：

(1)固定总价合同，由承包商编制工程量表；

(2)单价合同，工程量清单由业主提出；

(3)成本加酬金合同；

(4)目标合同,业主、承包商共同承担风险；

(5)管理合同,所有的工程施工都要分包出去,由分包商完成,承包商管理分包工程的采购和实施。

2)工程设计和施工分包合同(ECS)

它是与工程施工合同(ECC)配套使用的文本。

3)专业服务合同(PSC)

它适用于业主聘用专业顾问、项目经理、设计师、工程师等专业技术人才的项目。

4)工程简要合同(ECSC)

它适用于工程结构简单、风险较低、对项目管理要求不太苛刻的项目。

5.其他常用合同条件

1)JCT 合同条件

JCT 合同条件为英国合同联合仲裁委员会(Joint Contracts Tribunal)和英国建筑行业的一些组织联合出版的系列标准合同文本。它主要在英联邦国家的私人和一些地方政府的房屋建筑工程中使用。JCT 合同系列有很多文本,如施工合同、承包商承担设计的合同、固定总价合同、总承包合同、小型工程合同、管理承包(MC)合同、单价合同、分包合同等标准文本。

2)AIA 合同条件

美国建筑师学会(The American Institute of Architects,简称 AIA)作为建筑师的专业社团,已有近 140 年的历史。AIA 出版的系列合同文件在美国建筑业界、国际工程承包界以及特别在美洲地区具有较高的权威性。AIA 文件分为 A、B、C、D、F、G 系列。其中:

A 系列,是关于业主与承包商之间的合同条件,包括设计—施工总承包合同、施工合同、CM 合同、工程分包合同等；

B 系列,是关于业主与提供专业服务的建筑师之间的合同条件；

C 系列,是关于建筑师与提供专业咨询单位之间的合同。

3.3.2.3　对双方有约束力的合同文件

1.合同文件的组成

在合同订立和履行过程中形成的与合同有关的文件均属于合同文件的组成部分。

1)订立合同时形成的文件

①合同协议书；

②中标通知书；

③投标函及其附录；

④专用合同条款及其附件；

⑤通用合同条款；

⑥技术标准和要求；

⑦图纸；

⑧已标价工程量清单或预算书；

⑨其他合同文件。

2)履行合同过程中形成的文件

合同履行过程中，双方就有关工程的洽商、变更等书面协议或文件同样也是对合同双方具有约束力的文件，也属于协议书的组成部分。

2.合同文件的优先顺序

组成合同的各项文件应相互解释，互为说明。除专用合同条款另有约定外，上述各文件的排列序号即为解释合同文件的优先顺序。上述各项合同文件包括合同当事人就该项合同文件所作出的补充和修改，属于同一类内容的文件，应以最新签署的为准。在合同订立及履行过程中形成的与合同有关的文件均构成合同文件的组成部分，并根据其性质确定优先解释顺序。

工程招投标形成的合同文件往往很多，如合同协议书、合同专用条款、通用条款等。由于这些组成文件共同指向一个标的，因此，出现含糊不清或对同一内容的表达不一致的情况时，需要事先约定一个解释顺序，并以在先文件的规定为准。

合同文件的组成和解释顺序并非是一成不变的，可以根据项目的具体情况对合同文件的结构组成进行增减，也可以参照有关惯例自主确定组成文件的解释顺序。合同的组成应关注的是内容而非载体。解释顺序重点考虑的是合同目的的实现而非刻板的条条框框，合同双方可以按照谈判结果约定符合具体工程要求的特定合同文件组成内容和解释顺序。

现在已经普遍认同的排序有：

①协议书处于最优先的解释顺序(因协议书内容为纲领性文件)；

②专用条款优先于通用条款(相对于通用条款，专用条款是对通用条款的修改与补充，更能体现双方的真实意思)；

③图纸优先于工程量清单(图纸是基础性资料，更能准确体现工作范围和技术要求)。

除上述文件顺序外，对于其他文件，在考虑排序时应把握以下原则：

①更能体现真实意思的文件优先；

②企业明确将特定文件作为一项特别要求，并希望能在工程实施过程中贯彻的文件可以优先；

③某个特定文件是在对另外一个文件的基础上作出修改或扩展的，则该特定文件优先；

④涉及合同价组成或技术要求的文件，以更能全面体现工作范围以及要求更高的文件优先。

3.3.2.4　工期和合同价款

1.工期

工期指建设一个项目或一个单项工程从正式开工到全部建成投产时所经历的时间，以日历天表示。工期是从建设速度角度反映投资效果的指标，是建筑企业重要的核算指标之一。工期的长短直接影响建筑企业的经济效益，并关系到国民经济新增生产能力动用计划的完成和经济效益的发挥。

发承包双方应在合同协议书内注明开工日期、竣工日期和合同工期的总日历天数。如承包商是通过招标选择的，工期的总日历天数不一定是招标文件要求的工期天数，其应是承包人在投标文件内承诺的天数。因为发包人在招标文件中所载明的工期是其所能接受的该工程的最长施工天数，承包人为获取竞争优势，增加中标的概率，投标工期往往会短于招标文件规定的最长工期。若发包人要求分阶段或分部分移交工程时，发承包双方还应在专用合同条款内约定中间移交工程的范围和时间。

2.合同价款

1)合同价款的确定方式

(1)通过招标，选定中标人决定合同价。这是工程建设项目发包适应市场机制、普遍采用的一种方式。《中华人民共和国招标投标法》规定，经过招标、评标、决标后，自中标通知书发出之日起 30 日内，招标人与中标人应该根据招投标文件订立书面合同。其中，中标单位的投标价就是合同价。合同内容包括。

①双方的权利、义务；

②施工组织计划和工期；

③质量与验收；

④合同价款与支付；

⑤竣工与结算；

⑥争议的解决；

⑦工程保险等。

(2)采用文本。不同的项目可以根据自身的特点进行修订。

(3)以施工图预算为基础，协商决定合同价。这一方式适用发包方和承包方在抢险工程、保密工程等不宜进行招标的工程以及依法可以不进行招标的工程项目，合同签订的内容同上所述。

2)合同价款的确定

业主、承包商应当在合同条款中除约定合同价外，一般对下列有关工程合同价款的事项进行约定。

①预付工程款的数额、支付时限及抵扣方式；

②支付工程进度款的方式、数额及时限；

③工程施工中发生变更时，工程价款的调整方法、索赔方式、时限要求及金额支付方式；

④发生工程价款纠纷的解决方法；

⑤约定承担风险的范围和幅度，以及超出约定范围和幅度的调整方法；

⑥工程竣工价款结算与支付方式、数额及时限；

⑦工程质量保证（保修）金的数额、预扣方式及时限；

⑧工期及工期提前或延后的奖惩方法；

⑨与履行合同、支付价款有关的担保事项。

招标工程合同约定的内容不得违背招投标文件的实质性内容。招标文件与中标人投标文件不一致的地方，以投标文件为准。

3.3.3 《建设工程施工合同（示范文本）》

3.3.3.1 《建设工程施工合同(示范文本)》概述

为了指导建设工程施工合同当事人的签约行为，维护合同当事人的合法权益，依据《中华人民共和国民法典》《中华人民共和国建筑法》《中华人民共和国招标投标法》以及相关法律法规，住房城乡建设部、国家工商行政管理总局对《建设工程施工合同（示范文本）》（GF—2013—0201）进行了修订，制定了《建设工程施工合同（示范文本）》（GF—2017—0201）。

1.《建设工程施工合同（示范文本）》的组成

《建设工程施工合同（示范文本）》由合同协议书、通用合同条款和专用合同条款三部分组成。

合同协议书集中约定了合同当事人基本的合同权利与义务。合同协议书共计 13 条，包括工程概况、合同工期、质量标准、签约合同价和合同价格形式、项目经理、合同文件构成、承诺以及合同生效条件等重要内容。

通用合同条款是合同当事人根据《中华人民共和国民法典》《中华人民共和国建筑法》等法律法规的规定，就工程建设的实施及相关事项，对合同当事人的权利及义务作出的原则性约定。共计 20 条：一般约定、发包人、承包人、监理人、工程质量、安全文明施工与环境保护、工期和进度、材料与设备、试验与检验、变更、价格调整、合同价格、计量与支付、验收和工程试车、竣工结算、缺陷责任与保修、违约、不可抗力、保险、索赔和争议解决。

专用合同条款是对通用合同条款原则性约定的细化、完善、补充、修改或另行约定的条款。合同当事人可以根据不同建设工程的特点及具体情况，通过双方的谈判、协商对相应的专用合同条款进行修改、补充。

2.《建设工程施工合同（示范文本）》的性质和适用范围

《建设工程施工合同(示范文本)》为非强制性使用文本。《建设工程施工合同(示范文本)》适用于房屋建筑工程、土木工程、线路管道和设备安装工程、装修工程等建设工程的施工承发包活动,合同当事人可结合建设工程具体情况,根据《建设工程施工合同(示范文本)》订立合同,并按照法律法规规定和合同约定承担相应的法律责任及合同权利与义务。

3.合同文件的组成与优先解释顺序

组成合同的各项文件应互相解释,互为说明。除专用合同条款另有约定外,解释合同文件的优先顺序如下。

(1)合同协议书。

(2)中标通知书(如果有),构成合同的由发包人通知承包人中标的书面文件。

(3)投标函及其附录(如果有)。投标函是指构成合同的由承包人填写并签署的用于投标的称为“投标函”的文件。投标函附录是指构成合同的附在投标函后的称为“投标函附录”的文件。

(4)专用合同条款及其附件。

(5)通用合同条款。

(6)技术标准和要求,构成合同的施工应当遵守的或指导施工的国家、行业或地方的技术标准和要求,以及合同约定的技术标准和要求。

(7)图纸,构成合同的图纸,包括由发包人按照合同约定提供或经发包人批准的设计文件、施工图、鸟瞰图及模型等,以及在合同履行过程中形成的图纸文件。图纸应当按照法律规定审查合格。

(8)已标价工程量清单或预算书,构成合同的由承包人按照规定的格式和要求填写并标明价格的工程量清单,包括说明和表格。

(9)其他合同文件,经合同当事人约定的与工程施工有关的具有合同约束力的文件或书面协议。合同当事人可以在专用合同条款中进行约定。

上述各项合同文件包括合同当事人就该项合同文件所作出的补充和修改,属于同一类内容的文件,应以最新签署的为准。

在合同订立及履行过程中形成的与合同有关的文件均构成合同文件的组成部分,并根据其性质确定优先解释顺序。

3.3.3.2　《建设工程施工合同(示范文本)》双方的一般权利与义务

1.发包人

1)许可或批准

发包人应遵守法律,并办理法律规定由其办理的许可、批准或备案,包括但不限于建设用地规划许可证、建设工程规划许可证、建设工程施工许可证、施工所需临时用水、临时用电、中断道路交通、临时占用土地等许可和批准。发包人应协助承包人办理法律规定的有关施工证件和批件。

因发包人原因未能及时办理完毕前述许可、批准或备案,由发包人承担由此增加的费用和(或)延误的工期,并支付承包人合理的利润。

2)发包人代表

发包人应在专用合同条款中明确其派驻施工现场的发包人代表的姓名、职务、联系方式及授权范围等事项。发包人代表在发包人的授权范围内,负责处理合同履行过程中与发包人有关的具体事宜。发包人代表在授权范围内的行为由发包人承担法律责任。发包人更换发包人代表的,应提前 7 天书面通知承包人。

发包人代表不能按照合同约定履行其职责及义务,并导致合同无法继续正常履行的,承包人可以要求发包人撤换发包人代表。

不属于法定必须监理的工程,监理人的职权可以由发包人代表或发包人指定的其他人员行使。

3)发包人

发包人应要求在施工现场的发包人员遵守法律及有关安全、质量、环境保护、文明施工等规定,并保障承包人免于承受因发包人员未遵守上述要求给承包人造成的损失和责任。

发包人员包括发包人代表及其他由发包人派驻施工现场的人员。

4)施工现场、施工条件和基础资料的提供

(1)提供施工现场。除专用合同条款另有约定外,发包人应最迟于开工日期 7 天前向承包人移交施工现场。

(2)提供施工条件。除专用合同条款另有约定外,发包人应负责提供施工所需要的条件,包括:

①将施工用水、电力、通信线路等施工所必需的条件接至施工现场内;

②保证向承包人提供正常施工所需要的进入施工现场的交通条件;

③协调处理施工现场周围地下管线和邻近建筑物、构筑物、古树名木的保护工作,并承担相关费用;

④按照专用合同条款约定应提供的其他设施和条件。

(3)提供基础资料。发包人应当在移交施工现场前向承包人提供施工现场及工程施工所必需的毗邻区域内供水、排水、供电、供气、供热、通信、广播电视等地下管线资料,气象和水文观测资料,地质勘察资料,相邻建筑物、构筑物和地下工程等有关基础资料,并对所提供资料的真实性、准确性和完整性负责。

按照法律规定确需在开工后方能提供的基础资料,发包人应尽其努力及时地在相应工程施工前的合理期限内提供,合理期限应以不影响承包人的正常施工为限。

(4)逾期提供的责任。因发包人原因未能按合同约定及时向承包人提供施工现场、施工条件、基础资料的,由发包人承担由此增加的费用和(或)延误的工期。

5)资金来源证明及支付担保

除专用合同条款另有约定外,发包人应在收到承包人要求提供资金来源证明的书面通知后28天内,向承包人提供能够按照合同约定支付合同价款的相应资金来源证明。

除专用合同条款另有约定外,发包人要求承包人提供履约担保的,发包人应当向承包人提供支付担保。支付担保可以采用银行保函或担保公司担保等形式,具体由合同当事人在专用合同条款中约定。

6)支付合同价款

发包人应按合同约定向承包人及时支付合同价款。

7)组织竣工验收

发包人应按合同约定及时组织竣工验收。

8)现场统一管理协议

发包人应与承包人、由发包人直接发包的专业工程的承包人签订施工现场统一管理协议,明确各方的权利和义务。施工现场统一管理协议作为专用合同条款的附件。

2.承包人

1)承包人的一般义务

承包人在履行合同过程中应遵守法律和工程建设标准规范,并履行以下义务。

①办理法律规定应由承包人办理的许可和批准,并将办理结果书面报送发包人留存。

②按法律规定和合同约定完成工程,并在保修期内承担保修义务。

③按法律规定和合同约定采取施工安全和环境保护措施,办理工伤保险,确保工程及人员、材料、设备和设施的安全。

④按合同约定的工作内容和施工进度要求,编制施工组织设计和施工措施计划,并对所有施工作业和施工方法的完备性和安全可靠性负责。

⑤在进行合同约定的各项工作时,不得侵害发包人与他人使用公用道路、水源、市政管网等公共设施的权利,避免对邻近的公共设施产生干扰。承包人占用或使用他人的施工场地,影响他人作业或生活的,应承担相应责任。

⑥按照环境保护约定负责施工场地及其周边环境与生态的保护工作。

⑦按安全文明施工约定采取施工安全措施,确保工程及其人员、材料、设备和设施的安全,防止因工程施工造成的人身伤害和财产损失。

⑧将发包人按合同约定支付的各项价款专用于合同工程,且应及时支付其雇用人员工资,并及时向分包人支付合同价款。

⑨按照法律规定和合同约定编制竣工资料，完成竣工资料立卷及归档，并按专用合同条款约定的竣工资料的套数、内容、时间等要求移交发包人。

⑩应履行的其他义务。

2)项目经理

①项目经理应为合同当事人所确认的人选，并在专用合同条款中明确项目经理的姓名、职称、注册执业证书编号、联系方式及授权范围等事项，项目经理经承包人授权后代表承包人负责履行合同。项目经理应是承包人正式聘用的员工，承包人应向发包人提交项目经理与承包人之间的劳动合同，以及承包人为项目经理缴纳社会保险的有效证明。承包人不提交上述文件的，项目经理无权履行职责，发包人有权要求更换项目经理，由此增加的费用和(或)延误的工期由承包人承担。

项目经理应常驻施工现场，且每月在施工现场时间不得少于专用合同条款约定的天数。项目经理不得同时担任其他项目的项目经理。项目经理确需离开施工现场时，应事先通知监理人，并取得发包人的书面同意。项目经理的通知中应当载明临时代行其职责的人员的注册执业资格、管理经验等资料，该人员应具备履行相应职责的能力。

承包人违反上述约定的，应按照专用合同条款的约定，承担违约责任。

②项目经理按合同约定组织工程实施。在紧急情况下为确保施工安全和人员安全，在无法与发包人代表和总监理工程师及时取得联系时，项目经理有权采取必要的措施保证与工程有关的人身、财产和工程的安全，但应在 48 小时内向发包人代表和总监理工程师提交书面报告。

③承包人需要更换项目经理的，应提前 14 天书面通知发包人和监理人，并征得发包人书面同意。通知中应当载明继任项目经理的注册执业资格、管理经验等资料，继任项目经理继续履行上述约定的职责。未经发包人书面同意，承包人不得擅自更换项目经理。承包人擅自更换项目经理的，应按照专用合同条款的约定承担违约责任。

④发包人有权书面通知承包人更换其认为不称职的项目经理，通知中应当载明要求更换的理由。承包人应在接到更换通知后 14 天内向发包人提出书面的改进报告。发包人收到改进报告后仍要求更换的，承包人应在接到第二次更换通知的 28 天内进行更换，并将新任命的项目经理的注册执业资格、管理经验等资料书面通知发包人。继任项目经理继续履行上述约定的职责。承包人无正当理由拒绝更换项目经理的，应按照专用合同条款的约定承担违约责任。

⑤项目经理因特殊情况授权其下属人员履行其某项工作职责的，该下属人员应具备履行相应职责的能力，并应提前 7 天将上述人员的姓名和授权范围书面通知监理人，并征得发包人书面同意。

3)承包人员

①除专用合同条款另有约定外，承包人应在接到开工通知后 7 天内，向监理人提交承包人项目管理机构及施工现场人员安排的报告，其内容应包括合同管理、施工、技术、材料、质量、安

全、财务等主要施工管理人员名单及其岗位、注册执业资格等，以及各工种技术工人的安排情况，并同时提交主要施工管理人员与承包人之间的劳动关系证明和缴纳社会保险的有效证明。

②承包人派驻到施工现场的主要施工管理人员应相对稳定。施工过程中如有变动，承包人应及时向监理人提交施工现场人员变动情况的报告。承包人更换主要施工管理人员时，应提前7天书面通知监理人，并征得发包人书面同意。通知中应当载明继任人员的注册执业资格、管理经验等资料。

特殊工种作业人员均应持有相应的资格证明，以便监理人可以随时检查。

③发包人对于承包人主要施工管理人员的资格或能力有异议的，承包人应提供资料证明被质疑人员有能力完成其岗位工作或不存在发包人所质疑的情形。发包人要求撤换不能按照合同约定履行职责及义务的主要施工管理人员的，承包人应当撤换。承包人无正当理由拒绝撤换的，应按照专用合同条款的约定承担违约责任。

④除专用合同条款另有约定外，承包人的主要施工管理人员离开施工现场每月累计不超过5天的，应报监理人同意；离开施工现场每月累计超过5天的，应通知监理人，并征得发包人书面同意。主要施工管理人员离开施工现场前应指定一名有经验的人员临时代行其职责，该人员应具备履行相应职责的资格和能力，且应征得监理人或发包人的同意。

⑤承包人擅自更换主要施工管理人员，或前述人员未经监理人或发包人同意擅自离开施工现场的，应按照专用合同条款约定承担违约责任。

4)承包人现场查勘

承包人应对基于发包人按照提供基础资料约定提交的基础资料所作出的解释和推断负责，但因基础资料存在错误、遗漏，导致承包人解释或推断失实的，由发包人承担责任。

承包人应对施工现场和施工条件进行查勘，并充分了解工程所在地的气象条件、交通条件、风俗习惯以及其他与完成合同工作有关的其他资料。因承包人未能充分查勘、了解前述情况或未能充分估计前述情况所可能产生后果的，承包人承担由此增加的费用和(或)延误的工期。

5)分包

(1)分包的一般约定。

承包人不得将其承包的全部工程转包给第三人，或将其承包的全部工程肢解后以分包的名义转包给第三人。承包人不得将工程主体结构、关键性工作及专用合同条款中禁止分包的专业工程分包给第三人，主体结构、关键性工作的范围由合同当事人按照法律规定在专用合同条款中予以明确。

承包人不得以劳务分包的名义转包或违法分包工程。

(2)分包的确定。

承包人应按专用合同条款的约定进行分包，确定分包人。已标价工程量清单或预算书中给定暂估价的专业工程，按照暂估价的约定确定分包人。按照合同约定进行分包的，承包人应确保分包人具有相应的资质和能力。工程分包不减轻或免除承包人的责任和义务,承包人和分包人就分包工程向发包人承担连带责任。除合同另有约定外,承包人应在分包合同签订后 7 天内向发包人和监理人提交分包合同副本。

(3)分包管理。

承包人应向监理人提交分包人的主要施工管理人员表,并对分包人的施工人员进行实名制管理,包括但不限于进出场管理、登记造册以及各种证照的办理。

(4)分包合同价款。

①除②款约定的情况或专用合同条款另有约定外,分包合同价款由承包人与分包人结算,未经承包人同意,发包人不得向分包人支付分包工程价款。

②生效法律文书要求发包人向分包人支付分包合同价款的,发包人有权从应付承包人工程款中扣除该部分款项。

(5) 分包合同权益的转让。

分包人在分包合同项下的义务持续到缺陷责任期届满以后的,发包人有权在缺陷责任期届满前,要求承包人将其在分包合同项下的权益转让给发包人,承包人应当转让。除转让合同另有约定外,转让合同生效后,由分包人向发包人履行义务。

6)工程照管与成品、半成品保护

(1)除专用合同条款另有约定外,自发包人向承包人移交施工现场之日起,承包人应负责照管工程及工程相关的材料、工程设备,直到颁发工程接收证书之日止。

(2)在承包人负责照管期间,因承包人原因造成工程、材料、工程设备损坏的,由承包人负责修复或更换,并承担由此增加的费用和(或)延误的工期。

(3)对合同内分期完成的成品和半成品,在工程接收证书颁发前,由承包人承担保护责任。因承包人原因造成成品或半成品损坏的,由承包人负责修复或更换,并承担由此增加的费用和(或)延误的工期。

7)履约担保

发包人需要承包人提供履约担保的,由合同当事人在专用合同条款中约定履约担保的方式、金额及期限等。履约担保可以采用银行保函或担保公司担保等形式,具体由合同当事人在专用合同条款中约定。

因承包人原因导致工期延长的,继续提供履约担保所增加的费用由承包人承担;非因承包人原因导致工期延长的,继续提供履约担保所增加的费用由发包人承担。

8)联合体

(1)联合体各方应共同与发包人签订合同协议书。联合体各方应为履行合同向发包人承担连带责任。

(2)联合体协议经发包人确认后作为合同附件。在履行合同过程中,未经发包人同意,不得修改联合体协议。

(3)联合体牵头人负责与发包人和监理人联系，并接受指示，负责组织联合体各成员全面履行合同。

3. 监理人

1)监理人的一般规定

工程实行监理的，发包人和承包人应在专用合同条款中明确监理人的监理内容及监理权限等事项。监理人应当根据发包人授权及法律规定，代表发包人对工程施工相关事项进行检查、查验、审核、验收，并签发相关指示，但监理人无权修改合同，且无权减轻或免除合同约定的承包人的任何责任与义务。

除专用合同条款另有约定外，监理人在施工现场的办公场所、生活场所由承包人提供，所发生的费用由发包人承担。

2)监理人员

发包人授予监理人对工程实施监理的权利由监理人派驻施工现场的监理人员行使，监理人员包括总监理工程师及监理工程师。监理人应将授权的总监理工程师和监理工程师的姓名及授权范围以书面形式提前通知承包人。更换总监理工程师的，监理人应提前 7 天书面通知承包人；更换其他监理人员，监理人应提前 48 小时书面通知承包人。

3)监理人的指示

监理人应按照发包人的授权发出监理指示。监理人的指示应采用书面形式，并经其授权的监理人员签字。紧急情况下，为了保证施工人员的安全或避免工程受损，监理人员可以以口头形式发出指示，该指示与书面形式的指示具有同等法律效力，但必须在发出口头指示后 24 小时内补发书面监理指示，补发的书面监理指示应与口头指示一致。

监理人发出的指示应送达承包人项目经理或经项目经理授权接收的人员。因监理人未能按合同约定发出指示、指示延误或发出了错误指示而导致承包人费用增加和(或)工期延误的，由发包人承担相应责任。除专用合同条款另有约定外，总监理工程师不应将“商定或确定的”约定应由总监理工程师作出确定的权力授权或委托给其他监理人员。

承包人对监理人发出的指示有疑问的，应向监理人提出书面异议，监理人应在 48 小时内对该指示予以确认、更改或撤销，监理人逾期未回复的，承包人有权拒绝执行上述指示。

监理人对承包人的任何工作、工程或其采用的材料和工程设备未在约定的或合理期限内提出意见的，视为批准，但不免除或减轻承包人对该工作、工程、材料、工程设备等应承担的责任和义务。

4)商定或确定

合同当事人进行商定或确定时，总监理工程师应当会同合同当事人尽量通过协商达成一致，不能达成一致的，由总监理工程师按照合同约定审慎作出公正的确定。

总监理工程师应将确定以书面形式通知发包人和承包人，并附详细依据。合同当事人对总监理工程师的确定没有异议的，按照总监理工程师的确定执行。任何一方合同当事人有异议的，按照争议解决的约定处理。争议解决前，合同当事人暂按总监理工程师的确定执行；争议解决后，争议解决的结果与总监理工程师的确定不一致的，按照争议解决的结果执行，由此造成的损失由责任人承担。

社会诚信体系的构建——人人有责

现阶段建筑市场中，“阴阳合同”的存在严重扰乱了建筑市场秩序。有些业主除了签订“阳合同”供建设行政主管部门审查备案外，还私下与施工单位签订一份与原合同相悖的“阴合同”，形成一份违法违规的契约。“阴阳合同”危害巨大，严重影响社会诚信体系的构建，影响公平竞争的市场秩序，不利于政府税收和政府监管。

3.3.4 施工合同改造过程中的诚信自律

在2020年度建筑工程施工转包违法分包等违法违规行为查处情况的通报中，统计得出，全国各地住房和城乡建设主管部门共排查出9 725个项目存在各类建筑市场违法违规行为。其中，存在违法发包行为的项目461个，占违法项目总数的4.8%；存在转包行为的项目298个，占违法项目总数的3.0%；存在违法分包行为的项目455个，占违法项目总数的4.7%；存在挂靠行为的项目104个，占违法项目总数的1.0%；存在“未领施工许可证先行开工”等其他市场违法行为的项目8 407个，占违法项目总数的86.5%。

各地住房和城乡建设主管部门共查处有违法违规行为的建设单位3 562家；有违法违规行为的施工企业7 332家。其中，有转包行为的企业302家，有违法分包行为的企业453家，有挂靠行为的企业69家，有出借资质行为的企业51家，有其他违法行为的企业6 457家。

各地住房和城乡建设主管部门对存在违法违规行为的企业和人员，分别采取停业整顿、吊销资质、限制投标资格、责令停止执业、吊销执业资格、终身不予注册、没收违法所得、罚款、通报批评、诚信扣分等一系列行政处罚或行政管理措施。其中，责令停业整顿的企业575家，吊销资质的企业2家，限制投标资格的企业115家，给予通报批评、诚信扣分等处理的企业3 097家；责令停止执业28人，吊销执业资格8人，终身不予注册1人，给予通报批评等处理1 426人；没收违法所得总额338.91万元（含个人违法所得12.52万元），罚款总额67 737.88万元（含个人罚款3 034.62万元）。

3.3.4.1 建筑业中的失信现象分析

信用缺失是当前我国社会经济生活中一个十分突出的问题，已经成为阻碍国民经济发展的一个重要因素。治理信用环境，加强信用建设，引起了党中央、国务院以及社会有关方面的高度关注。信用缺失问题在建筑业表现得尤为严重。据国家统计局统计，到2001年年底，全国建筑业企业被拖欠工程款达 2 787 亿元，占当年建筑业总产值的 18.1%，比 1996 年拖欠总数 1 360 亿元增加了一倍多。到 2002 年年底，全国建设单位累计拖欠工程款总额估计为 3 360 多亿元，又比上年增长了 21%。

由于工程款被大量拖欠，施工单位正常的生产和发展受到极大影响，并且由于建设单位拖欠施工单位工程款而形成了施工单位拖欠分包企业的工程款、材料设备供应厂商的货款、农民工工资和国家税款、银行贷款的债务链，给社会安定带来了影响和隐患。

施工单位之间“陪标”现象严重。相当多的资质和技术力量薄弱的建筑企业，为了“合法中标”，除了“挂靠”资质较高的建筑企业进行投标之外，还不惜代价私下找其他建筑企业进行“陪标”。施工单位之间相互“陪标”，破坏了招标投标制度的合理竞争机制。“陪标”会造成以下问题：一是由于投标单位之间的竞争大大减少或者没有竞争，造成中标单位高价中标，致使建设单位付出过高的建设资金；二是资质不高的施工单位进入施工现场，给工程质量埋下了隐患。

总承包单位中标后，违法“转包”和“分包”。具有一定资质、信誉和综合实力的施工单位中标后，因自身资源不够或为了赚取更多利润，不惜违反国家法规，将中标项目肢解后，转包或分包给另外几个施工单位，通过收取高额管理费和压低工程造价坐收渔利。其直接后果在于，层层转包、分包之后，施工利润被不断稀释，接手分包工程的施工单位为了赚钱，在施工中往往偷工减料、以次充好，尽量降低工程成本，以图蒙混过关，从而给整个工程带来质量隐患。

施工单位拖欠劳务人员工资、拖欠供货商材料设备款。尽管建设单位拖欠工程款是造成施工单位“被动”拖欠的一大原因，但也不排除许多施工单位“主动”恶意拖欠的情况。

施工过程中偷工减料、以次充好。微利甚至赔本中标的施工单位，在工程施工过程中往往采取降低建筑材料和设备标准或者“缺斤短两”，造成工程质量低下。据有关部门调查，全国每年因建筑工程倒塌事故造成的损失和浪费在 1 000 亿元左右，其中有许多是由于施工单位在施工中偷工减料、以次充好引起的。

目前，建筑业的信用缺失不仅仅局限于施工单位，其他建筑市场主体也都存在着不同程度的失信行为，如业主、设计单位、物资供应单位、工程监理单位、招标代理单位和造价管理单位等。这些失信行为严重阻碍了建筑业的健康发展，威胁到了建筑业的产业地位，导致支柱产业不硬，不能起到应有的作用。

3.3.4.2　施工合同履行过程中的诚信自律

为进一步规范建筑市场秩序，健全建筑市场诚信体系，加强对建筑市场各方主体的动态监管，营造诚实守信的市场环境，住房和城乡建设部先后采取了许多措施。《建筑市场信用管理暂行办法》由中华人民共和国住房和城乡建设部于 2017 年 12 月 11 日印发，自 2018 年 1 月 1 日起施行。

1.信用信息公开

各级住房城乡建设主管部门应当完善信用信息公开制度，通过省级建筑市场监管一体化工作平台和全国建筑市场监管公共服务平台,及时公开建筑市场各方主体的信用信息。

建筑市场各方主体的信用信息公开期限为:

①基本信息长期公开。

②优良信用信息公开期限一般为3年。

③不良信用信息公开期限一般为6个月至3年,并不得低于相关行政处罚期限。具体公开期限由不良信用信息的认定部门确定。

各级住房城乡建设主管部门应当充分利用全国建筑市场监管公共服务平台,建立完善建筑市场各方主体守信激励和失信惩戒机制。对信用好的,可根据实际情况在行政许可等方面实行优先办理、简化程序等激励措施;对存在严重失信行为的,作为“双随机、一公开”监管重点对象,加强事中和事后监管,依法采取约束和惩戒措施。

2.建筑市场主体“黑名单”

各级住房城乡建设主管部门按照“谁处罚、谁列入”的原则,将存在下列情形的建筑市场各方主体,列入建筑市场主体“黑名单”:利用虚假材料、以欺骗手段取得企业资质的;发生转包、出借资质,受到行政处罚的;发生重大及以上工程质量安全事故,或1年内累计发生2次及以上较大工程质量安全事故,或发生性质恶劣、危害性严重、社会影响大的较大工程质量安全事故,受到行政处罚的;经法院判决或仲裁机构裁决,认定为拖欠工程款,且拒不履行生效法律文书确定的义务的。同时,要对被人力资源社会保障主管部门列入拖欠农民工工资“黑名单”的建筑市场各方主体加强监管。

各级住房城乡建设主管部门对将列入建筑市场主体“黑名单”和拖欠农民工工资“黑名单”的建筑市场各方主体,要在市场准入、资质资格管理、招标投标等方面依法给予限制,同时不得将列入建筑市场主体“黑名单”的建筑市场各方主体作为评优表彰、政策试点和项目扶持对象。

案例解析

(1)合同有效性的判定:①甲与乙签订的总承包合同有效。根据《中华人民共和国民法典》和《中华人民共和国建筑法》的有关规定,发包人可以与总承包单位订立建设工程合同,也可以分别与勘察人、设计人、施工人订立勘察、设计、施工承包合同。②乙与丙签订的分包合同有效。根据《中华人民共和国民法典》和《中华人民共和国建筑法》的有关规定,总承包人或者勘察、设计、施工承包人经发包人同意,可以将自己承包的部分工作交由第三人完成。③乙与丁签订的分包合同无效。根据《中华人民共和国民法典》和《中华人民共和国建筑法》的有关规定,承包人不得将其承包的全部建设工程转包给第三人,或者将其承包的全部建设工程肢解以后以分包的名义分别转包给第三人。建设工程主体结构的施工必须由承包人自行完成。因此,乙将由自己总承包部分的施工工作全部分包给丁,违反了《中华人民共和国民法典》和《中华人民共和国建筑法》的强制性规定,导致乙与丁之间的施工分包合同无效。

(2)工程存在严重质量问题的责任划分为:丙未对现场进行仔细勘察即自行进行设计,导致设计不合理,给甲带来了重大损失,乙和丙应对工程建设质量问题向甲承担连带责任。

任务 3.4　材料设备采购合同

材料设备采购合同是指买受人(简称买方)与出卖人(简称卖方)之间为实现材料设备买卖,明确双方义务和责任的协议。根据材料设备采购合同,材料设备供应商(买方)应提供材料设备;建设单位或承包单位(买方)应接收材料设备并支付相应价款。

3.4.1　材料设备采购合同订立

材料设备采购方通过招标、询价、直接采购等方式确定材料设备供应单位后,需要通过谈判明确材料设备采购合同相关内容,就合同各项条款进行协商并取得一致意见。材料设备采购合同也应采用书面形式约定双方的义务和违约责任,且在有条件的情况下推荐使用标准合同格式。

1.材料采购合同示范文本

根据国家发展改革委等九部委联合发布的《标准材料采购招标文件》(2017 年版)中的合同条款及格式,材料采购合同条款由通用合同条款和专用合同条款两部分组成,同时规定了合同协议书、履约保证金格式。

1)通用合同条款

通用合同条款包括:一般约定;合同范围;合同价格与支付;包装、标记、运输和交付;检验和验收;相关服务;质量保证期;履约保证金;保证;违约责任;合同解除;争议解决等 12 个方面。

2)专用合同条款

专用合同条款是对通用合同条款的细化、完善、补充、修改或另行约定的条款。合同当事人可根据不同工程特点及具体情况,通过谈判、协商对相应通用合同条款进行修改、补充。

3)合同文件解释顺序

合同协议书与下列文件一起构成合同文件:

(1)中标通知书;

(2)投标函;

(3)商务和技术偏差表;

(4)专用合同条款;

(5)通用合同条款;

(6)供货要求;

(7)分项报价表;

(8)中标材料质量标准的详细描述;

(9)相关服务计划；

(10)其他合同文件。

上述合同文件互相补充和解释。如果合同文件之间存在矛盾或不一致之处，以上述文件的排列顺序在先者为准。

2.设备采购合同示范文本

根据国家发展改革委等九部委联合发布的《标准设备采购招标文件》(2017 年版)中的合同条款及格式，设备采购合同条款由通用合同条款和专用合同条款两部分组成，同时规定了合同协议书、履约保证金格式。

1)通用合同条款

通用合同条款包括：一般约定；合同范围；合同价格与支付；监造及交货前检验；包装、标记、运输和交付；开箱检验、安装、调试、考核、验收；技术服务；质量保证期；质保期服务；履约保证金；保证；知识产权；保密；违约责任；合同解除；不可抗力；争议解决等 17 个方面。

2)专用合同条款

专用合同条款是对通用合同条款的细化、完善、补充、修改或另行约定的条款。合同当事人可根据不同工程特点及具体情况，通过谈判、协商对相应通用合同条款进行修改、补充。

3)合同文件解释顺序

合同协议书与下列文件一起构成合同文件：

(1)中标通知书；

(2)投标函；

(3)商务和技术偏差表；

(4)专用合同条款；

(5)通用合同条款；

(6)供货要求；

(7)分项报价表；

(8)中标设备技术性能指标的详细描述；

(9)技术服务和质保期服务计划；

(10)其他合同文件。

上述合同文件互相补充和解释。如果合同文件之间存在矛盾或不一致之处，以上述文件的排列顺序在先者为准。

3.4.2 材料设备采购合同履行

1.材料采购合同履行

材料采购合同订立后，应予以全面、实际履行。

1)卖方义务

(1)按约定标的履行。

卖方交付的货物必须与合同规定的名称、品种、规格、型号相一致,除非买方同意,不允许以其他货物代替合同中规定的货物,也不允许以支付违约金或赔偿金的方式代替履行合同。

(2)按合同规定的期限、地点交付货物。

交付货物的日期应在合同规定的交付期限内,实际交付的日期早于或迟于合同规定的交付期限,即视为同意延期交货。提前交付,买方可拒绝接受。逾期交付的,应当承担逾期交付责任。如果逾期交货,买方不再需要,应在接到卖方交货通知后约定时间内通知卖方,逾期不答复的,视为同意延期交货。

交付地点应在合同指定地点。合同双方当事人应当约定交付标的物的地点,如果当事人没有约定交付地点或者约定不明确,事后没有达成补充协议,也无法按照合同有关条款或者交易习惯确定,则适用下列规定:标的物需要运输的,卖方应当将标的物交付给第一承运人以运交给买方;标的物不需要运输的,买卖双方在订立合同时知道标的物在某地点的,卖方应当在该地点交付标的物,不知道标的物在某一地点的,应当在卖方合同订立时的营业地交付标的物。

(3)按合同规定的数量和质量交付货物。

对于交付货物的数量应当场检验,清点账目后,由双方当事人签字。货物外在质量可当场检验,内在质量需做物理或化学试验的,试验结果为验收依据。卖方在交货时,应将产品合格证随同产品交给买方据以验收。买方在收到标的物时,应在约定的检验期内检验,没有约定检验期间的,应当及时检验。当事人约定检验期间的,买方应当在检验期间内将标的物的数量或者质量不符合约定的情形通知卖方。买方怠于通知的,视为标的物的数量或者质量符合约定。当事人没有约定检验期间的,买方应当在发现或者应当发现标的物的数量或者质量不符合约定的合理期间内通知卖方。买方在合理期间内未通知或者自标的物收到之日起两年内未通知卖方的,视为标的物的数量或者质量符合约定,但对标的物有质量保证期的,适用质量保证期,不适用两年有效的规定。卖方知道或者应当知道提供的标的物不符合约定的,买方不受前述规定通知时间的限制。

2)买方义务

买方在验收材料后,应按合同规定履行支付义务,否则承担法律责任。

3)违约责任

合同一方不履行合同义务、履行合同义务不符合约定或者违反合同项下所作保证的,应向对方承担继续履行、采取补救措施或者赔偿损失等违约责任。

(1)卖方未能按时交付合同材料的,应向买方支付迟延交货违约金。卖方支付迟延交货违约金,不能免除其继续交付合同材料的义务。除专用合同条款另有约定外,迟延交付违约金计算方法如下:

延迟交付违约金＝延迟交付材料金额×0.08%×延迟交货天数

注：迟延交付违约金的最高限额为合同价格的10%。

(2)买方未能按合同约定支付合同价款的，应向卖方支付迟延付款违约金。除专用合同条款另有约定外，迟延付款违约金的计算方法如下：

延迟付款违约金＝延迟交付金额×0.08%×延迟付款天数

注：迟延付款违约金的总额不得超过合同价格的10%。

2.设备采购合同履行

1)交付货物

卖方应按合同规定，按时、按质、按量地履行供货义务，并做好现场服务工作，及时解决有关设备的技术质量、缺损件等问题。

2)验收交货

买方对卖方交货应及时进行验收，依据合同规定，对设备的质量及数量进行核实检验，如有异议，应及时与卖方协商解决。

3)结算

买方对卖方交付的货物检验没有发现问题，应按合同的规定及时付款；如果发现问题，在卖方及时处理达到合同要求后，也应及时履行付款义务。

4)违约责任

合同一方不履行合同义务、履行合同义务不符合约定或者违反合同项下所作保证的，应向对方承担继续履行、采取修理、更换、退货等补救措施或者赔偿损失等违约责任。

(1)卖方未能按时交付合同设备(包括仅迟延交付技术资料但足以导致合同设备安装、调试、考核、验收工作推迟的)的，应向买方支付迟延交付违约金。除专用合同条款另有约定外，迟延交付违约金的计算方法如下。

①从迟交的第一周到第四周，每周迟延交付违约金为迟交合同设备价格的0.5%；

②从迟交的第五周到第八周，每周迟延交付违约金为迟交合同设备价格的1%；

③从迟交第九周起，每周迟延交付违约金为迟交合同设备价格的1.5%。

在计算迟延交付违约金时，迟交不足一周的按一周计算。迟延交付违约金的总额不得超过合同价格的10%。

迟延交付违约金的支付不能免除卖方继续交付相关合同设备的义务，但如迟延交付必然导致合同设备安装、调试、考核、验收工作推迟的，相关工作应相应顺延。

(2)买方未能按合同约定支付合同价款的，应向卖方支付延迟付款违约金。除专用合同条款另有约定外，迟延付款违约金的计算方法如下。

①从迟付的第一周到第四周，每周迟延付款违约金为迟延付款金额的0.5%；

②从迟付的第五周到第八周，每周迟延付款违约金为迟延付款金额的1%；

③从迟付第九周起，每周迟延付款违约金为迟延付款金额的1.5%。

在计算迟延付款违约金时，迟付不足一周的按一周计算。迟延付款违约金的总额不得超过合同价格的10%。

思考与练习

一、选择题

1. 某施工企业在外地的分公司欲参加某工程的施工投标，其投标书中投标人的名称应为（　　）。

A. 该施工企业　　B. 该外地的分公司

C. 项目经理部　　D. 项目经理

2. 关于合同鉴定的说法，正确的是（　　）。

A. 经过鉴定的合同，在诉讼中不需要进行质证

B. 法律规定强制实施合同鉴定

C. 合同鉴定的效力不限于我国国内

D. 合同鉴定由工商行政管理机关作出

3. 下列解决建设工程合同纠纷的方式中，具有强制执行法律效力的是（　　）。

A. 和解　　B. 民间调解　　C. 行政调解　　D. 诉讼

4. 在施工招投标中，银行为投标人出具的投标保函属于（　　）。

A. 留置担保　　B. 保证担保　　C. 抵押担保　　D. 质押担保

5. 要约与要约邀请的共同特征是（　　）。

A. 内容具体明确　　B. 具备合同的一般条款

C. 明示订立合同的意思表示　　D. 对行为人具有约束力

6. 关于合同订立过程中要约撤回和撤销特点的说法，正确的是（　　）。

A. 行使权利的时间要求相同　　B. 行使权利的条件要求相同

C. 通知到达对方的时间要求相同　　D. 行为生效的条件不同

7. 某监理合同约定了通过仲裁解决争议的条款。若该监理合同无效，则关于合同解决方式的说法，正确的是（　　）。

A. 合同无效，因而约定仲裁解决争议的条款也无效

B. 合同无效，约定仲裁解决争议的条款仍有效

C. 诉讼解决合同争议

D. 合同无效后，应通过按先仲裁，后诉讼的程序解决争议

8. 某工程项目在施工阶段投保了建筑工程一切险，保险人承担保险责任的开始时间是（　　）。

A. 中标通知书发出日　　B. 施工合同协议书签字日

C. 保险合同签字日　　D. 工程材料运抵施工现场日

9. 关于施工合同当事人名称变更对施工合同效力产生影响的说法，正确的是(　　)。

A. 合同应加盖变更后名称的公章方可继续有效

B. 合同需要重新登记备案后继续有效

C. 合同需要双方重新签字盖章后继续有效

D. 合同的效力不受影响

10. 因不可抗力致使不能实现合同目的，合同当事人一方发出通知提出解除合同，则该合同解除日应为(　　)。

A. 不可抗力发生日　　B. 发出通知日

C. 通知到达对方日　　D. 对方同意日

二、案例分析

1. 某施工单位根据领取的某 200 m^2 两层厂房工程项目招标文件和全套施工图纸，采用低报价策略编制了投标文件，并获得中标。该施工单位(乙方)于某年某月某日与建设单位(甲方)签订了该工程项目的固定价格施工合同。合同工期为 8 个月。甲方在乙方进入施工现场后，因资金紧缺，无法如期支付工程款，口头要求乙方暂停施工一个月。乙方亦口头答应。

工程按合同规定期限验收时，甲方发现工程质量有问题，要求返工。两个月后，返工完毕。结算时甲方认为乙方迟延交付工程，应按合同约定偿付逾期违约金。乙方认为临时停工是甲方要求的，乙方为抢工期，加快施工进度才出现了质量问题，因此迟延交付的责任不在乙方。甲方则认为临时停工和不顺延工期是当时乙方答应的。乙方应履行承诺，承担违约责任。

问题：

(1)该工程采用固定价格合同是否合适？

(2)该施工合同的变更形式是否妥当？此合同争议依据合同法律规范应如何处理？

2. 某厂房建设场地原为农田。按设计要求在厂房建造时，厂房地坪范围内的耕植土应清除，基础必须埋在老土层下 2 m 处。为此，业主在“三通一平”阶段就委托土方施工公司清除了耕植土并用好土回填压实至一定设计标高，故在施工招标文件中指出，施工单位无须再考虑清除耕植土问题。某施工单位通过投标方式获得了该项工程施工任务，并与建设单位签订了固定价格合同。然而，施工单位在开挖基坑时发现，相当一部分基础开挖深度虽已达到设计标高，但仍未见老土，且在基坑和场地范围内仍有一部分深层的耕植土和池塘淤泥等必须清除。

问题：

(1)在工程中遇到地基条件与原设计所依据的地质资料不符时，承包商应该怎么办？

(2)对于工程施工中出现变更工程价款和工期的事件之后，甲乙双方需要注意哪些时效性问题？

(3)根据修改的设计图纸，基坑开挖要加深加大，造成土方工程量增加，施工工效降低。在施工中又发现了较有价值的出土文物，造成承包商部分施工人员和机械窝工，同时承包商为保护文物付出了一定的措施费用。请问承包商应如何处理此事？

项目四 施工合同管理

项目目标

知识目标	技能目标	素质（思政）目标
1. 施工合同的类型； 2. 合同价款的调整； 3. 合同价款的支付与结算； 4. 工程合同价款纠纷的处理	能够利用现行的国家行业规定，对工程合同价款进行调整与结算，并学会处理工程合同价款纠纷	1. 培养学生的契约精神，教导学生遵守市场公平竞争秩序以及合法纳税； 2. 帮助学生进行职业规划，为其在校学习进一步找到目标和方向； 3. 培养学生职场基本商务礼仪

任务 4.1 施工合同的类型

案例引入

2018 年 6 月，某著名建设集团（下称承包商）与某市一家企业（下称业主）签订了该企业的工业厂房工程施工合同，双方签订了工程总价为 5 500 余万元的固定总价合同。在履行合同过程中，钢材上涨幅度达 30%，砂子也是一金难求，并且承包商在施工过程中发现工程量清单中的工程量存在错算、漏算的现象，导致工程实际成本大大超过合同价格，该承包商亏损 1 000 余万元。于是该承包商要求业主赔偿，而业主则以合同是“固定总价”为由不同意。双方遂形成争议。

在实际工程中，合同计价方式有 10 多种，以后必然还会有新的计价方式出现。不同种类的合同，有不同的应用条件，有不同权利和责任的分配，有不同的付款方式，对合同双方有不同的风险，应按具体情况选择合同类型。有时在一个工程承包合同中，不同的工程分项采用不同的计价方式。下面介绍三种现代工程中最典型的合同类型。

4.1.1 单价合同

【案例 4.1.1—1】

某土方工程采用单价合同方式，投标综合总价为 30 万元，土方单价为 50 元/m^3，清单工程量为 6 000 m^3，现场实际完成经监理工程师确认的工程量为 5 000 m^3。则结算工程款应为多少万元？

【案例解析】 5 000×50＝250 000(元)

则该土方工程结算工程款应为 25 万元。

当施工发包时，工程的内容和工程数量尚不能十分明确、具体地予以规定时，则可以采用单价合同形式，即根据计划工程内容和估算工程量，在合同中明确每项工程内容的单位价格（如每米、每平方米或者每立方米的价格），实际支付时则根据每一个子项的实际完成工程数量乘以该子项的合同单价计算该项工作的应付工程款。这是最常见的合同种类，适用范围广。我国的建设工程施工合同也主要是这一类合同。在这种合同中，承包商仅按合同规定承担报价的风险，即对报价（主要为单价）的正确性和适宜性承担责任；而工程量变化的风险由业主承担。由于风险分配比较合理，因此，其能够适应大多数工程，能调动承包商和业主双方的管理积极性。单价合同又分为固定单价和可调单价等形式。

单价合同的特点是单价优先，工程量必须以承包人完成合同工程应予计量的工程量确定，如在施工过程中发现招标工程量清单中出现缺项、工程量偏差，或因工程变更引起工程量增减时，应按承包人在履行合同义务中完成的工程量计算。例如 FIDIC 土木工程施工合同中，业主给出的工程量清单表（见表 3）中的数字是参考数字，而实际工程款则按实际完成的工程量和合同中确定的单价计算。虽然在投标报价、评标以及签订合同中，人们常常注重总价格，但在工程款结算中单价优先，对于投标书中明显的数字计算错误，业主有权利先作修改再评标，当总价和单价的计算结果不一致时，以单价为准调整总价，所以单价是不能错的。

表 3　工程量清单表

序号	项目编码	项目名称	计量单位	工程数量	综合单价/(元/m^3)	合价/元
……						
25		现浇混凝土	m^3	1 000	450	45 000
……						
总报价						11 500 000

根据投标人的投标单价，现浇混凝土的合价应该是 450 000 元，而实际只写了 45 000 元，由于单价优先，实际上承包商钢筋混凝土的合价（业主以后实际支付）应为 450 000 元，所以评标

时应将总报价修正。承包商的正确报价应为

$$11\ 500\ 000+(450\ 000-45\ 000)=11\ 905\ 000(\text{元})$$

而如果实际施工中承包商按图纸要求完成了 1 500 m^3 钢筋混凝土(由于业主的工作量表是错的,或业主指令增加工程量),则实际钢筋混凝土的价格应为

$$450\times1\ 500=675\ 000(\text{元})$$

单价风险由承包商承担,如果承包商将 450 元/m^3 误写成 45 元/m^3,则实际工程中就按 45 元/m^3结算。在单价合同中应明确编制工程量清单的方法和工程计量方法。

由于单价合同允许随实际工程量变化而调整工程总价,业主和承包商都不存在工程量方面的风险,因此,对合同双方都比较公平。另外,在招标前,发包单位无需对工程范围作出完整的、详尽的规定,从而可以缩短招标准备时间,投标人也只需对所列工程内容报出自己的单价,从而缩短投标时间。

采用单价合同对业主的不足之处是,业主需要安排专门人员来核实已经完成的工程量,需要在施工过程中花费一定的精力,协调工作量大。另外,用于计算应付工程款的实际工程量可能会超过预测的工程量,即实际投资容易超过计划投资,对投资控制不利。

单价合同还可以分为可调单价合同和固定单价合同。

(1)可调单价合同,即单价可以随市场物价指数的变化进行调整。对此合同应该规定合同单价的调整条件、调整的依据、调整的方法(如调整计算公式)。物价上涨在合同规定的调整范围内作为业主风险。

在工程实践中,采用单价合同有时也会根据估算的工程量计算一个初步的合同总价,作为投标报价和签订合同之用。但是,当上述初步的合同总价与各项单价乘以实际完成的工程量之和发生矛盾时,则肯定以后者为准,即单价优先。实际工程款的支付也将以实际完成工程量乘以合同单价进行计算。

(2)固定单价合同,即合同单价是固定的,不以物价变动而调整。承包商承担物价上涨风险。

固定单价合同条件下,无论发生哪些影响价格的因素都不对单价进行调整,因而对承包商而言就存在一定的风险。当采用变动单价合同时,合同双方可以约定一个估计的工程量,当实际工程量发生较大变化时可以对单价进行调整,同时还应该约定如何对单价进行调整。当然也可以约定,当通货膨胀达到一定水平或者国家政策发生变化时,可以对哪些工程内容的单价进行调整以及如何调整等。因此,承包商的风险就相对较小。

固定单价合同适用于工期较短、工程量变化幅度不会太大的项目。

在工程实践中,采用单价合同有时也会根据估算的工程计算一个初步的合同总价,作为投标报价和签订合同之用。但是,当上述初步的合同总价与各项单价乘以实际完成的工程量之和发生矛盾时,则肯定以后者为准,即单价优先。实际工程款的支付也将以实际完成工程量乘以合同单价进行计算。

共同竞争的平台——工程量清单

招标工程量清单所列的工程量是一个预计工程量，是各投标人进行投标报价的共同基础，也是对各投标人的投标报价进行评审的共同平台，体现了招投标活动的公平、公开、公正和诚实信用原则。发承包双方竣工结算的工程量应以承包人按照现行国家计量规范规定的工程量计算规则计算的实际完成应予计量的工程量确定，而非招标工程量清单所列的工程量。

4.1.2 总价合同

总价合同，是指根据合同规定的工程施工内容和有关条件，业主应付给承包商的款额是一个规定的金额，即明确的总价。总价合同也称为总价包干合同，即根据施工招标时的要求和条件，当施工内容和有关条件不发生变化时，业主付给承包商的价款总额就不发生变化。

显然，采用总价合同时，对承发包工程的内容及其各种条件都应基本清楚、明确，否则，承发包双方都有蒙受损失的风险。因此，一般是在施工图设计完成，施工任务和范围比较明确，业主的目标、要求和条件都清楚的情况下才采用总价合同。对业主来说，由于设计花费时间长，因而开工时间相对较晚，在设计过程中也难以吸收承包商的建议，开工后的变更容易带来索赔。

总价合同的特点：

①发包单位可以在报价竞争状态下确定项目的总造价，可以较早确定或者预测工程成本。

②业主的风险较小，承包人将承担较多的风险。

③评标时易于迅速确定最低报价的投标人。

④在施工进度上能极大地调动承包人的积极性。

⑤业主能更容易、更有把握地对项目进行控制。

⑥必须完整而明确地规定承包人的工作。

⑦必须将设计和施工方面的变化控制在最小限度内。

总价合同分为可调总价合同和固定总价合同。其中，固定总价合同是最典型的合同类型。

1)可调总价合同

可调总价合同又称为变动总价合同，合同价格是以图纸及规定、规范为基础，按照时价进行计算，得到包括全部工程任务和内容的暂定合同价格。他是一种相对固定的价格，在合同执行过程中，由于通货膨胀等原因而使所使用的工、料成本增加时，可以按照合同约定对合同总价进行相应的调整。当然，一般由于设计变更、工程量变化和其他工程条件变化所引起的费用变化也可以进行调整。因此，通货膨胀等不可预见因素的风险由业主承担，对承包商而言，其风险相对较小，但对业主而言，不利于其进行投资控制，突破投资的风险就增大了。

在工程施工承包招标时，施工期限一年左右的项目一般实行固定总价合同，通常不考虑价格调整问题，以签订合同时的单价和总价为准，物价上涨的风险全部由承包商承担。但是对建设周期一年半以上的工程项目，则应考虑下列因素引起的价格变化问题。

(1)劳务工资以及材料费用的上涨。

(2)其他影响工程造价的因素,如运输费、燃料费、电力等价格的变化。

(3)外汇汇率的不稳定。

(4)国家或者省、市立法的改变引起的工程费用的上涨。

2)固定总价合同

固定总价合同的价格计算是以图纸及规定、规范为基础,工程任务和内容明确,业主的要求和条件清楚,合同总价一次包死,固定不变,即不再因为环境的变化和工程量的增减而变化。在这类合同中,承包商承担了全部的工作量和价格的风险。因此,承包商在报价时应对一切费用的价格变动因素以及不可预见因素都做充分的估计,并将其包含在合同价格之中。在这种合同的实施中,由于业主没有风险,所以他干预工程的权力较小,只管总的目标和要求。

在国际上,这种合同被广泛接受和采用。对业主而言,在合同签订时就可以基本确定项目的总投资额,对投资控制有利;在双方都无法预测的风险条件下和可能有工程变更的情况下,承包商承担了较大的风险,业主的风险较小。但是,工程变更和不可预见的困难也常常引起合同双方的纠纷或者诉讼,最终导致其他费用的增加。在现代工程中,特别在合资项目中,业主喜欢采用这种合同形式,首先,工程中双方结算方式较为简单,比较省事。其次,在固定总价合同的执行中,承包商的索赔机会较少(但不可能根除索赔)。在正常情况下,可以免除业主由于要追加合同价款、追加投资带来的需上级,如董事会、股东大会审批的麻烦。

固定总价合同除了业主要求(工程范围或设计)有重大变更,一般不允许调整合同价格。但是在发生重大工程变更、累计工程变更超过一定幅度或者其他特殊事件时,双方可以约定对合同价格进行调整。因此,双方就需要定义重大工程变更的含义、累计工程变更的幅度及什么样的特殊条件才能调整合同价格,以及如何调整合同价格等。

采用固定总价合同,双方结算比较简单,但是由于承包商承担了较大的风险,因此,报价中不可避免地要增加一笔较高的不可预见风险费。承包商的风险主要有两个方面:一是价格风险,二是工程量风险。价格风险有报价计算错误、漏报项目、物价和人工费上涨等;工程量风险有工程量计算错误、工程范围不确定、工程变更或者由于设计深度不够所造成的误差等。

固定总价合同的适用条件。

(1)工程范围必须清楚明确,报价的工程量应准确而不是估计数字,对此承包商必须认真复核。

(2)工程设计较细,图纸完整、详细、清楚。

(3)工程量小、工期短,估计在工程过程中环境因素(特别是物价)变化小,工程条件稳定并合理。

(4)工程结构、技术简单,风险小,报价估算方便。

(5)工程投标期相对宽裕,承包商可以详细作现场调查、复核工作量,分析招标文件,拟订计划。

(6)合同条件完备,双方的权利和义务十分清楚。

目前在国内外的工程中,由于固定总价合同便于业主对工程的管理,对业主较为有利,固定总价合同采用得比较多,并有扩大的趋势。甚至一些大型的全包工程也使用总价合同。有些工程中业主只用初步设计资料招标,却要求承包商以固定总价合同承包,这对于承包商来说风险非常大。

固定总价合同的计价有如下形式。

(1)招标文件中有工作量表。业主为了方便承包商投标,给出工程量表,但业主对工程量表中的数量不承担责任,承包商必须复核。承包商报出每一个分项工程的固定总价。他们之和即为整个工程的价格。

(2)招标文件中没有给出工程量清单,而由承包商制订。工程量表仅仅作为付款方式,而不属于合同规定的工程资料,不作为承包商完成工程或设计的全部内容。

合同价款总额由每一分项工程的包干价款(固定总价)构成。承包商必须自己根据工程信息计算工程量,如果承包商分项工程量有漏项或计算不正确,则被认为已包括在整个合同总价中。

固定总价合同和单价合同有时在形式上很相似。例如,在有的总价合同的招标文件中也有工作量表,也要求承包商提出各分项的报价,与单价合同在形式上很相似,但他们是性质上完全不同的合同类型。

固定总价合同是总价优先,承包商报总价,双方商讨并确定合同总价,最终按总价结算。通常只有设计变更,或合同中规定的调价条件,例如法律变化,才允许调整合同价格。

【案例 4.1.2-1】

某建筑工程采用邀请招标方式。业主在招标文件中要求:

(1)项目在 21 个月内完成。

(2)采用固定总价合同。

(3)无调价条款。

承包商投标报价 364 000 美元,工期 24 个月,在投标书中承包商使用保留条款,要求取消固定价格条款,采用浮动价格。

但业主在未与承包商谈判的情况下发出中标函,同时指出:

(1)经审核发现投标书中有计算错误,一共多算了 7 730 美元。业主要求在合同总价中减去这个差额,将报价改为 356 270 (即 364 000－7 730)美元。

(2)同意 24 个月工期。

(3)坚持采用固定价格。

承包商答复为:

(1)如业主固定价格条款,则承包商在原报价的基础上再增加 75 000 美元。

(2)既然为固定总价合同,则总价优先,计算错误 7 730 美元不应从总价中减去。则合同总价应为 439 000(即 364 000＋75 000)美元。

在工程中由于工程变更,使合同工程量又增加了 70 863 美元。工程最终在 24 个月内完成。最终结算时,业主坚持按照改正后的总价 356 270 美元并加上工程量增加的部分结算,即最终合同总价为 427 133 美元。

而承包商坚持总结算价款为 509 863 (即 364 000＋75 000＋70 863)美元。最终经中间人调解,业主接受承包商的要求。

【案例解析】

(1)对承包商保留条款,业主可以在招标文件,或合同条件中规定不接受任何保留条款,则承包商保留说明无效。否则,业主应在定标前与承包商就投标书中的保留条款进行具体商谈,作出确认或否认。不然会引起合同执行过程中的争执。

(2)对单价合同,业主是可以对报价单中数字计算错误进行修正的,而且在招标文件中应规定业主的修正权,并要求承包商对修正后的价格的认可。但对固定总价合同,一般不能修正,因为总价优先,业主是确认总价。

(3)当双方对合同的范围和条款的理解明显存在不一致时,业主应在中标函发出前进行澄清,而不能留在中标后商谈。如果先发出中标函,再谈修改方案或合同条件,承包商要价就会较高,业主十分被动。而在中标函发出前进行商谈,一般承包商为了中标比较容易便会接受业主的要求。也许由于本工程比较紧急,业主急于签订合同,实施项目,所以没来得及与承包商在签订合同前进行认真的澄清和谈判。

对于固定总价合同,承包商要承担两个方面的风险。

(1)价格风险。

①报价计算错误。

②漏报项目。例如,在某国际工程中,工程范围为一政府的办公楼建筑群,采用固定总价合同。承包商算标时遗漏了其中的一座做景观用的亭阁。这一项使承包商损失了上百万美元。

③工程施工过程中由于物价和人工费涨价所带来的风险。

(2)工作量风险。

①工作量计算的错误。对固定总价合同,业主有时也给工作量清单,有时仅给图纸、规范让承包商算标。承包商必须对工作量作认真复核和计算。如果工作量有错误,由承包商负责。

②由于工程范围不确定或预算时工程项目未列全造成的损失。例如,在某固定总价合同中,工程范围条款为:“合同价款所定义的工程范围包括工作量表中列出的,以及工作量表中未列出的,但为本工程安全、稳定、高效率运行所必需的工程和供应。”在该工程中,业主指令增加了许多新的分项工程,但设计并未变更,所以承包商得不到相应的付款。

③又如某国际工程分包合同采用总价合同形式,工程变更条款为:“总包指令的工程变更及其相应的费用补偿仅限于对重大的变更,而且仅按每单个建筑物和设施地平以上外部体积的增加量计算补偿。”在合同实施中,总承包商指定分包商大量增加地平以下建筑工程量,而不给分包商任何补偿。

④由于投标报价时设计深度不够所造成的工程量计算误差。对固定总价合同,如果业主用初步设计文件招标,让承包商计算工作量报价,或尽管施工图设计已经完成,但做标期太短,承包商无法详细核算,通常只有按经验或统计资料估算工作量。这时,承包商处于两难的境地:工作量算高了,报价没有竞争力,不易中标;算低了,自己要承担风险和亏损。在实际工程中,这是

采用固定总价合同带来的普遍性的问题。在这方面承包商的损失常常是很大的。

【案例 4.1.2—2】

某工程采用固定总价合同。在工程中承包商与业主就设计变更影响产生争执。最终实际批准的混凝土工程量为 66 000 m^3，对此双方没有争执，但承包商坚持原合同工程量为 44 000 m^3，则增加了 65%，共 26 000 m^3；而业主认为原合同工程量为 56 000 m^3，则增加了 17.9%，共 10 000 m^3。双方对合同工程量差异产生的原因在于承包商报价时业主仅给了初步设计文件，没有详细的截面尺寸。同时由于做标期较短，承包商没有时间细算。承包商就按经验匡算了一下，估计为 40 000 m^3。合同签订后详细施工图出来，再细算一下，混凝土量为 56 000 m^3，当然作为固定总价合同，这个16 000 m^3 的差额（即56 000—40 000）最终就作为承包商的报价失误，由他自己承担。

同样的问题出现在我国的某大型商业网点开发项目中。此项目为中外合资项目，我国一家承包商用固定总价合同承包土建工程。由于工程量巨大，设计图纸简单，做标期短，承包商无法精确核算。对钢筋工程，承包商报出的工作量为 1.2 万 t，而实际使用量达到 2.5 万 t 以上。仅此一项承包商损失超过 600 万美元。

【案例解析】

从案例中可以得出结论，工作人员无论是建设单位、承包单位还是参与商都应该熟知每种类型合同的特点，并结合工程项目的特点合理选择合同的类型，这样才能保证工程项目顺利进行，保证建筑市场有序、良好地发展。

4.1.3 成本加酬金合同

成本加酬金合同是与固定总价合同截然相反的合同类型。工程最终合同价格按承包商的实际成本加一定的酬金计算。在合同签订时，往往不能确定一个具体的合同价格，只能确定酬金的比率或者计算原则。由于合同价格按承包商的实际成本结算，所以在这类合同中，承包商不承担任何风险，而业主承担了全部工作量和价格风险，所以承包商在工程中没有成本控制的积极性，常常不仅不愿意压缩成本，反而期望提高成本以提高他自己的工程经济效益。这样会损害工程的整体效益。所以这类合同的使用应受到严格限制，通常应用于如下情况。

（1）投标阶段依据不准，工程的范围无法界定，无法准确估价，缺少工程的详细说明。

（2）工程特别复杂，工程技术、结构方案不能预先确定。他们可能按工程中出现的新的情况确定。或者尽管可以确定工程技术和结构方案，但是不可能进行竞争性的招标活动，并以总价合同或单价合同的形式确定承包商，如研究开发性质的工程项目。

（3）时间特别紧迫，要求尽快开工。如抢险、救灾工程，来不及详细地计划和商谈。

对业主而言，这种合同形式也有一定优点。

(1)可以通过分段施工缩短工期，而不必等待所有施工图完成才开始招标和施工。

(2)可以减少承包商的对立情绪，承包商对工程变更和不可预见条件的反应会比较积极和快捷。

(3)可以利用承包商的施工技术专家，帮助改进或弥补设计中的不足。

(4)业主可以根据自身力量和需要，较深入地介入和控制工程施工和管理。

(5)也可以通过确定最大保证价格约束工程成本不超过某一限值，从而转移一部分风险。

对承包商来说，这种合同比固定总价的风险低，利润比较有保证，因而比较有积极性。其缺点是合同的不确定性，由于设计未完成，无法准确确定合同的工程内容、工程量以及合同的终止时间，有时难以对工程计划进行合理安排。

为了克服成本加酬金合同的缺点，扩大其使用范围，人们对该种合同又做了许多改进，以调动承包商成本控制的积极性，例如：

(1)事先确定目标成本，实际成本在目标成本范围内按比例支付酬金，如果超过目标成本，酬金不再增加。

(2)如果实际成本低于目标成本，除支付合同规定的酬金外，另给承包商一定比例的奖励。

(3)成本加固定额度的酬金，即酬金是定值，不随实际成本数量的变化而变化。

在这种合同中，合同条款应十分严格。由于业主承担全部风险，所以他应加强对工程的控制，参与工程方案(如施工方案、采购、分包等)的选择和决策。否则容易造成不应有的损失。同时，合同中应明确规定成本的开支和间接费范围，规定业主有权对成本开支作决策、监督和审查。

使用本合同的招标文件应说明中标的依据。一般授标的标准为间接费率和作为成本组成的各项费率。本合同也应规定开工日和竣工日，以假设的合同工程量为基础，否则工期罚款的条款就不适用。

成本加酬金合同有许多种形式，主要如下。

(1)成本加固定费用合同。

根据双方讨论同意的工程规模、估计工期、技术要求、工作性质及复杂性、所涉及的风险等来考虑确定一笔固定数目的报酬金额作为管理费及利润，对人工、材料、机械台班等直接成本则实报实销。如果设计变更或增加新项目，当直接费超过原估算成本的一定比例(如10%)时，固定的报酬也要增加。在工程总成本一开始估计不准，可能变化大的情况下，可采用此合同形式，有时可分几个阶段谈判付给固定报酬。这种方式虽然不能鼓励承包商降低成本，但为了尽快得到酬金，承包商会尽力缩短工期。有时也可在固定费用之外根据工程质量、工期变更和节约成本等因素，给承包商另加奖金，以鼓励承包商积极工作。

(2)成本加固定比例费用合同。

工程成本中直接费用加一定比例的报酬费用，报酬部分的比例在签订合同时由双方确定。这种方式的报酬费用总额随成本增加而增加，不利于缩短工期和降低成本。一般在工程初期很难描述工作范围和性质，或工期紧迫，无法按常规编制招标文件招标时采用。

(3)成本加奖金合同。

奖金是根据报价书中的成本估算指标制订的，在合同中对这个估算指标规定一个低点和顶点，分别为工程成本估算的 60%～75%和 110% ～135%。承包商在估算指标的顶点以下完成工程则可得到奖金，超过顶点则要对超出部分支付罚款。如果成本在低点之下，则可加大酬金值或酬金百分比。采用这种方式通常规定，当实际成本超过顶点对承包商罚款时，最大罚款限额不超过原先商定的最高酬金值。

在招标时，当图纸、规范等准备不充分，不能据以确定合同价格，而仅能制订一个估算指标时可采用这种形式。

(4)最大成本加费用合同。

在工程成本总价合同基础上加固定酬金费用的方式，即当设计深度达到可以报总价的深度，投标人报一个工程成本总价和一个固定的酬金(包括各项管理费、风险费和利润)。如果实际成本超过合同中规定的工程成本总价，由承包商承担所有的额外费用，若实施过程中节约了成本，节约的部分归业主，或者由业主与承包商分享，在合同中要确定节约分成比例。

成本加酬金合同的应用。

(1)当实行施工总承包管理模式或 CM 模式时，业主与施工总承包管理单位或 CM 单位的合同一般采用成本加酬金合同方式。

(2)在国际上，许多项目管理公司、咨询服务合同等也多采用成本加酬金合同方式。

在施工承包合同中采用成本加酬金计价方式时，业主与承包商应该注意以下问题。

①必须有一个明确的如何向承包商支付酬金的条款，包括如果出现变更和其他变化时，酬金应如何调整等。

②应该列出工程费用清单，如工地实际人工或机械消耗数据的记录应有规定的格式和方法，以便进行审核和双方结算。

查阅资料，分析合同种类，填写表 4。

表 4　合同种类

合同类型		概念及特点	风险承担者	适用范围						
				项目规模(大/小)	工期(长/短)	复杂程度(高、中、低)	工程准备时间(长/中/短)	单项工程明确程度(清楚/不清楚)	项目竞争程度(强/中/弱)	外部环境因素(良好/一般/恶劣)
总价合同		以一次包死的总价委托，价格不因环境的变化和工程量增减而变化			(一年以下)					
		材料价格以“时价”进行计算			(一年以上)					

续表

合同类型	概念及特点	风险承担者	适用范围						
			项目规模（大/小）	工期（长/短）	复杂程度（高、中、低）	工程准备时间（长/中/短）	单项工程明确程度（清楚/不清楚）	项目竞争程度（强/中/弱）	外部环境因素（良好/一般/恶劣）
单价合同	工程最终的合同价为固定单价乘实际完成的工程量								
单价合同	由于某些不确定因素引起的“单价变化”可调								
成本加酬金合同	工程最终合同价格按承包商的实际成本加一定比率的酬金计算								
实行工程量清单计价的工程，应采用单价合同；建设规模较小，技术难度较低，工期较短，且施工图设计已审查批准的建设工程可以采用总价合同；紧急抢险、救灾以及施工技术特别复杂的建设工程可以采用成本加酬金合同									

案例解析

首先，对于价差争议，30%的钢材涨幅已完全超出了承包商在投标时能够预见的商业风险范围，属于民法理论上的“情势变更”。“情势变更”是指作为合同存在前提的情势，因不可归责于当事人的事由，发生了不可预料的变更，从而导致原来的合同关系显失公平。承包商因此提出追加的工程价款有法律依据。虽然双方签订的是固定总价合同，但建议双方对超过10%的价差部分按适当比例分担解决。

其次，对于量差的争议，该工程的工程量漏算、错算比较多，但是业主坚持认为本工程为“固定总价”。《建设工程工程量清单计价规范》规定：“招标工程量清单必须作为招标文件的组成部分，其准确性和完整性应由招标人负责。”承包商请求业主对其损失进行适当补偿有法律依据。承包商可在谈判无果的情况下，提起变更合同价款的诉请。

2020年年初，承包商与业主最终达成一致意见，业主同意补偿承包商650万元。

任务 4.2　合同价款的调整

由于工程建设的周期往往都比较长，较高层的房屋建筑需要2～3年，大型工业建筑项目、港口工程、高速公路、铁路工程往往需要 3～5 年，而大型水电站工程需要 5～10 年。在这样一个较长的建设周期中，急剧的通货膨胀、关键材料的短缺与外币汇率的变化等因素都会造成工程的价格、工期和工程内容的变化。因此在考虑工程造价时，必须考虑与工程有关的各种价格的波动。如世界银行强制规定，如合同期超过 18 个月(或时间虽短但通货膨胀率高)时，必须在合同中包括价格调整规定。

业主在招标时，一方面在编制工程概(预)算，筹集资金以及考虑备用金额时，均应考虑价格变化问题。另一方面对工期较长、较大型的工程，在编制招标文件的合同条件中应明确地规定出各类费用变化的补偿办法，以使承包商在投标报价时不计入价格波动因素，这样便于业主在评标时，对所有承包商的报价可在同一基准线上进行比较，从而优选出最理想的承包商。

案例引入

某省在 2020 年 2 月 12 日发布“关于新型冠状病毒疫情防控期间建设工程计价有关的通知”主要内容如下所示。

(1)范围：在某省内决定启动重大突发公共卫生事件一级响应期间，施工的房屋建筑与市政基础设施工程。

(2)施工工期：疫情防控期间未复工的项目，工期应予以顺延，顺延工期计算从省政府决定启动重大突发公共卫生事件一级响应(2020 年 1 月 25 日)之日起至解除之日止；疫情防控期间复工的项目，建设工程合同双方应结合实际合理确定顺延工期。

(3)费用调整：①疫情防控期间未复工的项目，费用调整按照法律法规及合同条款，按照不可抗力有关规定及约定合理分担损失。②疫情防控期间，建设工程确需要施工的，应加强防护措施，保证人员安全，防止疫情传播，施工企业必须严格按照工程所在地政府疫情防控规定组织施工，承发包双方根据合同约定及相关规定，本着实事求是的原则协商解决，疫情防护措施、人工材料机械等导致工程价款变化，应另行签订补充协议。③疫情防控期间要求复工及疫情防控解除后复工的工程项目，如需赶工，赶工措施费用另行计算，并明确赶工措施费用计算原则和方法。④施工单位在使用疫情防护费用时，必须做到专款专用，认真做好一线施工人员的疫情防护保障，把防疫工作放到首位，确保施工人员的人身健康。

理论知识

发承包双方应当在施工合同中约定合同价款，实行招标工程的合同价款由合同双方依据中标通知书的中标价款在合同协议书中约定，不实行招标工程的合同价款由合同双方依据双方确定的施工图预算的总造价在合同协议书中约定。在工程施工阶段，由于项目实际情况的变化，发承包双方在施工合同中约定的合同价款可能会出现变动。为合理分配双方的合同价款变动风险，有效地控制工程造价，发承包双方应当在施工合同中明确约定合同价款的调整事件、调整方法及调整程序。

发承包双方按照合同约定调整合同价款的若干事项，可以分为五类。

(1)法规变化类，主要包括法律法规变化事件。

(2)工程变更类，主要包括工程变更、项目特征不符、工程量清单缺项、工程量偏差、计日工等事件。

(3)物价变化类，主要包括物价波动、暂估价事件。

(4)工程索赔类，主要包括不可抗力、提前竣工（赶工补偿）、误期赔偿、索赔等事件。

(5)其他类，主要包括现场签证以及发承包双方约定的其他调整事项，现场签证根据签证内容，有的可归于工程变更类，有的可归于索赔类，有的可能不涉及合同价款调整。

经发承包双方确认调整的合同价款，作为追加（减）合同价款，应与工程进度款或结算款同期支付。

4.2.1 法规变化类合同价款的调整

因国家法律、法规、规章和政策发生变化影响合同价款的风险，发承包双方应在合同中约定由发包人承担。

1.基准日的确定

为合理划分发承包双方的合同风险，施工合同中应当约定一个基准日，对于基准日之后发生的、作为一个有经验的承包人在招标投标阶段不可能合理预见的风险，应当由发包人承担。对于实行招标的建设工程，一般以施工招标文件中规定的提交投标文件的截止时间前的第 28 天作为基准日；对于不实行招标的建设工程，一般以建设工程施工合同签订前的第 28 天作为基准日。

2.合同价款的调整方法

施工合同履行期间，国家颁布的法律、法规、规章和有关政策在合同工程基准日之后发生变化，且因执行相应的法律、法规、规章和政策引起工程造价发生增减变化的，合同双方当事人应当依据法律、法规、规章和有关政策的规定调整合同价款。但是，如果有关价格（如人工、材料和工程设备等价格）的变化已经包含在物价波动事件的调价公式中，则不再予以考虑。

3.工期延误期间的特殊处理

如果由于承包人的原因导致的工期延误，按不利于承包人的原则调整合同价款。在工程延误期间，国家的法律、行政法规和相关政策发生变化引起工程造价变化的，造成合同价款增加的，合同价款不予调整；造成合同价款减少的，合同价款予以调整。

【案例 4.2.1—1】

2016 年 12 月 25 日某路桥公司中标某市政路段的施工任务，并于 2017 年 1 月 15 日与该市城建签订施工合同，在 2016 年 10 月 1 日该市就市政工程增加了一项防雾治霾措施费用，但该路桥公司是外地的一家企业，在投标截止时(2016 年 11 月 10 日 9:00)并未注意到该市的此项政策性调整，故在中标价格中并未包含此项措施费用(约 30 万元)。之后在签订合同时，这也成为双方争议的一部分。

【案例解析】

对于实行招标的建设工程，一般以施工招标文件中规定的提交投标文件的截止时间前的第 28 天作为基准日，有关政策在合同工程基准日之后发生变化，且引起工程造价发生增减变化的，合同双方当事人应当按照有关政策的规定调整合同价款。显然，在本案例中防雾治霾措施费用是在基准日之前颁布的，不符合调整合同价款的时间要求，故不做调整。

此案例体现了基准日对于双方造价管理人员的重要性，施工合同中应当约定一个基准日，合理划分发承包双方的合同风险，体现合同的公平、公正。同时，对承包商造价管理人员而言，更应该慎重地对待工程所在地的有关造价管理信息，精准报价，避免损失。

4.2.2 工程变更类合同价款的调整

4.2.2.1 工程变更

工程变更(variation order)是合同实施过程中由发包人提出或由承包人提出经发包人批准的合同工程任何一项工作的增、减、取消或施工工艺、施工顺序与时间的改变；设计图纸的修改；施工条件的改变；招标工程量清单的错、漏从而引起合同条件的改变或工程量的增减变化。建设工程合同是基于合同签订时静态的发承包范围、设计标准、施工条件为前提，由于工程建设的不确定性，这种静态前提往往会被各种变更所打破。

工程师的工程变更指令发出后，应当迅速落实指令，全面修改相关的各种文件。承包人也应当抓紧落实，如果承包人不能全面落实变更指令，则扩大的损失应当由承包人承担。

知法守规,提升专业素养

工程变更只能是在原合同规定的工程范围内的变动,业主和工程师应注意不能因为工程变更而引起工程性质方面发生很大的变动,否则应重新订立合同。从法律角度来说,工程变更也是一种合同变更,合同变更应经合同双方协商一致。根据诚实信用的原则,业主显然不能通过合同的约定而单方面对合同作出实质性的变更。从工程角度来说,工程性质若发生重大的变更而要求承包商无条件地继续施工也是不恰当的,承包商在投标时并未准备这些工程的施工机械设备,需另行购置或运进机具设备,使承包商有理由要求另签合同,而不能作为原合同的变更,除非合同双方都同意将其作为原合同的变更。承包商认为某项变更指示已超出本合同的范围,或工程师的变更指示的发布没有得到有效的授权时,可以拒绝进行变更工作。

1.工程变更的范围

在不同的合同文本中规定的工程变更的范围可能会有所不同,以《建设工程施工合同(示范文本)》(GF—2017—0201)和《标准施工招标文件》(2007 版)为例,两者所规定的工程变更范围的差异如表 5 所示。

表 5 不同合同文本中工程变更范围的差异

施工合同示范文本	标准施工招标文件
(1)增加或减少合同中任何工作,或追加额外的工作; (2)取消合同中任何工作,但转由他人实施的工作除外; (3)改变合同中任何工作的质量标准或其他特性; (4)改变工程的基线、标高、位置和尺寸; (5)改变工程的时间安排或实施顺序	(1)取消合同中任何一项工作,但被取消的工作不能转由发包人或其他人实施; (2)改变合同中任何一项工作的质量或其他特性; (3)改变合同工程的基线、标高、位置或尺寸; (4)改变合同中任何一项工作的施工时间或改变已批准的施工工艺或顺序; (5)为完成工程需要追加的额外工作

2.工程变更的程序

1)工程变更的提出

(1)承包商提出的工程变更。

承包商在提出工程变更时,一般情况是工程遇到不能预见的地质条件或地下障碍。如原设计的某大楼的基础为钻孔灌注桩,承包商根据开工后钻探的地质条件和施工经验,认为改成沉井基础较好。另一种情况是承包商为了节约工程成本或加快工程施工进度,提出工程变更。

(2)业主方提出变更。

业主一般可通过工程师提出工程变更。如业主方提出的工程变更内容超出合同范围,则属于新增工程,只能另签合同处理,除非承包商同意作为变更。

(3)工程师提出工程变更。

工程师往往根据工地现场工程进展的具体情况,认为确有必要时,可提出工程变更。工程承包合同施工中,因设计考虑不周,或施工时环境发生变化,工程师本着节约工程成本和加快工程与保证工程质量的原则,提出工程变更。但提出的工程变更要在原合同规定的范围内,是切实可行的;若超出原合同,新增了很多工程内容和项目,则属于不合理的工程变更请求,工程师应和承包商协商后酌情处理。

2)工程变更的批准

由承包商提出的工程变更,应交与工程师审查与批准。由业主提出的工程变更,为便于工程的统一管理,一般可由工程师代为发出。而工程师发出工程变更通知的权利,一般由工程施工合同明确约定。如果合同对工程师提出工程变更的权利作了具体限制,而约定其余均应由业主批准,工程师就超出其权限范围的工程变更发出指令时,应附上业主的书面批准文件,否则承包商可拒绝执行。但在紧急情况下,不应限制工程师向承包商发布其认为必要的此类变更指示。如果在上述紧急情况下采取行动,工程师应将情况尽快通知业主。例如,当工程师在工程现场认为出现了危及生命、工程或相邻第三方财产安全的紧急事件时,在不解除合同规定的承包商的任何义务和职责的情况下,工程师可以指示承包商实施他认为解除或减少这种危险而必须进行的所有这类工作。尽管没有业主的批准,承包商也应立即遵照工程师的任何此类变更指示。

3)工程变更指令的发出及执行

为了避免耽误工作,工程师在和承包商就变更价格达成一致意见之前,有必要先行发布变更指示,即分两个阶段发布变更指示:第一阶段是在没有规定价格和费率的情况下直接指示承包商继续工作;第二阶段是在通过进一步协商之后,发布确定变更工程费率和价格的指示。

工程变更指令的发出有两种形式:书面形式和口头形式。

一般情况要求工程师签发书面变更通知令。当工程师书面通知承包商工程变更时,承包商才能执行变更的工程。所有工程变更必须用书面或一定格式写明。当工程师发出口头指令要求工程变更时,则在事后一定要补签一份书面的工程变更指示。如果工程师口头指示后忘了补书面指示,承包商(须 7 天内)应以书面形式证实此项指示,并交与工程师签字,工程师若在 14 天之内没有提出反对意见,应视为认可。

在实际工程中,工程变更情况比较复杂,一般有以下几种。

(1)与变更相关的分项工程尚未开始,只需对工程设计做修改或补充,如发现图纸错误,业主对工程有新的要求。这种情况下的工程变更时间比较充裕。

(2)变更所涉及的工程正在进行施工,如在施工中发现设计错误或业主突然有新的要求。这种变更通常时间很紧迫,甚至可能发生现场停工,等待变更指令。

(3)对已经完工的工程进行变更,必须作返工处理。这种情况对合同履行将产生比较大的影响，双方都应认真对待，尽量避免这种情况的发生。

3. 工程变更的管理

1)工程变更条款的合同分析

(1)工程变更不能超过合同规定的工程范围，如果超过这个范围，承包商有权不执行变更或坚持先商定价格后再进行变更。

(2)业主和工程师的认可权必须受到限制。业主常常通过工程师对材料、设计等的认可权而提高材料、设计等的质量标准，如果合同条文规定比较含糊或设计不详细，则容易产生争执。但是，如果这种认可权超过合同明确规定的范围和标准，承包商应争取业主或工程师的书面确认，进而提出工期和费用索赔。

(3)与业主、总(分)包商之间的任何书面信件、报告、指令等都应由合同管理人员进行技术和法律方面的审查，这样才能保证任何变更都在控制中。

2)促成工程师提前作出工程变更

在实际工作中，变更决策时间过长以及变更程序太慢都会造成很大的损失，其表现为两种现象，一种是施工停止，承包商等待变更指令或变更会议决议；另一种是变更指令不能迅速作出，而现场继续施工，造成更大的返工损失。因此，要求变更程序尽量快捷，承包商也应及早发现可能导致工程变更的种种迹象，促使工程师提前作出工程变更。施工中如发现图纸错误或其他问题，需要进行变更，承包商应首先通知工程师，经工程师同意或通过变更程序后再进行变更。否则，承包商可能不仅得不到应有的补偿，而且还会带来麻烦。

3)对工程师发出的工程变更应进行识别

特别是在国际工程中，工程变更不能免去承包商的合同责任。对已收到的变更指令，特别是重大的变更指令或在图纸上作出的修改意见，应予以核实。对超出工程师权限范围的变更，应要求工程师出具业主的书面批准文件。对涉及双方责权利关系的重大变更，必须有业主的书面指令、认可或双方签署的变更协议。

4)迅速、全面落实变更指令

变更指令作出后，承包商应迅速、全面、系统地落实变更指令。

(1)承包商应全面修改相关的各种文件，如有关图纸、规范、施工计划、采购计划等，以便能反映并包括最新的变更。

(2)在相关的各个工程小组和分包商的工作中落实变更指令，提出相应的措施，对新出现的问题作出解释并制订对策，协调好各方面的工作。

(3)合同变更指令应立即在工程实施中贯彻并体现出来。由于合同变更与合同签订不同，没有一个合理的计划期，变更时间紧，难以详细地计划和分析，使责任落实不全面，容易造成计划、安排、协调方面的漏洞，引起混乱，导致损失。而这个损失往往被认为是由承包商管理失误造成的，因而得不到补偿。所以，承包商应特别注意工程变更的实施。

5)分析工程变更的影响

合同变更是索赔的机会,应在合同规定的索赔有效期内完成对它的索赔处理。因此,在合同变更过程中就应该记录、收集、整理所涉及的各种文件,如图纸、各种计划、技术说明、规范和业主或工程师的变更指令,以作为进一步分析的依据和索赔的证据。

职场生存法则

在实际工作中,承包商最好事先能就变更工程价款及工程的谈判达成一致后再进行合同变更。在变更执行前就应明确补偿范围、补偿方法、索赔值的计算方法、补偿款的支付时间等。但在现实中,工程变更的实施、价格谈判和业主批准三者之间存在时间上的矛盾,往往是工程师先发出变更指令要求承包商执行,但价格谈判与工期谈判迟迟达不成协议,或业主对承包商的补偿要求不批准,此时,承包商应采取适当的措施来保护自身的利益。承包商可采取的措施如下:①控制(即拖延)施工进度,等待变更谈判结果,这样不仅损失较小,而且谈判回旋余地较大。②争取按承包商的实际费用支出计算费用补偿,如采取成本加酬金方法,这样可避免价格谈判中的争执。③应有完整的变更实施记录和照片,请业主、工程师签字,为索赔做准备。在工程变更中,应特别注意由变更引起的返工、停工、窝工、修改计划等造成的损失,注意这方面证据的收集,以便为以后的索赔做准备。

4.工程变更的价款调整方法

1)分部分项工程费的调整

工程变更引起分部分项工程费发生变化的,应按照下列规定调整。

(1)已标价工程量清单中有适用于变更工程项目的,且工程变更导致的该清单项目的工程数量变化不足15%时,采用该项目的单价。直接来用适用的项目单价的前提是其采用的材料、施工工艺和方法相同,也不会因此增加关键线路上工程的施工时间。

例如,某工程施工过程中,由于设计变更,新增加轻质材料隔墙1 200 m^2,已标价工程量清单中有此轻质隔墙项目综合单价,新增部分工程量偏差在15%以内,且没有改变关键线路,因此,直接采用该项目综合单价。

(2)已标价工程量清单中没有适用、但有类似于变更工程项目的,可在合理范围内参照类似项目的单价或总价调整,采用类似的项目单价的前提是其采用的材料、施工工艺和方法基本相似,不增加关键线路上工程的施工时间,可仅就其变更后的差异部分,参考类似的项目单价由发承包双方协商新的项目单价。

例如:某工程现浇混凝土梁为C30,施工过程中设计调整为C35,此时,可仅将C35混凝土价格替换C30混凝土价格,其余不变,组成新的综合单价。

(3)已标价工程量清单中没有适用也没有类似于变更工程项目的,由承包人根据变更工程资料、计量规则和计价办法、工程造价管理机构发布的信息(参考)价格和承包人报价浮动率,提出变更工程项目的单价或总价,报发包人确认后调整。承包人报价浮动率可按下列公式计算:

①实行招标的工程,承包人报价浮动率为

$$L=\left(1-\frac{中标价}{招标控制价}\right)\times 100\%$$

②不实行招标的工程,承包人报价浮动率为

$$L=\left(1-\frac{报价值}{施工图预算}\right)\times 100\%$$

例如,某工程招标控制价为8 413 949元,中标人的投标报价为7 972 282元,承包人报价浮动率为多少?施工过程中,屋面防水采用PE高分子防水卷材(1.5 mm),清单项目中无类似项目,工程造价管理机构发布有该卷材单价为18元/m^2,项目所在地该项目定额人工费为3.78元,除卷材外的其他材料费为0.65元,管理费和利润为1.13元。则该项目综合单价如何确定?

解

$$①L=\left(1-\frac{7\ 972\ 282}{8\ 413\ 949}\right)\times 100\%=5.25\%$$

该工程承包人报价浮动率为5.25%。

②该项目综合单价=(3.78+18+0.65+1.13)×(1-5.25%)≈22.32(元)

因此,发承包双方可按22.32元协商确定该项目综合单价。

(4)已标价工程量清单中没有适用也没有类似于变更工程项目,且工程造价管理机构发布的信息(参考)价格缺价的,由承包人根据变更工程资料、计量规则、计价办法和通过市场调查等的有合法依据的市场价格提出变更工程项目的单价或总价,报发包人确认后调整。

2)措施项目费的调整

工程变更引起措施项目发生变化的,承包人提出调整措施项目费的,应事先将拟实施的方案提交发包人确认,并详细说明与原方案措施项目相比的变化情况。拟实施的方案经发承包双方确认后执行。并应按照下列规定调整措施项目费。

(1)安全文明施工费,按照实际发生变化的措施项目调整,不得浮动。

(2)采用单价计算的措施项目费,应按照实际发生变化的措施项目调整,按上述分部分项工程费的调整方法确定综合单价,主要看工程数量变化是否在15%以内。

(3)按总价(或系数)计算的措施项目费,除安全文明施工费外,其余的措施项目按照实际发生变化进行调整,但应考虑承包人报价浮动因素,即调整金额为实际发生金额乘以承包人报价浮动率(L)。

如果承包人未事先将拟实施的方案提交给发包人确认,则视为工程变更不引起措施项目费的调整或承包人放弃调整措施项目费的权利。

3)删减工程或工作的补偿

当发包人提出的工程变更因非承包人原因删减了合同中的某项原定工作或工程，致使承包人发生的费用或(和)得到的收益不能被包括在其他已支付或应支付的项目中，也未被包含在任何替代的工作或工程中，承包人有权提出并得到合理的费用及利润补偿。

知法守规，造价人专业素养

此规定是为维护合同公平，防止某些发包人在签约后擅自取消合同中的工作，转由发包人或其他承包人实施而使本合同工程承包人蒙受损失。如发包人以变更的名义将取消的工作转由自己或其他人实施即构成违约，按照《中华人民共和国民法典》第五百七十七条规定，"当事人一方不履行合同义务或者履行合同义务不符合约定的，应当承担继续履行、采取补救措施或者赔偿损失等违约责任"。因此，出现这种情形时，发包人应赔偿承包人损失。

4.2.2.2 项目特征不符

1.项目特征描述

项目特征是构成清单项目价值的本质特征，是确定综合单价的重要依据，承包人在投标报价时应依据发包人提供的招标工程量清单中的项目特征描述，确定其清单项目的投标综合单价。因此，发包人在招标工程量清单中对项目特征的描述，应被认为是准确的和全面的，并且与实际施工要求相符合，否则，承包人无法报价。并且在施工过程中，承包人应按照发包人提供的招标工程量清单中项目特征描述的内容及有关要求实施合同工程，直到其被改变为止。

2.合同价款的调整方法

承包人应按照发包人提供的设计图纸实施合同工程，若在合同履行期间出现设计图纸(含设计变更)与招标工程量清单任一项目的特征描述不符，且该变化引起该项目的工程造价增减变化的，发承包双方应当按照实际施工的项目特征，重新确定相应工程量清单项目的综合单价，调整合同价款。调整方法参照上述分部分项工程费的调整方法。

当施工中施工图纸(含设计变更)与工程量清单项目特征描述不一致时，发承包双方应按实际施工的项目特征重新确定综合单价。这一规定是不言而喻的。例如，某项目招标时，某现浇混凝土构件的垫层项目特征中描述混凝土强度等级为C10，但施工过程中发包人变更为(或施工图纸本就标注为)混凝土强度等级为C15，很明显，这时应该重新确定综合单价，因为C10与C15的混凝土价值是不一样的。

4.2.2.3 工程量清单缺项

1.清单缺项、漏项的责任

《建设工程工程量清单计价规范》强制规定，招标工程量清单必须作为招标文件的组成部分，其准确性和完整性由招标人负责。因此，招标工程量清单是否准确和完整，其责任应当由提供工程量清单的发包人负责，作为投标人的承包人不应承担因工程量清单的缺项、漏项以及计算错误带来的风险与损失。

2.合同价款的调整方法

(1)分部分项工程费的调整。施工合同履行期间，由于招标工程量清单中分部分项工程出现缺项、漏项，造成新增工程清单项目的，应按照工程变更事件中关于分部分项工程费的调整方法，调整合同价款。

(2)措施项目费的调整。新增分部分项工程项目清单项目后，引起措施项目发生变化的，应当按照工程变更事件中关于措施项目费的调整方法，在承包人提交的实施方案被发包人批准后，调整合同价款；由于招标工程量清单中措施项目缺项，承包人应将新增措施项目实施方案提交发包人批准后，按照工程变更事件中的有关规定调整合同价款。

4.2.2.4 工程量偏差

【案例 4.2.2—1】

某独立土方工程，招标文件中估计工程量为 100 万 m^3，合同中规定：土方工程单价为 5 元/m^3，当实际工程量增加超过估计工程量 15％时调整单价，单价调为 4 元/m^3；当实际工程量减少超过估计工程量 15％时调整单价，单价调为 6 元/m^3。工程结束时实际完成土方工程量为 130 万 m^3，则土方工程款为多少万元？

【案例解析】

130/100＝130％，工程量增加超过 15％，需对增加超过部分的单价作出调减，调减为 4 元/m^3。

合同约定范围内(15％以内)的工程款为

$$100\times(1+15\%)\times5=575(\text{万元})$$

超过 15％之后部分工程量的工程款为

$$(130-115)\times4=60(\text{万元})$$

则

$$\begin{aligned}S&=100\times(1+15\%)\times5+(130-100\times1.15)\times4\\&=575+15\times4\\&=635(\text{万元})\end{aligned}$$

该土方工程款为 635 万元。

1. 工程量偏差的概念

由于招标工程量清单出现疏漏，或合同履行过程中出现设计变更、施工条件变化等影响，按照相关工程现行国家计量规范规定的工程量计算规则计算的应予计量的工程量与相应的招标工程量清单项目的工程量之间的差额。

工程量偏差是指承包人按照合同工程的图纸（包括由承包人提供经发包人批准的图纸）进行施工，按照现行国家工程量计算规范规定的工程量计算规则，计算得到的完成合同工程项目应予以计算的工程量与相应的招标工程量清单项目列出的工程量之间出现的量差。

2. 合同价款的调整方法

施工合同履行期间，若应予以计算的实际工程量与招标工程量清单列出的工程量出现偏差，或者因工程变更等非承包人原因导致工程量偏差，该偏差对工程量清单项目的综合单价将产生影响，是否调整综合单价以及如何调整，发承包双方应当在施工合同中约定。如果合同中没有约定或约定不明的，可以按以下原则办理。

1）综合单价的调整原则

当应予以计算的实际工程量与招标工程量清单出现偏差（包括因工程变更等原因导致的工程量偏差）超过 15%时，对综合单价的调整原则为：当工程量增加 15%以上时，其增加部分的工程量的综合单价应予调低；当工程量减少 15%以上时，减少后剩余部分的工程量的综合单价应予调高。具体的调整方法，可参见下述两个公式。

（1）当 $Q_1 > 1.15Q_0$ 时，

$$S = 1.15Q_0 \times P_0 + (Q_1 - 1.15Q_0) \times P_1$$

（2）当 $Q_1 < 0.85Q_0$ 时，

$$S = Q_1 \times P_1$$

式中：S——调整后的某一分部分项工程费结算价；

Q_1——最终完成的工程量；

Q_0——招标工程量清单中列出的工程量；

P_1——按照最终完成工程量重新调整后的综合单价；

P_0——承包人在工程量清单中填报的综合单价。

（3）新综合单价 P_1 的确定方法。采用上述两式的关键是新综合单价 P_1 的确定，一是发承包双方协商确定，二是与招标控制价相联系，当工程量偏差项目出现承包人在工程量清单中填报的综合单价与发包人招标控制价相应清单项目的综合单价偏差超过 15%时，工程量偏差项目综合单价的调整可参考下面两个公式：

①当 $Q_0 > 1.15Q_0$ 时，

若 $P_0 > P_2 \times (1+15\%)$，该类项目的综合单价 P_1 按照 $P_2 \times (1+15\%)$ 调整；

若 $P_0 \leqslant P_2 \times (1+15\%)$，则 $P_1 = P_2$。

②当 $Q_1 < 0.85Q_0$ 时，

若 $P_0 < P_2 \times (1-L) \times (1+15\%)$，该类项目的综合单价 P_0 按照 $P_2 \times (1-L) \times (1+15\%)$ 调整；

若 $P_0 \geqslant P_2 \times (1-L) \times (1+15\%)$，则 $P_1 = P_2$。

式中：P_0——承包人在工程量清单中填报的综合单价；

P_2——发包人招标控制价相应项目的综合单价；

L——承包人报价浮动率。

【案例引入】

某工程项目招标控制价的综合单价为 350 元，投标报价的综合单价为 287 元，该工程投标报价下浮率为 6%，综合单价应如何调整？

【案例解析】

287÷350=82%，偏差为 18%；

$$P_2 \times (1-L) \times (1-15\%) = 350 \times (1-6\%) \times (1-15\%) = 279.65(\text{元})$$

由于 287 元大于 279.65 元，则该项目变更后的综合单价可不予调整。

【案例引入】

某工程项目招标工程量清单数量为 1 520 m^3，施工中由于设计变更调增为 1 824m^3，该项目招标控制价综合单价为 350 元，投标报价为 406 元，应如何调整？

【案例解析】

1 824/1 520=120%，工程量增加超过 15%，需对单价做调整。

$$P_2 \times (1+15\%) = 350 \times (1+15\%) = 402.50(\text{元})$$

由于 402.50 元小于 406 元，则该项目变更后的综合单价应调整为 402.50 元。

$$\begin{aligned} S &= 1\,520 \times (1+15\%) \times 406 + (1\,824 - 1\,520 \times 1.15) \times 402.50 \\ &= 709\,688 + 76 \times 402.50 \\ &= 740\,278\ (\text{元}) \end{aligned}$$

因此，调整后的某一分部分项工程费结算价为 740 278 元。

2)总价措施项目费的调整

当应予计算的实际工程量与招标工程量清单出现偏差(包括因工程变更等原因导致的工程量偏差)超过 15%，且该变化引起措施项目相应发生变化，如该措施项目是按系数或单一总价方式计价的，对措施项目费的调整原则为：工程量增加的，措施项目费调增；工程量减少的，措施项目费调减。至于具体的调整方法，则应由双方当事人在合同专用条款中约定。反之，如未引起相关措施项目发生变化，则不予调整。

知法守规，造价人专业素养

施工过程中，由于施工条件、地质水文、工程变更等变化以及招标工程量清单编制人员专业水平的差异，往往会造成实际工程量与招标工程量清单出现偏差，工程量偏差过大，对综合成本的分摊带来影响。如突然增加太多，仍按原综合单价计价，对发包人不公平；如突然减少太多，仍按原综合单价计价，对承包人不公平。并且，这给有经验的承包人的不平衡报价打开了“大门”。因此，为维护合同的公平，避免争议，发承包双方应在合同中约定工程量偏差调整方法，如双方无约定，参照《建设工程工程量计价规范》中的相关规定处理。

4.2.2.5 计日工

1.计日工费用的产生

发包人通知承包人以计日工方式实施的零星工作，承包人应予执行。采用计日工计价的任何一项变更工作，在该项变更的实施过程中，承包人应按合同约定提交以下报表和有关凭证送发包人复核。

(1)工作名称、内容和数量；

(2)投入该工作所有人员的姓名、工种、级别和耗用工时；

(3)投入该工作的材料名称、类别和数量；

(4)投入该工作的施工设备型号、台数和耗用台时；

(5)发包人要求提交的其他资料和凭证。

2.计日工费用的确认和支付

任一计日工项目持续进行时，承包人应在该项工作实施结束后的24小时内向发包人提交有计日工记录汇总的现场签证报告一式三份。发包人在收到承包人提交现场签证报告后的2天内予以确认，并将其中一份返还给承包人作为计日工计价和支付的依据。发包人逾期未确认也未提出修改意见的，应视为承包人提交的现场签证报告已被发包人认可。

任一计日工项目实施结束后，承包人应按照确认的计日工现场签证报告核实该类项目的工程数量，并应根据核实的工程数量和承包人已标价工程量清单中的计日工单价计算，提出应付价款；已标价工程量清单中没有该类计日工单价的，由发承包双方按工程变更的有关的规定商定计日工单价计算。

每个支付期末，承包人应与进度款同期向发包人提交本期间所有计日工记录的签证汇总表，以说明本期间自己认为有权得到的计日工金额，调整合同价款，列入进度款支付。

4.2.3 物价变化类合同价款的调整

【案例 4.2.3—1】

施工合同中约定，承包人承担的钢筋价格风险幅度为±5%，超出部分依据《建设工程工程量清单计价规范》(GB 50500—2013)造价信息法调差。已知投标人投标价格、基准期发布价格分别为 5 000 元/t、4 500 元/t，2018 年 12 月与 2019 年 7 月的造价信息发布价分别为 4 200 元/t、5 400 元/t，则这两月钢筋的实际结算价格应分别为多少？

【案例解析】

(1) 2018 年 12 月信息价下降，应以较低的基准价基础计算合同约定的风险幅度值。

$$4500\times(1-5\%)=4\ 275(元/t)$$

因此，钢筋每吨应下浮价格为 4 275－4 200＝75(元/t)。

2018 年 12 月实际结算价格为 5 000－75＝4 925(元/t)。

(2) 2019 年 7 月信息价上涨，应以较高的投标价格为基础计算合同约定的风险幅度值。

$$5\ 000\times(1+5\%)=5\ 250(元/t)$$

因此，钢筋每吨应上调价格为 5 400－5 250＝150(元/t)。

2019 年 7 月实际结算价格为 5 000＋150＝5 150(元/t)。

1. 物价波动

施工合同履行期间，因人工、材料、工程设备和施工机具台班等价格波动影响合同价款时，发承包双方可以根据合同约定的调整方法，对合同价款进行调整。因物价波动引起的合同价款调整方法有两种：一种是采用价格指数调整价格差额；另一种是采用造价信息调整价格差额。这两种方法也和“通用合同条款”中规定的两种物价波动引起的价格调整方式保持一致，切实可行，是目前国内使用频率最高的方法。

承包人采购材料和工程设备的，应在合同中约定主要材料、工程设备价格变化的范围或幅度，当没有约定，且材料、工程设备单价变化超过 5%时，超过部分的价格按价格指数或造价信息两种方法之一调整相关费用。

1)采用价格指数调整价格差额

采用价格指数调整价格差额的方法，主要适用于施工中所用的材料品种较少，但每种材料使用量较大的土木工程，如公路、水坝等。该方法具有运用简单、管理方便、可操作性强的特点，在国际上以及国内一些专业工程中被广泛采用。

(1)价格调整公式。

合同履行期间，因人工、材料、工程设备和施工机具台班等价格波动影响合同价款时，根据承包人提供的主要材料和工程设备一览表，并依投标人在投标函附录中价格指数和权重表约定的数据，按以下价格调整公式计算差额并调整合同价款：

$$\Delta P = P_0\left[A + \left(B_1 \times \frac{F_{t1}}{F_{01}} + B_2 \times \frac{F_{t2}}{F_{02}} + B_3 \times \frac{F_{t3}}{F_{03}} + \cdots + B_n \times \frac{F_{tn}}{F_{0n}}\right) - 1\right]$$

式中：ΔP——需调整的价格差额。

P_0——根据当事人双方约定的进度付款、竣工付款和最终结清等付款证书，承包人应得到的已完成工程量的金额。此项金额应不包括价格调整、不计质量保证金的扣留和支付、预付款的支付和扣回。约定的合同变更及其他金额已按现行价格计价的，也不计在内。

A——定值权重（即不调部分的权重）。

$B_1, B_2, B_3, \cdots, B_n$——各可调因子的变值权重（即可调部分的权重），以及各可调因子在投标函投标总报价中所占的比例。

$F_{t1}, F_{t2}, F_{t3}, \cdots, F_{tn}$——各可调因子的现行价格指数，指约定的进度付款、竣工付款和最终结清等付款证书相关周期最后一天的前 42 天的各可调因子的价格指数。

$F_{01}, F_{02}, F_{03}, \cdots, F_{0n}$——各可调因子的基本价格指数，指基准日的各可调因子的价格指数。

以上价格调整公式中的各可调因子、定值和变值权重，以及基本价格指数及其来源在投标函附录价格指数和权重表中约定。价格指数应首先采用工程造价管理机构提供的价格指数，缺乏上述价格指数时，可采用工程造价管理机构提供的价格代替。若人工费用的因素已作为可调因子包括在变值权重内，则不再对其进行单项调整。

在计算调整差额时得不到现行价格指数的，可暂用上一次价格指数计算，暂时确定调整差额，并在以后的付款中再按实际价格指数进行调整。

(2)权重的调整。

约定的变更导致原施工合同中双方约定的权重不合理时，由承包人和发包人协商后进行调整。

(3)工期延误后的价格调整。

由于发包人原因导致工期延误的，则对于计划进度日期（或竣工日期）后续施工的工程，在使用价格调整公式时，应采用计划进度日期（或竣工日期）与实际进度日期（或竣工日期）的两个价格指数中较高者作为现行价格指数。

由于承包人原因导致工期延误的，则对于计划进度日期（或竣工日期）后续施工的工程，在使用价格调整公式时，应采用计划进度日期（或竣工日期）与实际进度日期（或竣工日期）的两个价格指数中较低者作为现行价格指数。

【案例 4.2.3—2】

某工程约定采用价格指数法调整合同价款，具体约定见表 6 数据，本期完成合同价款为1 584 629.37元，其中，已按现行价格计算的计日工价款 5 600 元，发承包双方确认应增加的索赔金额为 2 135.87 元，请计算应调整的合同价款差额。

表 6　承包人提供材料和工程设备一览表

（适用于价格指数调整法）

工程名称：某某工程　　　　标段：某标段

序号	项目	变值权重 B	基本价格指数 F_0	现行价格指数 F_1	备注
1	人工费	0.18	110%	121%	
2	钢材	0.11	4 000 元/t	4 320 元/t	
3	预拌混凝土 C30	0.16	340 元/m^3	357 元/m^3	
4	页岩砖	0.05	300 元/千匹	318 元/千匹	
5	机械费	0.08	100%	100%	
6	定值权重 A	0.42	—	—	
合计		1	—	—	

【案例解析】

本期完成合同价款应扣除已按现行价格计算的计日工价款和确认的索赔金额：

$$1\,584\,629.37-5\,600-2\,135.87=1\,576\,893.50(\text{元})$$

需调整的价格差额：

$$\Delta P=1\,576\,893.50\left[0.42+\left(0.18\times\frac{121}{110}+0.11\times\frac{4\,320}{4\,000}+0.16\times\frac{357}{340}+0.05\times\frac{318}{300}+0.08\times\frac{100}{100}\right)-1\right]$$

$$=59\,606.57(\text{元})$$

则本期应增加合同价款 59 606.57 元。

假如例题中人工费单独列出计算调整，则应扣除人工费所占变值权重，并将其列入定值权重。

$$\Delta P=1\,576\,893.50\left[0.6+\left(0.11\times\frac{4\,320}{4\,000}+0.16\times\frac{357}{340}+0.05\times\frac{318}{300}+0.08\times\frac{100}{100}\right)-1\right]$$

$$=31\,222.49(\text{元})$$

则本期应增加合同价款 31 222.49 元。

2)采用造价信息调整价格差额

采用造价信息调整价格差额的方法，主要适用于使用的材料品种较多，相对而言每种材料使用量较小的房屋建筑与装饰工程。

施工合同履行期间，因人工、材料、工程设备和施工机具台班价格波动影响合同价格时，人工、施工机具使用费按照国家或省、自治区、直辖市建设行政管理部门、行业建设管理部门或其授权的工程造价管理机构发布的人工成本信息、施工机具台班单价或施工机具使用费系数进行调整；需要进行价格调整的材料，其单价和采购数应由发包人复核，发包人确认需调整的材料单价及数量作为调整合同价款差额的依据。

（1）人工单价的调整。

人工单价发生变化时，发承包双方应按省级或行业建设主管部门或其授权的工程造价管理机构发布的人工成本文件调整合同价款，但承包人对人工费或人工单价的报价高于发布的除外。

【案例 4.2.3－3】

2018 年 11 月 28 日某市政工程在施工期间，省工程造价管理机构发布了调整房屋建筑和市政基础设施工程工程量清单计价综合人工单价的通知，市政工程综合人工单价由 90 元/工日调整为 120 元/工日，该通知从 2018 年 12 月 1 日起执行，2018 年 12 月 1 日以后完成的工作量，执行调整后标准。该工程 11 月份完成合同价款 2 184 678.60 元，其中人工消耗 7 587 工日，人工报价与定额人工费持平，本期人工费是否调增，调增多少？

【案例解析】

因该通知从 2018 年 12 月 1 日起执行，所以 11 月份已完成合同价款中的人工费不在调整的时间范围内，11 月份人工费不调整。

如上例中该通知从 2018 年 11 月 1 日起执行，则该工程 11 月份工程价款中人工费应该调整，调增的数额为：

$$7\ 587\times(120-90)=227\ 610(\text{元})$$

（2）材料和工程设备价格的调整。

材料、工程设备价格变化的价款调整，按照承包人提供主要材料和工程设备一览表，根据发承包双方约定的风险范围，按以下原则进行调整。

①如果承包人投标报价中材料单价低于基准单价，工程施工期间材料单价涨幅以基准单价为基础超过合同约定的风险幅度值，或材料单价跌幅以投标报价为基础超过合同约定的风险幅度值时，其超过部分按实调整。

②如果承包人投标报价中材料单价高于基准单价，工程施工期间材料单价跌幅以基准单价为基础超过合同约定的风险幅度值，或材料单价涨幅以投标报价为基础超过合同约定的风险幅度值时，其超过部分按实调整。

③如果承包人投标报价中材料单价等于基准单价，工程施工期间材料单价涨、跌幅以基准单价为基础超过合同约定的风险幅度值时，其超过部分按实调整。

④承包人应当在采购材料前将采购数量和新的材料单价报发包人核对，确认用于本合同工程时，发包人应当确认采购材料的数量和单价。发包人在收到承包人报送的确认资料后3个工作日不予答复的，视为已经认可，作为调整合同价款的依据。如果承包人未报经发包人核对即自行采购材料，再报发包人确认调整合同价款的，如发包人不同意，则不作调整。

(3)施工机具台班单价的调整。

施工机具台班单价或施工机具使用费发生变化超过省级或行业建设主管部门或其授权的工程造价管理机构规定的范围时，按照其规定调整合同价款。

2.暂估价

暂估价是指招标人在工程量清单中提供的用于支付必然发生但暂时不能确定价格的材料、工程设备以及专业工程的金额。暂估价是在招标阶段预见肯定要发生，只是标准不明确或者需要由专业承包人完成，暂时又无法确定具体价格时采用的一种价格形式。

1)给定暂估价的材料、工程设备

(1)不属于依法必须招标的项目。发包人在招标工程量清单中给定暂估价的材料和工程设备不属于依法必须招标的，应由承包人按照合同约定采购，经发包人确认后以此为依据取代暂估价，调整合同价款。

例如，某工程招标，将现浇混凝土构件钢筋作为暂估价，为4 000元/t，工程实施后，根据市场价格变动，认定现浇混凝土构件钢筋为4 350元/t，此时，应在综合单价中以4 350元取代4 000元，并且不再调整综合单价中的企业管理费或利润等其他费用。

(2)属于依法必须招标的项目。发包人在招标工程量清单中给定暂估价的材料和工程设备属于依法必须招标的，由发承包双方以招标的方式选择供应商。依法确定中标价格后，以此为依据取代暂估价，调整合同价款。

2)给定暂估价的专业工程

(1)不属于依法必须招标的项目。发包人在工程量清单中给定暂估价的专业工程不属于依法必须招标的，应按照前述工程变更事件的合同价款调整方法，确定专业工程价款。并以此为依据取代专业工程暂估价，调整合同价款。

(2)属于依法必须招标的项目。发包人在招标工程量清单中给定暂估价的专业工程，依法必须招标的，应当由发承包双方依法组织招标选择专业分包人，并接受建设工程招标投标管理机构的监督。

①除合同另有约定外，承包人不参加投标的专业工程，应由承包人作为招标人，但拟订的招标文件、评标方法、评标结果应报送发包人批准。与组织招标工作有关的费用应当被认为已经包括在承包人的签约合同价(投标总报价)中。

②承包人参加投标的专业工程，应由发包人作为招标人，与组织招标工作有关的费用由发包人承担。同等条件下，应优先选择承包人中标。

③专业工程依法进行招标后，以中标价为依据取代专业工程暂估价，调整合同价款。

总承包招标时，专业工程设计深度往往是不够的，一般需要交由专业设计人设计。出于提高可建造性考虑，国际上一般由专业承包人负责设计，以纳入其专业技能和专业施工经验。这类专业工程交由专业分包人完成是国际工程的良好实践，目前在我国工程建设领域也已经比较普遍。公开透明地合理确定这类暂估价的实际开支金额的最佳途径就是总承包人与建设项目招标人共同组织招标。

4.2.4 工程索赔类合同价款的调整

4.2.4.1 不可抗力

1.不可抗力的范围

不可抗力是指在合同履行中出现的不能预见、不能避免并不能克服的客观情况。不可抗力事件的发生是发承包双方谁都不能预见、克服的，其对工程建设造成的损失也是不可避免的。

不可抗力的范围一般包括因战争敌对行动（无论是否宣战）、入侵、外敌行为、军事政变、恐怖主义、骚乱、暴动、空中飞行物坠落或其他非合同双方当事人责任或原因造成的罢工、停工、爆炸、火灾等，以及当地气象、地震、卫生等部门规定的大风、暴雨、大雪、洪水、地震等自然灾害。发承包双方应当在施工合同中明确约定不可抗力的范围以及具体的判断标准。

2.不可抗力造成损失的承担

1）费用损失的承担原则

因不可抗力事件导致的人员伤亡、财产损失及其费用增加，发承包双方应按施工合同的约定进行分担并调整合同价款和工期。施工合同没有约定或者约定不明的，应当根据《建设工程工程量清单计价规范》规定的下列原则进行分担。

（1）合同工程本身的损害、因工程损害导致第三方人员伤亡和财产损失以及运至施工场地用于施工的材料和待安装的设备的损害，应由发包人承担。

（2）发包人、承包人人员伤亡由其所在单位负责，并应承担相应费用。

（3）承包人的施工机械设备损坏及停工损失，应由承包人承担。

（4）停工期间，承包人应发包人要求留在施工场地的必要的管理人员及保卫人员的费用应由发包人承担。

（5）工程所需清理、修复费用，应由发包人承担。

2）工期的处理

不可抗力解除复工的，若不能按期竣工，应合理延长工期。发包人要求赶工的，承包人应采取赶工措施，赶工费用应由发包人承担。

4.2.4.2 提前竣工(赶工补偿)与误期赔偿

1.提前竣工(赶工补偿)

1)赶工费用

发包人应当依据相关工程的工期定额合理计算工期,压缩的工期天数不得超过定额工期的20%,超过的,应在招标文件中明示增加赶工费用。赶工费用的主要内容包括:

(1)人工费的增加,例如新增加投入人工的报酬,不经济使用人工的补贴等。

(2)材料费的增加,例如可能造成不经济使用材料而损耗过大,材料提前交货可能增加的费用、材料运输费的增加等。

(3)机械费的增加,例如可能增加机械设备投入,不经济的使用机械等。

2)提前竣工奖励

发承包双方可以在合同中约定提前竣工的奖励条款,明确每日历天应奖励额度。约定提前竣工奖励的,如果承包人的实际竣工日期早于计划竣工日期,承包人有权向发包人提出并得到提前竣工天数和合同约定的每日历天应奖励额度的乘积计算的提前竣工奖励。一般来说,双方还应当在合同中约定提前竣工奖励的最高限额(如合同价款的5%)。提前竣工奖励列入竣工结算文件中,与结算款一并支付。

发包人要求合同工程提前竣工的,应征得承包人同意后与承包人商定采取加快工程进度的措施,并修订合同工程进度计划。发包人应承担承包人由此增加的提前竣工(赶工补偿)费。发承包双方应在合同中约定每日历天的赶工补偿额度,此项费用作为增加合同价款,列入竣工结算文件中,与结算款一并支付。

赶工费用和赶工补偿费的区别。

①赶工费用是在合同签约之前,依据招标人要求压缩的工期天数是否超过定额工期的20%来确定,在招标文件中已有明示是否存在赶工费用。

②赶工补偿费是在合同签约之后,因发包人要求合同工程提前竣工,承包人因此不得不投入更多的人力和设备,采用加班或倒班等措施压缩工期,这些赶工措施可能造成承包商大量的额外花费,为此承包商有权获得直接和间接的赶工补偿。赶工补偿费是发包人对承包人提前竣工的一种补偿机制,也属于承包人索赔的范畴。

2.误期赔偿(delay damages)

承包人未按照合同约定施工,导致实际进度迟于计划进度的,承包人应加快进度,实现合同工期。合同工程发生误期,承包人应赔偿发包人由此造成的损失,并应按照合同约定向发包人支付误期赔偿费。即使承包人支付误期赔偿费,也不能免除承包人按照合同约定应承担的任何责任和应履行的任何义务。工程延误期内承包人如采取了赶工措施,其赶工费用应由承包人承担。

发承包双方应在合同中约定误期赔偿费,明确每日历天应赔偿额度。如果承包人的实际进度迟于计划进度，发包人有权向承包人索取并得到实际延误天数和合同约定的每日历天应赔偿额度的乘积计算的误期赔偿费。一般来说，双方还应当在合同中约定误期赔偿费的最高限额（如合同价款的5%）。误期赔偿费列入竣工结算文件中，并应在结算款中扣除。

如果在工程竣工之前，合同工程内的某单项（或单位）工程已通过了竣工验收，且该单项（或单位）工程接收证书中表明的竣工日期并未延误，而是合同工程的其他部分产生了工期延误，则误期赔偿费应按照已颁发工程接收证书的单项（或单位）工程造价占合同价款的比例幅度予以扣减。

4.2.4.3 索赔

1.索赔的概念及分类

工程索赔是指在工程合同履行过程中，当事人一方因非己方的原因而遭受经济损失或工期延误，按照合同约定或法律规定，应由对方承担责任，而向对方提出工期和（或）费用补偿要求的行为。

1）按索赔的当事人分类

根据索赔的合同当事人不同，可以将工程索赔分为以下两种。

（1）承包人与发包人之间的索赔。该类索赔发生在建设工程施工合同的双方当事人之间，既包括承包人向发包人的索赔，也包括发包人向承包人的索赔。但是在工程实践中，经常发生的索赔事件，大都是承包人向发包人提出的，本书中所提及的索赔，如果未做特别说明，即是指此类情形。

（2）总承包人和分包人之间的索赔。在建设工程分包合同履行过程中，索赔事件发生后，无论是发包人的原因还是总承包人的原因所致，分包人都只能向总承包人提出索赔要求，而不能直接向发包人提出。

2）按索赔目的和要求分类

根据索赔的目的和要求不同，可以将工程索赔分为工期索赔和费用索赔。

（1）工期索赔，一般是指工程合同履行过程中，由于非自身原因造成工期延误，按照合同约定或法律规定，承包人向发包人提出合同工期补偿要求的行为。工期顺延的要求获得批准后，不仅可以免除承包人承担拖期违约赔偿金的责任，而且承包人还有可能因工期提前获得赶工补偿（或奖励）。

（2）费用索赔，是指工程承包合同履行中，当事人一方因非己方原因而遭受费用损失，按合同约定或法律规定应由对方承担责任，而向对方提出调整合同价款要求的行为。

FIDIC施工合同条件规定，承包商可以得到的工程索赔内容有工期索赔、费用索赔和利润索赔。在实际的工程索赔中，往往是这三个方面的组合。

3）按索赔事件的性质分类

根据索赔干扰事件的性质不同，可以将工程索赔分为七种。

（1）工程延误索赔，因发包人没有按照合同的规定提供施工条件，例如没有及时交付设计图纸、施工现场、道路等，或因发包人指令停止工程的实施或其他不可抗力事件等原因造成工程中断或进度放慢，使工期发生延误，承包人可以向发包人提出索赔；如果由于承包人原因导致工期拖延，发包人也可以向承包人提出索赔。

(2)加速施工索赔，由于发包人指令承包人加快施工速度，缩短工期，引起承包人的人力、物力、财力的额外开支，承包人提出的索赔。

(3)工程变更索赔，由于发包人指令修改设计、增加或减少工程量、增加或删除部分工程、变更工程次序等，造成工期延长和(或)费用增加，承包人就此提出索赔。

(4)合同终止索赔，由于某种原因，例如发包人违约、发生不可抗力事件等，使工程被迫在竣工前停止实施，造成合同非正常终止，承包人因其遭受经济损失而提出索赔。

(5)不可预见的不利条件索赔，承包人在工程施工期间，施工现场遇到一个有经验的承包人通常不能合理预见的不利施工条件或外界障碍，例如，地质条件与发包人提供的资料不符，出现不可预见的岩石、淤泥、地下水、地质断层、溶洞、地下障碍物等，承包人可以就因此遭受的损失提出索赔。

(6)不可抗力事件索赔，工程施工期间，因不可抗力事件的发生而遭受损失的一方，可以根据合同中对不可抗力风险分担的约定，向对方当事人提出索赔。

(7)其他索赔，如因货币贬值、汇率变化、物价和工资上涨、政策法令变化、业主推迟支付工程款等原因引起的索赔。

4)按索赔的依据分类

(1)合同内索赔，即发生了合同规定给予承包商补偿的干扰事件，承包商根据合同规定提出索赔要求，合同条件作为支持承包商索赔的理由。这是最常见的索赔。

合同中的索赔条款还可分为两类，一类是合同中明确规定在相关情况下应给予承包商的经济和(或)工期补偿，即明示条款。另一类是合同中没有明确规定给予承包商补偿，但是根据该条款可以推定在某些情况下承包商有权向发包人提出索赔，即默示条款。

(2)合同外索赔，指工程项目实施过程中所发生的干扰事件已经超过合同的范围。在合同中找不出具体的依据，一般必须根据适用于合同关系的法律解决索赔问题。例如，工程项目实施过程中发生重大的民事侵权行为而造成承包商的损失。

(3)道义索赔，承包商的索赔没有合同的依据，例如，对于干扰事件业主没有违约或发包人也不应该承担责任。而可能是由于承包商的失误(例如报价失误、市场调研失误等)，或是承包商应该负责的风险，造成承包商的重大经济损失。这些事件严重地影响了承包商的财务能力、履约的能力和积极性，甚至危及该企业的生存。承包商提出要求，希望业主从道义或从工程项目整体利益的角度给予一定的补偿。

《标准施工招标文件》(2007 年版)的通用合同条款中，按照引起索赔事件的原因不同，对一方当事人提出的索赔可能给予合理补偿工期、费用和(或)利润的情况，分别作出了相应的规定。其中，引起承包人索赔的事件以及可能得到的合理补偿内容如表 7 所示。

表 7 《标准施工招标文件》中承包人的索赔事件及可补偿内容

序号	条款编号	索赔事件	可补偿内容		
			工期	费用	利润
1	1.6.1	迟延提供图纸	√	√	√
2	1.10.1	施工中发现文物、古迹	√	√	
3	2.3	迟延提供施工场地	√	√	
4	4.11	施工中遇到不利物质条件	√	√	
5	5.2.4	提前向承包人提供材料、工程设备		√	
6	5.2.6	发包人提供材料、工程设备不合格或迟延提供或变更交货地点	√	√	√
7	8.3	承包人依据发包人提供的错误资料导致测量放线错误	√	√	√
8	9.2.6	因发包人原因造成承包人人员工伤事故		√	
9	11.3	因发包人原因造成工期延误	√	√	√
10	11.4	异常恶劣的气候条件导致工期延误	√		
11	11.6	承包人提前竣工		√	
12	12.2	发包人暂停施工造成工期延误	√	√	√
13	12.4.2	工程暂停后因发包人原因无法按时复工	√	√	√
14	13.1.3	因发包人原因导致承包人工程返工	√	√	√
15	13.5.3	监理人对已经覆盖的隐蔽工程要求重新检查且检查结果合格	√	√	√
16	13.6.2	因发包人提供的材料、工程设备造成工程不合格	√	√	√
17	14.1.3	承包人应监理人要求对材料、工程设备和工程重新检验且检验结果合格	√	√	√
18	16.2	基准日后法律的变化		√	
19	18.4.2	发包人在工程竣工前提前占用工程	√	√	√
20	18.6.2	因发包人的原因导致工程试运行失败		√	√
21	19.2.3	工程移交后因发包人原因出现新的缺陷或损坏的修复		√	√
22	19.4	工程移交后因发包人原因出现的缺陷修复后的试验和试运行		√	
23	21.3.1(4)	因不可抗力停工期间应监理人要求照管、清理、修复工程		√	
24	21.3.1(4)	因不可抗力造成工期延误	√		
25	22.2.2	因发包人违约导致承包人暂停施工	√	√	√

2.索赔的依据和成立条件

1)索赔的依据

索赔的成败不仅取决于事件的实际情况,更重要的是能否找到对自己有利的书面证据,这与律师打官司很相似。证据不足或没有证据，索赔是不能成立的。对索赔证据的要求如下。

(1)真实性。索赔证据必须是在实施合同过程中确定存在和发生的，必须完全反映实际情况，能经得住推敲。

(2)全面性。所提供的证据应能说明事件的全过程。索赔报告中涉及的索赔理由、事件过程、影响、索赔数额等都应有相应证据，不能零乱和支离破碎。

(3)关联性。索赔的证据应当能够互相说明，相互具有关联性，不能互相矛盾。

(4)及时性。索赔证据的取得及提出应当及时。

(5)具有法律证明效力。一般要求证据必须是书面文件，有关记录、协议、纪要必须是双方签署的；工程中重大事件、特殊情况的记录、统计必须由合同约定的发包人现场代表或监理工程师签证认可。

工程索赔所涉及的资料很多，面很广。通常在索赔事件发生时或发生后，征求工程师的意见，在工程师的指导下收集各类证据，这样的证据比较有针对性和说服力。常见的索赔证据有下列文件或凭证。

(1)招标文件、工程合同、发包人认可的施工组织设计、工程图纸、技术规范等。

(2)工程各项有关的设计交底记录、变更图纸、变更施工指令等。

(3)工程各项经发包人或合同中约定的发包人现场代表或监理工程师签认的签证。

(4)工程各项往来信件、指令、信函、通知、答复等。

(5)工程各项会议纪要。

(6)施工计划及现场实施情况记录。

(7)施工日报及工长工作日志、备忘录。

(8)工程送电、送水、道路开通、封闭的日期及数量记录。

(9)工程停电、停水和干扰事件影响的日期及恢复施工的日期。

(10)工程预付款、进度款拨付的数额及日期记录。

(11)工程图纸、图纸变更、交底记录的送达份数及日期记录。

(12)工程有关施工部位的照片及录像等。

(13)工程现场气候记录，有关天气的温度、风力、雨雪等。

(14)工程验收报告及各项技术鉴定报告等。

(15)工程材料采购、订货、运输、进场、验收、使用等方面的凭据。

(16)国家和省级或行业建设主管部门有关影响工程造价、工期的文件、规定等。

2)索赔成立的条件

承包人工程索赔成立的基本条件包括三种。

(1)索赔事件已造成了承包人直接经济损失或工期延误。

(2)造成费用增加或工期延误的索赔事件是因非承包人的原因发生的。

(3)承包人已经按照工程施工合同规定的期限和程序提交了索赔意向通知、索赔报告及相关证明材料。

3.费用索赔的计算

1)索赔费用的组成

对于不同原因引起的索赔,承包人可索赔的具体费用内容是不完全一样的。但归纳起来,索赔费用的要素与工程造价的构成基本类似,一般可归结为人工费、材料费、施工机具使用费、保险费、保函手续费、利息、利润、分包费用等。

(1)人工费。人工费的索赔包括:由于完成合同之外的额外工作所花费的人工费用;超过法定工作时间加班劳动;法定人工费增长;因非承包商原因导致工效降低所增加的人工费用;因非承包商原因导致工程停工的人员窝工费和工资上涨费等。在计算停工损失中人工费时,通常采取人工单价乘以折算系数计算。

(2)材料费。材料费的索赔包括:由于索赔事件的发生造成材料实际用量超过计划用量而增加的材料费;由于发包人原因导致工程延期期间的材料价格上涨和超期储存费用。材料费中应包括运输费、仓储费,以及合理的损耗费用。如果由于承包商管理不善,造成材料损坏失效,则不能列入索赔款项内。

(3)施工机具使用费主要内容为施工机械使用费。施工机械使用费的索赔包括:由于完成合同之外的额外工作所增加的机械使用费;非因承包人原因导致工效降低所增加的机械使用费;由于发包人或工程师指令错误或迟延导致机械停工的台班停滞费。在计算机械设备台班停滞费时,不能按机械设备台班费计算,因为台班费中包括设备使用费。如果机械设备是承包人自有设备,一般按台班折旧费、人工费与其他费之和计算;如果是承包人租赁的设备,一般按台班租金加上每台班分摊的施工机械进出场费计算。

(4)保险费。因发包人原因导致工程延期时,承包人必须办理工程保险、施工人员意外伤害保险等各项保险的延期手续,对于由此而增加的费用,承包人可以提出索赔。

(5)保函手续费。因发包人原因导致工程延期时,承包人必须办理相关履约保函的延期手续,对于由此而增加的手续费,承包人可以提出索赔。

(6)利息。利息的索赔包括:发包人拖延支付工程款利息;发包人迟延退还工程质量保证金的利息;承包人垫资施工的垫资利息;发包人错误扣款的利息等。至于具体的利率标准,双方可以在合同中明确约定,没有约定或约定不明的,可以按照中国人民银行发布的同期同类贷款利率计算。

(7)利润。一般来说,由于工程范围的变更、发包人提供的文件有缺陷或错误、发包人未能提供施工场地,以及因发包人违约导致的合同终止等事件引起的索赔,承包人都可以列入利润。索赔利润的计算通常是与原报价单中的利润百分率保持一致。但是应当注意的是,由于工程量清单中的单价是综合单价,已经包含了人工费、材料费、施工机具使用费、企业管理费、利润以及一定范围内的风险费用，在索赔计算中不应重复计算。

同时，由于一些引起索赔的事件，同时也可能是合同中约定的合同价款调整因素（如工程变更、法律法规的变化以及物价波动等），因此，对于已经进行了合同价款调整的索赔事件，承包人在费用索赔的计算时，不能重复计算。

(8)分包费用。由于发包人的原因导致分包工程费用增加时，分包人只能向总承包人提出索赔，但分包人的索赔款项应当列入总承包人对发包人的索赔款项中。分包费用索赔指的是分包人的索赔费用，一般也包括与上述费用类似的内容索赔。

2)费用索赔的计算方法

索赔费用的计算应以赔偿实际损失为原则包括直接损失和间接损失。索赔费用的计算方法通常有三种，即实际费用法、总费用法和修正的总费用法。

(1)实际费用法。

实际费用法又称分项法，即根据索赔事件所造成的损失或成本增加，按费用项目逐项进行分析、计算索赔金额的方法。这种方法比较复杂，但能客观地反映施工单位的实际损失，比较合理，易于被当事人接受，在国际工程中被广泛采用。

由于索赔费用组成的多样化，不同原因引起的索赔，承包人可索赔的具体费用内容有所不同，必须具体问题具体分析。由于实际费用法所依据的是实际发生的成本记录或单据，因此，在施工过程中，系统而准确地积累记录资料是非常重要的。

(2)总费用法。

总费用法，也被称为总成本法，就是当发生多次索赔事件后，重新计算工程的实际总费用，再从该实际总费用中减去投标报价时的估算总费用，即为索赔金额。总费用法计算索赔金额的公式如下：

索赔金额＝实际总费用－投标报价估算总费用

但是，在总费用法的计算方法中，没有考虑实际总费用中可能包括由于承包商的原因（如施工组织不善）而增加的费用，投标报价估算总费用也可能由于承包人为谋取中标而导致过低的报价，因此，总费用法并不十分科学。只有在难以精确地确定某些索赔事件导致的各项费用增加额时，总费用法才得以采用。

(3)修正的总费用法。

修正的总费用法是对总费用法的改进，即在总费用计算的原则上，去掉一些不合理的因素，使其更为合理。修正的内容如下。

①将计算索赔款的时段局限于受到索赔事件影响的时间。而不是整个施工期。

②只计算受到索赔事件影响时段内的某项工作所受影响的损失，而不是计算该时段内所有施工工作所受的损失。

③与该项工作无关的费用不列入总费用中。

④对投标报价费用重新进行核算，即按受影响时段内该项工作的实际单价进行核算，乘以实际完成的该项工作的工程量，得出调整后的报价费用。

按修正后的总费用计算索赔金额的公式如下：

索赔金额＝某项工作调整后的实际总费用－该项工作的报价费用

修正的总费用法与总费用法相比，有了实质性的改进，其准确程度已接近于实际费用法。

【案例 4.2.4－1】

某施工合同约定，施工现场主导施工机械一台，由施工企业租得，台班单价为 300 元/台班，租赁费为 100 元/台班，人工工资为 40 元/工日，窝工补贴为 10 元/工日，以人工费为基数的综合费率为 35%，在施工过程中，发生了如下事件：

①出现异常恶劣天气导致工程停工 2 天，人员窝工 30 个工日；

②因恶劣天气导致场外道路中断，抢修道路用工 20 个工日；

③场外大面积停电，停工 2 天，人员窝工 10 个工日。

为此，施工企业可向业主索赔费用为多少元？

【案例解析】

各事件处理结果如下：

①异常恶劣天气导致的停工通常不能进行费用索赔。

②抢修道路用工的索赔额为

$$20\times40\times(1+35\%)=1\ 080\ (元)$$

③停电导致的索赔额为

$$2\times100+10\times10=300\ (元)$$

总索赔费用为

$$1\ 080+300=1\ 380\ (元)$$

因此，施工企业可向业主索赔费用为 1 380 元。

4.工期索赔的计算

工期索赔，一般是指承包人依据合同对由于因非自身原因导致的工期延误向发包人提出的工期顺延要求。

1)工期索赔中应当注意的问题

(1)划清施工进度拖延的责任。因承包人的原因造成施工进度滞后，属于不可原谅的延期；只有承包人不应承担任何责任的延误，才是可原谅的延期。有时工程延期的原因中可能包含有双方的责任，此时，监理人应进行详细分析，分清责任比例，只有可原谅延期部分才能批准顺延合同工期。

(2)被延误的工作应是处于施工进度计划关键线路上的施工内容。只有位于关键线路上工作内容的滞后，才会影响到竣工日期。但有时也应注意，既要看被延误的工作是否在批准进度计划的关键路线上，又要详细分析这一延误对后续工作的可能影响。因为若对非关键路线工作的影响时间较长，超过了该工作可用于自由支配的时间，也会导致进度计划中非关键路线转化为关键路线，其滞后将影响总工期的拖延。此时，应充分考虑该工作的自由时间，给予相应的工期顺延，承包人应修改施工进度计划。

2)工期索赔的计算方法

(1)直接法。如果某干扰事件直接发生在关键线路上，造成总工期的延误，可以直接将该干扰事件的实际干扰时间(延误时间)作为工期索赔值。

(2)比例计算法。如果某干扰事件仅仅影响某单项工程、单位工程或分部分项工程的工期，要分析其对总工期的影响，可以采用比例计算法。

①已知受干扰部分工程的延期时间：

工程索赔值＝受干扰部分工程的合同价/原合同总价×该受干扰部分工期拖延时间

②已知额外增加工程量的价格：

工程索赔值＝额外增加的工程量的价格/原合同总价×原合同总工期

比例计算法虽然简单方便，但有时不符合实际情况，而且比例计算法不适用于变更施工顺序、加速施工、删减工程量等事件的索赔。

工期索赔值可以按照造价比例进行分析，例如某工程合同价为 1 200 万元，总工期为 24 个月，施工过程中业主增加额外工程 200 万元，则承包商提出的工期索赔值为

工期索赔值＝原合同总工期×附加或新增工程造价/原合同总价＝24×200/1 200＝4 个月。

工期索赔值也可以按照工程量的比例进行分析，例如，某工程基础施工中出现了意外情况，导致工程量由原来的 2 800 m^3 增加到 3 500 m^3，原定工期是 40 天，则承包商可以提出的工期索赔值为

工期索赔值＝原工期×新增工程量/原工程量＝40×(3 500－2800) /2 800＝10(天)。

如果本例中合同中双方约定工程量增减 10％为承包商应承担的风险，则承包商可获得的工期索赔值应该为

工期索赔值＝40×(3 500－2 800×110％) /12 800＝6(天)。

(3)网络图分析法。网络图分析法是利用进度计划的网络图，分析其关键线路如果延误的工作为关键工作，则延误的时间为索赔的工期；如果延误的工作为非关键工作，当该工作由于延误超过时差限制而成为关键工作时，可以索赔延误时间与时差的差值；若该工作延误后仍为非

关键工作，则不存在工期索赔问题。

该方法通过分析干扰事件发生前和发生后网络计划的计算工期之差来计算工期索赔值，可以用于各种干扰事件和多种干扰事件共同作用所引起的工期索赔。

【案例 4.2.4－2】

某工程进度计划网络图上的工作 A（在关键线路上）与工作 B（在非关键线路上）同时受到异常恶劣气候条件的影响，导致 A 工作延误 10 天，B 工作延误 35 天，该气候条件未对其他工作造成影响。若 B 工作的自由时差为 20 天，则承包人可向发包人索赔的工期是多少天？

【案例解析】

关键线路：承包人可以向发包人索赔的工期是 10 天；非关键线路：B 工作延误 35 天，总时差是 20 天，利用总时差对总工期还会产生的影响工期为 35－20＝15（天），即非关键线路可索赔的工期是 15 天。两者取较大值，故可索赔 15 天。

3）共同延误的处理

在实际施工过程中，工期拖期不只是由一种原因造成的，往往是两三种原因同时发生（或相互作用）而形成的，故称为“共同延误”。在这种情况下，要具体分析哪一种情况延误是有效的，应依据以下原则。

（1）首先发生原则。首先判断造成拖期的哪一种原因是最先发生的，即确定初始延误者，他应对工程拖期负责。在初始延误发生作用期间，其他并发的延误者不承担拖期责任。

（2）如果初始延误者是发包人原因，则在发包人原因造成的延误期内，承包人既可得到工期延长，又可得到经济补偿。

（3）如果初始延误者是客观原因，则在客观因素发生影响的延误期内，承包人可以得到工期延长，但很难得到费用补偿。

（4）如果初始延误者是承包人原因，则在承包人原因造成的延误期内，承包人既不能得到工期补偿，也不能得到费用补偿。

例如，在工程项目的施工过程中，发生两个干扰事件：业主的图纸拖延从 6 月 1 日到 6 月 20 日；恶劣的气候条件从 6 月 15 日开始直到 6 月 25 日。那么根据首先发生原则，从 6 月 1 日到 6 月 20 日都应该是业主的责任，工期和费用都应该给予补偿；恶劣的气候条件的影响从 5 月 21 起算到 5 月 25 日，只顺延工期，但不补偿费用。在实际的工程案例中，也是从工程整体利益考虑，对承包商的索赔问题的处理能做到工期从严、费用从宽，如此就更适应现代工程的管理要求。

索赔的前瞻性

现代工程项目工程量大、投资多、结构复杂、技术和质量要求高、工期长，项目本身和所处的环境都存在很多的不确定性，施工合同的签订是基于对未来的预测，这些情况会直接影响到工程的设计和计划，进而影响成本和工期。涉外工程还存在不同的国家、不同的语言、不同的货币、不同的法律法规参照系、不同的工程习惯等。基于上述原因，在任何工程承包合同中，无论采用什么合同类型、无论合同多么完善，索赔几乎都是不可避免的。“索赔”这个词已经被广大工程从业人员越来越熟悉。一般只要不是承包商自身责任造成的工期延长和成本增加(如业主违约，工程变更，施工过程中遇到事先不能预料的不利的自然条件，其他干扰工程实施的情况，与勘察报告不同的地质情况等)，在双方不能达成一致意见时，都可以通过合法的途径与方式提出索赔要求。

4.2.5 现场签证类合同价款的调整

现场签证是指发包人或其授权现场代表(包括工程监理人、工程造价咨询人)与承包人或其授权现场代表就施工过程中涉及的责任事件所作的签认证明。施工合同履行期间出现现场签证事件的，发承包双方应调整合同价款。

由于施工生产的特殊性，在施工过程中难免会出现一些与合同工程或合同约定不一致或未约定的事项，这就需要发承包双方用书面形式记录下来，这就是现场签证或称为工程签证、施工签证、技术核定单等。签证有多种情形，一是发包人的口头指令，需要承包人将其提出，由发包人转换成书面签证；二是发包人的书面通知如涉及工程实施，需要承包人就完成此通知需要的人工、材料、机械设备等内容向发包人提出，取得发包人的签证确认；三是合同工程招标工程量清单中已有，但施工中发现与其不符，比如土方类别，出现流沙等，需承包人及时向发包人提出签证确认，以便调整合同价款；四是由于发包人原因，未按合同约定提供场地、材料、设备或停水、停电等造成承包人的停工，需承包人及时向发包人提出签证确认，以便计算索赔费用；五是合同中约定的材料等价格由于市场发生变化，需承包人向发包人提出采购数量及其单价，以取得发包人的签证确认；六是其他由于合同条件变化需要现场签证的事项等。如何处理好现场签证，是衡量一个工程管理水平高低的标准，是有效减少合同纠纷的手段。

1.现场签证的提出

承包人应发包人要求完成合同以外的零星项目、非承包人责任事件等工作的，发包人应及时以书面形式向承包人发出指令，提供所需的相关资料，承包人在收到指令后，应及时向发包人提出现场签证要求。

承包人在施工过程中，若发现合同工程内容因场地条件、地质水文、发包人要求等不一致时，应提供所需的相关资料，提交发包人签证认可，作为合同价款调整的依据。

承包人应在收到发包人指令后的7天内向发包人提交现场签证报告，发包人应在收到现场签证报告后的48小时内对报告内容进行核实，予以确认或提出修改意见。发包人在收到承包人现场签证报告后48小时内未确认也未提出修改意见的，应视为承包人提交的现场签证报告已被发包人认可。

2.现场签证的价款计算

(1)现场签证的工作如果已有相应的计日工单价，现场签证报告中仅列明完成该签证工作所需的人工、材料、工程设备和施工机具台班的数量。

(2)如果现场签证的工作没有相应的计日工单价，应当在现场签证报告中列明完成该签证工作所需的人工、材料、工程设备和施工机具台班的数量及其单价。

现场签证工作完成后的7天内，承包人应按照现场签证内容计算价款，报送发包人确认后，作为增加合同价款，与进度款同期支付。

3.现场签证的限制

合同工程发生现场签证事项，未经发包人签证确认，承包人便擅自实施相关工作的，除非征得发包人书面同意，否则发生的费用由承包人承担。

案例解析

(1)关于施工工期，应予以合理顺延。未复工的项目从省政府决定启动重大突发公共卫生事件一级响应(2020年1月25日)之日起至解除之日止；即使在疫情防控期间复工的项目也应考虑到因疫情原因而导致的施工降效而增加的工期，发承包双方协商确定合理顺延工期。

(2)关于费用调整：①可顺延工期的停工期间发生的承包人损失，由发承包双方协商分担，协商不成的，可参照《建设工程工程量清单计价规范》中有关不可抗力的规定处理。②工程造价的调整，本着实事求是的原则据实调整，疫情防控措施费用、人工费、材料和机械价格、施工降效增加的成本及其他因疫情防控增加的额外费用，由发承包双方根据实际情况协商确定，按照实际发生情况办理同期记录并签证，作为结算依据。

任务4.3　工程合同价款的支付与结算

案例引入

某工程承包合同价为600万元，预付备款额度为20%，主要材料及构配件费用占工程造价的60%，每月实际完成的工作量及合同价调整额如表8所示，求预付备料款、每月结算工程款及竣工结算工程款各为多少。

表 8 实际完成的工作量及合同价调整额

工作量	月份				合同价调整额
	7 月	8 月	9 月	10 月	
完成工作量/万元	100	140	200	160	50

理论知识

4.3.1 工程价款结算概述

1. 工程价款结算的概念

工程价款结算是发承包双方根据国家有关法律、法规规定和合同约定，对合同工程实施中、终止时、已完工后的工程项目进行的合同价款计算、调整和确认，包括工程预付款结算、进度款结算、竣工结算、最终结清等活动。

(1)工程预付款又称材料预付款或工程备料款，是在开工前由发包人按照合同约定预先支付给承包人用于购买工程施工所需的材料、工程设备，以及组织施工机械和人员进场等的价款。工程预付款的结算是在工程后期，随工程所需材料储备逐渐减少，以抵冲工程价款的方式陆续扣回。

(2)合同价款的期中支付，是指发包人在合同工程施工过程中，按照合同约定对付款周期内承包人完成的合同价款给予支付的款项，也就是工程进度款的结算支付，包括已经完成的工程量、工程变更和工程索赔、计日工等费用，一般在支付时还要扣除预付款金额和质量保证金费用。

(3)工程竣工结算是指工程项目完工并经竣工验收合格后，发承包双方按照施工合同的约定对所完成的工程项目进行的合同价款的计算、调整和确认。

(4)最终结清是指合同约定的缺陷责任期终止后，承包人已按合同规定完成全部剩余工作且质量合格的，发包人与承包人结清全部剩余款项的活动。

2. 工程价款结算的作用

工程价款结算对于承包商和发包人均具有重要的意义，主要表现在：

(1)通过工程价款结算办理已完工程的工程价款，确定承包商的货币收入，补充施工生产过程中的资金消耗。

(2)工程价款结算是统计承包商完成生产计划和建设单位完成建设任务的依据。

(3)竣工结算是施工企业完成该工程项目的总货币收入，是企业内部编制工程决算，进行成本核算，确定工程实际成本的重要依据。

(4)竣工结算是建设单位编制竣工决算的主要依据。

(5)竣工结算的完成,标志着发承包双方承担的合同义务和经济责任的结束。

3.工程价款结算的方式

根据建设工程的规模、性质、进度及工期要求,工程价款结算有多种方式,应通过发承包双方在合同中约定。我国现行的结算方式主要有以下几种。

(1)按月结算与支付:实行按月支付进度款,竣工后清算的办法就是每月由承包商提出已完成工程月报表和工程价款结算账单,经建设单位审批,办理工程价款结算的方式。

①月初预支,月末结算。在月初(中)施工企业按照施工作业计划和施工图预算,编制当月工程价款预支账单,月末按当月施工统计数据,编制工程月报表和工程价款结算账单,经建设单位审批后,办理月末结算。同时,扣除本月预支款,并办理下月预支款。

②月末结算。月初(中)不实行预支,月末承包商按统计的实际完成分部分项工程量,编制已完工程月报表和工程价款结算账单,经建设单位审核后办理结算。

(2)分段结算与支付:按照工程形象进度,划分不同阶段支付工程进度款。分段结算是指以单项工程或单位工程为对象,按施工形象进度将其划分为若干个施工阶段,按阶段进行工程价款结算。

分阶段结算的一般方法是根据工程的性质和特点,将其施工过程划分为若干施工形象进度阶段,以审定的施工图预算为基础,测算每个阶段的预支款数额。在施工开始时,办理第一阶段的预支款,在该阶段完成后,计算其工程价款,经建设单位审批,办理阶段结算,同时办理下一阶段的预支款。

(3)年终结算:对于跨年度竣工的单位工程或单项工程,为了正确统计施工企业本年度的经营成果和建设单位建设投资完成情况,对正在施工的工程由双方进行已完和未完工程量盘点,办理年度结算,结清本年度工程价款。

(4)竣工后一次结算:竣工后一次结算是指建设项目或单项工程建设期较短或者工程承包合同价值不大的,可以采用工程价款按月预支、分阶段预支,或竣工后一次结算工程价款的方式。

从严格意义上讲,工程定期结算(按月结算)、工程分段结算、工程年终结算都属于工程进度款的期中支付结算。

4.3.2 工程计量

对承包人已经完成的合格工程进行计量并予以确认,是发包人支付工程价款的前提。因此,工程计量不仅是发包人控制施工阶段工程造价的关键环节,也是约束承包人履行合同义务的重要手段。

1. 工程计量的原则与范围

1)工程计量的概念

工程计量,就是发承包双方根据合同约定,对承包人完成合同工程的数量进行的计算和确认。具体地说,就是双方根据设计图纸、技术规范以及施工合同约定的计量方式和计算方法,对承包人已经完成的质量合格的工程实体数量进行测量与计算,并以物理计量单位或自然计量单位进行标识、确认的过程。

招标工程量清单中所列的数量,通常是根据设计图纸计算的数量,是对合同工程的估计工程量。工程施工过程中,通常会由于某些原因导致承包人实际完成的工程量与招标工程量清单中所列出的工程量不一致,例如,招标工程量清单缺项或项目特征描述不符,工程变更,现场施工条件的变化,现场签证,暂估价中的专业工程发包等。因此,在工程合同价款结算前,必须对承包人履行合同义务所完成的实际工程进行准确的计量。准确的计量是支付的前提。

2)工程计量的原则

(1)不符合合同文件规定的工程不予计量。承包人的施工必须满足设计图纸、技术规范等合同文件对其在工程质量上的要求,同时有关项目的工程质量验收资料齐全、手续完备,满足合同文件对其在工程项目管理上的要求。

(2)按合同文件所规定的方法、范围、内容和单位计量。工程计量的方法、范围、内容和单位受合同文件中双方的约定条款约束,其中,工程量清单(说明)、技术规范、合同条款均会从不同的角度、不同的侧面涉及这方面的内容。在计量中要严格遵循这些文件的规定,并且一定要结合起来使用。

(3)因承包人原因造成的超出合同约定的工程范围施工或返工的工程量,发包人不予计量。

3)工程计量的范围与依据

(1)工程计量的范围。工程计量的范围包括:工程量清单及工程变更所修订的工程量清单的内容;合同文件中规定的各种费用支付项目,如费用索赔、各种预付款、合同价格调整、违约金等。

(2)工程计量的依据。工程计量的依据包括工程量清单及说明、合同图纸、工程变更指令及其修订的工程量清单、合同条件、技术规范、有关计量的补充协议、质量合格证书等。

2. 工程计量的方法

由于工程建设具有投资大、周期长等特点,工程计量以及价款支付是通过“阶段小结、最终结清”来体现的,所以工程计量可选择按月或按工程形象进度分段计量,具体计量周期在合同中约定,如约定每月30日计量,或分段计量,如±0以下基础及地下室、主体结构1～3层、4～6层等。按月计量是按时间节点来划分,按工程形象进度分段计量是以形象节点来划分,两者相比较按工程形象进度分段计量的结果更具有稳定性。但应注意工程形象进度分段的时间不应过长,发承包双方应在合同中约定具体的工程分段划分界限,并与按月计量保持一定的关系。

在我国,工程计量通常区分单价合同和总价合同规定不同的计量方法,成本加酬金合同按照单价合同的计量规定进行计量。但是无论采用何种计价方式，工程量必须按照相关工程现行国家工程量计算规范规定的工程量计算规则计算。采用全国统一的工程量计算规则，可以有效地规范工程建设参与各方的计量计价行为，减少发承包双方的计量争议。

1）单价合同计量

（1）单价合同计量方法。

单价合同工程量必须以承包人完成合同工程应予计量且依据国家现行工程量计算规则计算得到的工程量确定。施工中工程计量时，若发现招标工程量清单中出现缺项、工程量偏差，或因工程变更引起工程量的增减，应按承包人在履行合同义务中完成的工程量计算。

招标工程量清单所列的工程量是一个预计工程量，是各投标人进行投标报价的共同基础，也是对各投标人的投标报价进行评审的共同平台，体现了招投标活动的公平、公开、公正和诚实信用原则。但不能作为承包人在履行合同义务中应予完成的实际和准确的工程量，发承包双方工程结算的工程量应以发承包双方认可的实际完成工程量确定。

招标人提供的招标工程量清单，应当被认为是准确的和完整的。但在实际工作中，难免会出现疏漏，工程建设的特点也决定了会出现变更。因此，为体现合同的公平，工程量应按承包人在履行合同义务过程中实际完成的工程量计量。若发现工程量清单中出现漏项、工程量计算偏差，以及工程变更引起工程量的增减变化，应按实调整。

（2）单价合同计量程序。

①承包人应当按照合同约定的计量周期和时间向发包人提交当期已完工程量报告。发包人应在收到报告后 7 天内核实，并将核实计量结果通知承包人。发包人未在约定时间内进行核实的，承包人提交的计量报告中所列的工程量应视为承包人实际完成的工程量。

②发包人认为需要进行现场计量核实时，应在计量前 24 小时通知承包人，承包人应为计量提供便利条件并派人参加。当双方均同意核实结果时，则双方应在上述记录上签字确认。承包人收到通知后不派人参加计量，视为认可发包人的计量核实结果。发包人不按照约定时间通知承包人，致使承包人未能派人参加计量，计量核实结果无效。

③当承包人认为发包人核实后的计量结果有误，应在收到计量结果通知后的 7 天内向发包人提出书面意见，并附上其认为正确的计量结果和详细的计算资料。发包人收到书面意见后，应在 7 天内对承包人的计量结果进行复核后通知承包人。承包人对复核计量结果仍有异议的，按照合同约定的争议解决办法处理。

④承包人完成已标价工程量清单中每个项目的工程量并经发包人核实无误后，发承包双方应对每个项目的历次计量报表进行汇总，以核实最终结算工程量，并应在汇总表上签字确认。

2）总价合同计量

（1）总价合同计量方法。

①采用工程量清单方式招标形成的总价合同，工程量应按照与单价合同相同的方式计算。

②采用经审定批准的施工图纸及其预算方式发包形成的总价合同，承包人自行对施工图纸进行计量，除按照工程变更规定引起的工程量增减外，总价合同各项目的工程量是承包人用于结算的最终工程量，这也是与单价合同的最本质的区别。

(2)总价合同计量程序。

①总价合同约定的项目计量应以合同工程经审定批准的施工图纸为依据，发承包双方应在合同中约定工程计量的形象目标或时间节点进行计量。

②承包人应在合同约定的每个计量周期内对已完成的工程进行计量，并向发包人提交达到工程形象目标完成的工程量和有关计量资料的报告。

③发包人应在收到报告后7天内对承包人提交的上述资料进行复核，以确定实际完成的工程量和工程形象目标。对其有异议的，应通知承包人进行共同复核。

4.3.3 预付款及期中支付

1.预付款

工程预付款又称材料预付款或工程备料款，是在开工前由发包人按照合同约定预先支付给承包人用于购买工程施工所需的材料、工程设备，以及组织施工机械和人员进场等的价款。对于工期较长、资金大的工程项目，发包人一般会分年度按比例预先支付给承包人。有时发包人要求承包人采购价值较高的工程设备，按照商业惯例也应向承包人支付工程设备预付款。

预付工程款是发包人为解决承包人在施工准备阶段资金周转问题提供的协助。如使用的水泥、钢材等大宗材料，可根据工程具体情况设置工程材料预付款。应在合同中约定预付款数额，可以是绝对数，如50万元、100万元，也可以是额度，如计划年度合同金额的10%、15%等；约定支付时间，如合同签订后一个月支付、开工日前7天支付等；约定抵扣方式，如在工程进度款中按比例抵扣；约定违约责任，如不按合同约定支付预付款的利息计算，违约责任等。

1)预付款的支付

工程预付款额度，各地区、各部门的规定不完全相同，主要是保证施工所需材料和构件的正常储备，保证施工的顺利进行。工程预付款额度一般是根据施工工期、建安工作量、主要材料和构件费用占建安工程费的比例以及材料储备周期等因素经测算来确定的。预付款额度确定的方法有以下两种。

(1)百分比法。

百分比法是按年度工作量的一定比例确定预付款额度的一种方法。各地区和各部门根据各自的条件从实际出发分别制定了地方、部门的预付备料款比例。发包人根据工程的特点、工期长短、市场行情、供求规律等因素，招标时在合同条件中约定工程预付款的百分比。财政部、建设部印发的《建设工程价款结算暂行办法》规定，包工包料工程的预付款按合同约定支付，原则上预付比例不得低于签约合同价(扣除暂列金额)的10%，不宜高于签约合同价(扣除暂列金额)的 30%,对于重大工程项目,按年度工程计划逐年预付。

计算公式如下:

$$预付款额=年度工程量或年产值\times 预付款比例$$

(2)公式计算法。

公式计算法是根据主要材料(含结构件等)占年度承包工程总价的比重、材料储备定额天数和年度施工天数等因素,通过公式计算预付款额度的一种方法。

其计算公式为:

$$工程预付款数额=\frac{年度工程总价\times 材料比例(\%)}{年度施工天数}\times 材料储备定额天数$$

式中,年度施工天数按 365 天日历天计算;材料储备定额天数由当地材料供应的在途天数、加工天数、整理天数、供应间隔天数、保险天数等因素决定。

2)预付款的扣回

工程预付款是发包人因承包人为准备施工而履行的协助义务,属于预支性质。在工程逐步实施后,承包人取得相应的合同价款,此时发包人往往会要求承包人予以返还。发包人原已支付的预付款应以充抵工程价款的方式陆续扣回,抵扣方式应当由双方当事人在合同中明确约定。扣款的方法主要有以下两种。

(1)按合同约定扣款。

预付款的扣款方法由发包人和承包人通过洽商后在合同中予以确定,一般是在承包人完成金额累计达到合同总价的一定比例后,由承包人开始向发包人还款,发包人从每次应付给承包人的金额中扣回工程预付款,通常约定承包人完成签约合同价款的比例在 20%~30%时,开始从进度款中按一定比例扣还。发包人至少在合同规定的完工期前将工程预付款的总金额逐次扣回。

(2)起扣点计算法。

从未施工工程尚需的主要材料及构件的价值相当于工程预付款数额时起扣,此后每次结算工程价款时,按材料所占比重扣减工程价款,至工程竣工前全部扣清。起扣点的计算公式如下:

$$T=P-\frac{M}{N}$$

式中:T——起扣点(即工程预付款开始扣回时)的累计完成工程金额;

P——承包工程合同总额;

M——工程预付款总额;

N——主要材料及构件所占比重。

该方法对承包人比较有利,最大限度地占用了发包人的流动资金,但是,显然不利于发包人资金使用。

【案例 4.3.3—1】

某施工单位承包某工程项目，与建设单位签订的关于工程价款的合同内容有：工程签约合同价 1 660 万元，建筑材料及设备费占施工产值的比重为 60%；工程预付款为签约合同价的 20%。工程实施后，工程预付款从未施工工程尚需的建筑材料及设备费相当于工程预付款数额时起扣，从每次结算工程价款中按材料和设备占施工产值的比重扣抵工程预付款，竣工前全部扣清。

思考

工程价款结算的方式有哪几种？该工程的预付款、起扣点为多少？

【案例解析】

工程价款的结算方式有按月结算、按形象进度分段结算、竣工后一次结算、目标结算和双方约定的其他结算方式。

工程预付款：

$$1\ 660 \times 20\% = 332\ (\text{万元})$$

起扣点：

$$1\ 660 - 332/60\% \approx 1\ 107(\text{万元})$$

发包人应支付工程预付款 332 万元，并应从累计产值达到 1 107 万元时陆续扣回工程预付款。

3)预付款担保

(1)预付款担保的概念及作用。

预付款担保是指承包人与发包人签订合同后领取预付款前，承包人正确、合理使用发包人支付的预付款而提供的担保。其主要作用是保证承包人能够按合同规定的目的使用并及时偿还发包人已支付的全部预付金额。如果承包人中途毁约，中止工程，使发包人不能在规定期限内从应付工程款中扣除全部预付款，则发包人有权从该项担保金额中获得补偿。

(2)预付款担保的形式。

预付款担保的主要形式为银行保函。预付款担保的担保金额通常与发包人的预付款是等值的。预付款一般逐月从工程进度款中扣除，预付款担保的担保金额也相应逐月减少。承包人的预付款保函的担保金额根据预付款扣回的数额相应扣减，但在预付款全部扣回之前一直保持有效。

预付款担保也可以采用发承包双方约定的其他形式，如由担保公司提供担保，或采取抵押等担保形式。

4)安全文明施工费

鉴于安全文明施工的措施具有前瞻性,必须在施工前予以保证。发包人应在工程开工后的28天内预付不低于当年施工进度计划的安全文明施工费总额的60%,其余部分按照提前安排的原则进行分解,与进度款同期支付。

发包人没有按时支付安全文明施工费的,承包人可催告发包人支付;发包人在付款期满后的7天内仍未支付的,若发生安全事故,发包人应承担连带责任。承包人也应对安全文明施工费专款专用,并在财务账目上单独列项备查,不得挪作他用,否则发包人有权要求其限期改正,逾期未改正的,造成的损失和延误的工期应由承包人承担。

2.期中支付

建设工程施工合同是先由承包人完成建设工程,后由发包人支付合同价款的特殊承揽合同,由于建设工程通常具有投资额大、施工期长等特点,合同价款的履行顺序主要通过"阶段小结、最终结清"来实现。当承包人完成了一定阶段的工程量后,发包人就应该按合同约定履行支付工程价款的义务。合同价款的期中支付,就是指发包人在合同工程施工过程中,按照合同约定对付款周期内承包人完成的合同价款给予支付的款项,也就是工程进度款的结算支付。发承包双方应按照合同约定的时间、程序和方法,根据工程计量结果,办理期中价款结算,支付进度款。进度款支付周期应与合同约定的工程计量周期一致。

1)期中支付价款的计算

(1)已完工程的结算价款。

已标价工程量清单中的单价项目,承包人应按工程计量确认的工程量与综合单价计算。如综合单价发生调整的,以发承包双方确认调整的综合单价计算进度款。

已标价工程量清单中的总价项目,承包人应按合同中约定的进度款支付分解,分别列入进度款支付申请中的安全文明施工费和本周期应支付的总价项目的金额中。

已标价工程量清单中的总价项目进度款支付分解方法可选择以下之一(但不限于):

①将各个总价项目的总金额按合同约定的计量周期平均支付;

②按照各个总价项目的总金额占签约合同价的百分比,以及各个计量支付周期内所完成的单价项目的总金额,以百分比方式均摊支付;

③按照各个总价项目组成的性质(如时间、与单价项目的关联性等)分解到形象进度计划或计量周期中,与单价项目一起支付。

(2)结算价款的调整。

承包人现场签证和得到发包人确认的索赔金额列入本周期应增加的金额中。由发包人提供的材料、工程设备金额,应按照发包人签约提供的单价和数量从进度款支付中扣出,列入本周期应扣减的金额中。

(3)进度款的支付比例。

进度款的支付比例按照合同约定,按期中结算价款总额计算,不低于60%,不高于90%。

2)期中支付的文件

(1)进度款支付申请。

承包人应在每个计量周期到期后7天内向发包人提交已完工程进度款支付申请一式四份,详细说明此周期认为有权得到的款额,包括分包人已完工程的价款。

支付申请的内容包括:

①累计已完成的合同价款。

②累计已实际支付的合同价款。

③本周期合计完成的合同价款,其中包括:本周期已完成单价项目的金额;本周期应支付的总价项目的金额;本周期已完成的计日工价款;本周期应支付的安全文明施工费;本周期应增加的金额。

④本周期合计应扣减的金额,其中包括:本周期应扣回的预付款;本周期应扣减的金额。

⑤本周期实际应支付的合同价款。

(2)进度款支付证书。

发包人应在收到承包人进度款支付申请后,根据计量结果和合同约定对申请内容予以核实,确认后向承包人出具进度款支付证书。若发、承包双方对有的清单项目的计量结果出现争议,发包人应对无争议部分的工程计量结果向承包人出具进度款支付证书。

发包人应在签发进度款支付证书后的14天内,按照支付证书列明的金额向承包人支付进度款。发包人未按约定支付进度款的,承包人可催告发包人,并有权获得延迟支付的利息。发包人在付款期满后的7天内仍未支付的,承包人可在付款期满后的第8天起暂停施工。发包人应承担由此增加的费用和延误的工期,向承包人支付合理利润,并应承担违约责任。

(3)支付证书的修正。

发现已签发的任何支付证书有错、漏或重复的数额,发包人有权予以修正,承包人也有权提出修正申请。经发、承包双方复核同意修正的,应在本次到期的进度款中支付或扣除。

4.3.4 质量保证金的处理

住房和城乡建设部、财政部发布的《建设工程质量保证金管理办法》(建质〔2017〕138号)规定,建设工程质量保证金是指发包人与承包人在建设工程承包合同中约定,从应付的工程款中预留,用以保证承包人在缺陷责任期内对建设工程出现的缺陷进行维修的资金。

1.缺陷责任期的确定

1)缺陷责任期相关概念

(1)缺陷。缺陷是指建设工程质量不符合工程建设强制标准、设计文件以及承包合同的约定。

(2)缺陷责任期。缺陷责任期是指承包人按照合同约定承担缺陷修复义务，且发包人预留质量保证金(已缴纳履约保证金的除外)的期限。

2)缺陷责任期的期限

缺陷责任期从工程通过竣工验收之日起计，缺陷责任期一般为1年，最长不超过2年，由发承包双方在合同中约定。由于承包人原因导致工程无法按规定期限进行竣工验收的，缺陷责任期从实际通过竣工验收之日起计。由于发包人原因导致工程无法按规定期限进行竣工验收的，在承包人提交竣工验收报告90天后，工程自动进入缺陷责任期。

2.质量保证金的预留及返还

1)质量保证金的预留

发包人应按照合同约定方式预留质量保证金，质量保证金总预留比例不得高于工程价款结算总额的3%。合同约定由承包人以银行保函替代预留质量保证金的，保函金额不得高于工程价款结算总额的3%。在工程项目竣工前，已经缴纳履约保证金的，发包人不得同时预留工程质量保证金。采用工程质量保证担保、工程质量保险等其他方式的，发包人不得再预留质量保证金。

2)质量保证金的使用

(1)质量保证金的管理。

缺陷责任期内，实行国库集中支付的政府投资项目，质量保证金的管理应按国库集中支付的有关规定执行。其他政府投资项目，质量保证金可以预留在财政部门或发包方。缺陷责任期内，如发包人被撤销，质量保证金随交付使用资产一并移交使用单位，由使用单位代行发包人职责。社会投资项目采用预留质量保证金方式的，发承包双方可以约定将质量保证金交由金融机构托管。

(2)质量保证金的使用。

缺陷责任期内，由承包人原因造成的缺陷，承包人应负责维修，并承担鉴定及维修费用。如承包人不维修也不承担费用，发包人可按合同约定从质量保证金或银行保函中扣除相应费用，费用超出质量保证金额的，发包人可按合同约定向承包人进行索赔。承包人维修并承担相应费用后，不免除对工程的损失赔偿责任。由他人及不可抗力原因造成的缺陷，发包人负责组织维修，承包人不承担费用，且发包人不得从质量保证金中扣除费用。

3)质量保证金的返还

缺陷责任期内，承包人认真履行合同约定的责任，到期后，承包人向发包人申请返还质量保证金。

发包人在接到承包人返还质量保证金申请后，应于14天内会同承包人按照合同约定的内容进行核实。如无异议，发包人应当按照约定将质量保证金返还给承包人。对返还期限没有约定或者约定不明确的，发包人应当在核实后14天内将质量保证金返还承包人，逾期未返还的，依法承担违约责任。发包人在接到承包人返还质量保证金申请后14天内不予答复，经催告后14天内仍不予答复，视同认可承包人的返还保证金申请。

4.3.5 竣工结算

工程竣工结算是指工程项目完工并经竣工验收合格后，发承包双方按照施工合同的约定对所完成的工程项目进行的合同价款的计算、调整和确认。工程竣工结算分为单位工程竣工结算、单项工程竣工结算和建设项目竣工总结算。

1.竣工结算文件的编制

1)竣工结算文件的编制依据

(1)建设工程工程量清单计价规范；

(2)工程合同；

(3)发承包双方实施过程中已确认的工程量及其结算的合同价款；

(4)发承包双方实施过程中已确认调整后追加(减)的合同价款；

(5)建设工程设计文件及相关资料；

(6)投标文件；

(7)其他依据。

2)编制竣工结算文件的计价原则

在采用工程量清单计价的，工程竣工结算的编制应当遵循下列计价原则。

(1)分部分项工程和措施项目中的单价项目应依据双方确认的工程量与已标价工程量清单的综合单价计算；如发生调整的，以发承包双方确认调整的综合单价计算。

(2)措施项目中的总价项目应依据合同约定的项目和金额计算，如发生调整的，以发承包双方确认调整的金额计算，其中，安全文明施工费必须按照国家或省级、行业建设主管部门的规定计算，施工过程中，如有调整的，应作相应调整。

(3)其他项目应按下列规定计价。

①计日工应按发包人实际签证确认的工程数量和相应项目综合单价计算。

②若暂估价中的材料、工程设备是招标采购的，其单价按中标价在综合单价中调整，若暂估价中的材料、工程设备为非招标采购的，其单价按发承包双方最终确认的单价在综合单价中调整。若暂估价中的专业工程是招标发包的，其专业工程费按中标价计算，若暂估价中的专业工程为非招标发包的，其专业工程费按发承包双方与分包人最终确认的金额计算。

③总承包服务费应依据合同约定金额计算，如发生调整的，以发承包双方确认调整的金额计算。

④施工索赔费用应依据发承包双方确认的索赔事项和金额计算。

⑤现场签证费用应依据发承包双方签证资料确认的金额计算。

⑥暂列金额在用于各项价款调整、索赔与现场签证的费用后，若有余额，则余额归发包人，若出现差额，则由发包人补足并反映在相应项目的价款中。

(4)规费和税金应按照国家或省级、行业建设主管部门的规定计算。

(5)其他原则。

采用总价合同的，应在合同总价基础上，对合同约定能调整的内容及超过合同约定范围的风险因素进行调整。采用单价合同的，在合同约定风险范围内的综合单价应固定不变，并应按合同约定进行计量，且应按实际完成的工程量进行计量。此外，发承包双方在合同工程实施过程中已经确认的工程计量结果和合同价款，在竣工结算办理中应直接进入结算。

3)竣工结算文件的提交

工程完工后，承包方应当在工程完工后的约定期限内提交竣工结算文件。未在规定期限内完成的并且提不出正当理由延期的，承包人经发包人催告后仍未提交竣工结算文件或没有明确答复，发包人有权根据已有资料编制竣工结算文件，作为办理竣工结算和支付结算款的依据，承包人应予以认可。

2.竣工结算文件的审核

1)竣工结算文件审核的委托

国有资金投资建设工程的发包人，应当委托具有相应资质的工程造价咨询机构对竣工结算文件进行审核，并在收到竣工结算文件后的约定期限内向承包人提出由工程造价咨询机构出具的竣工结算文件审核意见，逾期未答复的，按照合同约定处理，合同没有约定的，竣工结算文件视为已被认可。

非国有资金投资的建筑工程发包人，应当在收到竣工结算文件后的约定期限内予以答复，逾期未答复的，按照合同约定处理，合同没有约定的，竣工结算文件视为已被认可；发包人对竣工结算文件有异议的，应当在答复期内向承包人提出，并可以在提出异议之日起的约定期限内与承包人协商；发包人在协商期内未与承包人协商或者经协商未能与承包人达成协议的，应当委托工程造价咨询机构进行竣工结算审核，并在协商期满后的约定期限内向承包人提出由工程造价咨询机构出具的竣工结算文件审核意见。

2)工程造价咨询机构的审核

接受委托的工程造价咨询机构从事竣工结算审核工作通常应包括下列三个阶段。

(1)准备阶段。准备阶段应包括收集、整理竣工结算审核项目的审核依据资料，做好送审资料的交验、核实、签收工作，并应对资料等缺陷向委托方提出书面意见及要求。

(2)审核阶段。审核阶段应包括现场踏勘核实，召开审核会议，澄清问题，提出补充依据性资料和必要的弥补性措施，形成会商纪要，进行计量、计价审核与确定工作，完成初步审核报告。

（3）审定阶段。审定阶段应包括就竣工结算审核意见与承包人与发包人进行沟通，召开协调会议，处理分歧事项，形成竣工结算审核成果文件，签认竣工结算审定签署表，提交竣工结算审核报告等工作。

竣工结算审核应采用全面审核法，除委托咨询合同另有约定外，不得采用重点审核法、抽样审核法或类比审核法等其他方法。

竣工结算审核的成果文件应包括竣工结算审核书的封面、签署页、竣工结算审核报告、竣工结算审定签署表、竣工结算审核汇总对比表、单项工程竣工结算审核汇总对比表、单位工程竣工结算审核汇总对比表等。

守法守规，造价人专业素养

当前，存在着这种现象，发包人或发包人委托的工程造价咨询人指派的专业人员与承包人指派的专业人员经核对后无异议并签名确认的竣工结算文件中，发承包人一方，特别是发包人不签字确认，造成竣工结算办理停止，引发诸多矛盾。因此，除非发承包人能提出具体、详细的不同意见，否则，发承包人都应在竣工结算文件上签名确认，如其中一方拒不签认的，将承担以下后果。

（1）若发包人拒不签认的，承包人可不提供竣工验收备案资料，并有权拒绝与发包人或其上级部门委托的工程造价咨询人重新核对竣工结算文件。

（2）若承包人拒不签认的，发包人要求办理竣工验收备案的，承包人不得拒绝提供竣工验收资料，否则，由此造成的损失，承包人承担相应责任。

3）承包人异议的处理

发包人委托工程造价咨询机构核对竣工结算文件的，工程造价咨询机构应在规定期限内核对完毕，审核意见与承包人提交的竣工结算文件不一致的，应提交给承包人复核，承包人应在规定期限内将同意审核意见或不同意审核意见的说明提交工程造价咨询机构。工程造价咨询机构收到承包人提出的异议后，应再次复核，复核无异议的，发承包双方应在规定期限内在竣工结算文件上签字确认，竣工结算办理完毕。复核后仍有异议的，对于无异议部分办理不完全竣工结算，有异议部分由发承包双方协商解决，协商不成的，按照合同约定的争议解决方式处理。

承包人逾期未提出书面异议的，视为工程造价咨询机构核对的竣工结算文件已经被承包人认可。

4）竣工结算文件的确认与备案

工程竣工结算文件经发承包双方签字确认的，应当作为工程结算的依据，未经对方同意，另一方不得就已生效的竣工结算文件委托工程造价咨询企业重复审核。发包人应当按照竣工结算文件及时支付竣工结算款。竣工结算文件应当由发包人报工程所在地县级以上地方人民政府住房城乡建设主管部门备案。

守法守规,造价人专业素养

竣工结算的提出、核对是发承包双方准确办理竣工结算的权利和责任,是由表及里、由此及彼、由粗到细的过程。在核对的过程中,任何无异议的部分,双方均应签字确认下来,对于有异议的部分,双方应以事实、证据为依据,本着公正、公平的原则缩小分歧,解决争议。

当发承包双方或其中一方对工程造价咨询人出具的竣工结算文件有异议时,可向工程造价管理机构投诉,申请对其进行执业质量鉴定。

工程完工后的竣工结算,是建设工程施工合同签约双方的共同权利和责任。由于社会分工的日益精细化,由发包人委托工程造价咨询人进行竣工结算审核已是现阶段办理竣工结算的主要方式。这一方式对建设单位在有效控制投资,加快结算进度,提高社会效益等方面发挥了积极作用,但也存在个别工程造价咨询人不讲执业质量,不顾发承包双方或其中一方的反对,单方面出具竣工结算文件的现象,由于施工合同签约中的一方或双方不签章认可,竣工结算文件也不具有法律效力,但是这种情况却导致了合同价款争议,影响结算的办理。因此,申请执业质量鉴定的规定,可以有效化解分歧。

3.质量争议工程的竣工结算

发包人对工程质量有异议,拒绝办理工程竣工结算的,按以下情形分别处理。

(1)已经竣工验收或已竣工未验收但实际投入使用的工程,其质量争议按该工程保修合同执行,竣工结算按合同约定办理。

(2)在已竣工未验收且未实际投入使用的工程以及停工、停建工程的质量争议上,双方应就有争议的部分委托有资质的检测鉴定机构进行检测,根据检测结果确定解决方案,或按工程质量监督机构的处理决定执行后办理竣工结算,无争议部分的竣工结算按合同约定办理。

4.竣工结算款的支付

1)承包人提交竣工结算款支付申请

承包人应根据办理的竣工结算文件,向发包人提交竣工结算款支付申请。该申请应包括下列内容。

(1)竣工结算合同价款总额。

(2)累计已实际支付的合同价款。

(3)应扣留的质量保证金(已缴纳履约保证金的或者提供其他工程质量担保方式的除外)。

(4)实际应支付的竣工结算款金额。

2)发包人签发竣工结算支付证书

发包人应在收到承包人提交竣工结算款支付申请后,在规定时间内予以核实,向承包人签发竣工结算支付证书。

3)支付竣工结算款

发包人在签发竣工结算支付证书后的规定时间内,按照竣工结算支付证书列明的金额向承包人支付结算款。

发包人在收到承包人提交的竣工结算款支付申请后,在规定时间内不予核实,不向承包人签发竣工结算支付证书的,视为承包人的竣工结算款支付申请已被发包人认可。发包人应在收到承包人提交的竣工结算款支付申请规定时间内,按照承包人提交的竣工结算款支付申请列明的金额向承包人支付结算款。

发包人未按照规定的程序支付竣工结算款的,承包人可催告发包人支付,并有权获得延迟支付的利息。发包人在竣工结算支付证书签发后或者在收到承包人提交的竣工结算款支付申请规定时间内仍未支付的,除法律另有规定外,承包人可与发包人协商将该工程折价,也可直接向人民法院申请将该工程依法拍卖。承包人就该工程折价或拍卖的价款优先受偿。

5.合同解除的价款结算与支付

发承包双方协商一致解除合同的,按照达成的协议办理结算和支付合同价款。

1)不可抗力解除合同

由于不可抗力解除合同的,发包人除应向承包人支付合同解除之日前已完成工程但尚未支付的合同价款,还应支付下列金额。

(1)合同中约定应由发包人承担的费用。

(2)已实施或部分实施的措施项目应付价款。

(3)承包人为合同工程合理订购且已交付的材料和工程设备货款。发包人一经支付此项货款,该材料和工程设备即成为发包人的财产。

(4)承包人撤离现场所需的合理费用,包括员工遣送费和临时工程拆除、施工设备运离现场的费用。

(5)承包人为完成合同工程而预期开支的任何合理费用,且该项费用未包括在本款其他各项支付之内。

发承包双方办理结算合同价款时,应扣除合同解除之日前发包人应向承包人收回的价款。当发包人应扣除的金额超过了应支付的金额,则承包人应在合同解除后的56天内将其差额退还给发包人。

2)违约解除合同

(1)承包人违约。

因承包人违约解除合同的,发包人应暂停向承包人支付任何价款。发包人应在合同解除后规定时间内核实合同解除时承包人已完成的全部合同价款以及按施工进度计划已经运至现场的材料和工程设备货款,按合同约定核算承包人应支付的违约金以及造成损失的索赔金额,并将结果通知承包人。发承包双方应在规定时间内予以确认或提出意见,并办理结算合同价款。如果发包人应扣除的金额超过了应支付的金额,则承包人应在合同解除后的规定时间内将其差额退还给发包人。发承包双方不能就解除合同后的结算达成一致的,按照合同约定的争议解决方式处理。

(2)发包人违约。

因发包人违约解除合同的,发包人除应按照有关不可抗力解除合同的规定向承包人支付各项价款外,还需按合同约定核算发包人应支付的违约金以及给承包人造成损失或损害的索赔金额费用。该笔费用由承包人提出,发包人核实并与承包人协商确定后,在规定时间内向承包人签发支付证书。协商不能达成一致的,按照合同约定的争议解决方式处理。

契约精神

竣工结算的核对是工程造价计价中发承包双方应共同完成的重要工作。按照交易的一般原则,任何交易结束后,都应做到钱、货两清,工程建设也不例外。工程施工的发承包活动作为期货交易行为,当工程竣工验收合格后,承包人将工程移交给发包人时,发承包双方应将工程价款结算清楚,即竣工结算办理完毕。但由于工程合同价款结算兼有契约性与技术性的特点,也就是说,既涉及契约问题,又涉及专业问题,既涉及承包合同范围的计价,又涉及工程变更或索赔的确定,因此,发承包双方都非常重视,需要一定的核对时间。此项工作应按照交易结束时钱、货两清的原则,认真履行发承包双方在竣工结算核对过程中的权利和责任,同时遵守竣工结算工作中各项程序性规定。

4.3.6 最终结清

最终结清,是指合同约定的缺陷责任期终止后,承包人已按合同规定完成全部剩余工作且质量合格的,发包人与承包人结清全部剩余款项的经济活动。

1.最终结清申请单

缺陷责任期终止后,承包人已按合同规定完成全部剩余工作且质量合格的,发包人应签发缺陷责任期终止证书,承包人可按合同约定的份数和期限向发包人提交最终结清申请单,并提供相关证明材料,详细说明承包人根据合同规定已经完成的全部工程价款金额以及承包人认为根据合同规定应进一步支付的其他款项。发包人对最终结清申请单内容有异议的,有权要求承包人进行修正和提供补充资料。承包人修正后,应再次向发包人提交修正后的最终结清申请单。

2.最终支付证书

发包人收到承包人提交的最终结清申请单后的 14 天内予以核实,向承包人签发最终结清支付证书。发包人未在约定时间内核实,又未提出具体意见的,视为承包人提交的最终结清申请单已被发包人认可。

3.最终结清付款

发包人应在签发最终结清支付证书后的14天内，按照最终结清支付证书列明的金额向承包人支付最终结清款。承包人按合同约定接受了竣工结算支付证书后，应被认为已无权再提出在合同工程接收证书颁发前所发生的任何索赔。承包人在提交的最终结清申请中，只限于提出工程接收证书颁发后发生的索赔。提出索赔的期限自接受最终支付证书时终止。发包人未按期支付的，承包人可催告发包人在合理的期限内支付，并有权获得延迟支付的利息。

最终结清时，如果承包人被扣留的质量保证金不足以抵减发包人工程缺陷修复费用的，承包人应承担不足部分的补偿责任。

承包人对发包人支付的最终结清款有异议的，按照合同约定的争议解决方式处理。

案例解析

预付备料款＝600×20％＝120（万元）。

预付备料款起扣点＝600－120/0.6＝400（万元），即当累计结算工程款为400万元时，开始扣备料款。

七月份应结算工程款100万元，累计拨款额100万元。

八月份应完成工作量140万元，结算140万元，累计拨款额240万元。

九月份完成工作量200万元，因为200＋240＝440（万元），所以应从九月份的440－400＝40(万元)中扣60％的备料款。九月份应结算工程款＝(200－40)＋40×(1－60％)＝176（万元)，九月份累计拨款为416(万元)。

十月份应结工程款＝160×(1－60％)＝64（万元)，十月份累计拨款480万元，加上预付备料款120万元，合同价调整额50万元，总计结算款为650万元。

每月工程价款结算见表9。

表9　工程价款结算表

工作量与价款	月份				合同价调整额
	7月	8月	9月	10月	
当月完成工作量/万元	100	140	200	160	50
累计完成工作量/万元	100	240	440	600	650
当月结算工程价款/万元	100	140	176	64	50
累计结算工程价款/万元	100	240	416	480	530

任务 4.4 工程合同价款纠纷的处理

建设工程合同价款纠纷，是指发承包双方在建设工程合同价款的约定、调整以及结算等过程中所发生的争议，按照争议合同的类型不同，可以把工程合同价款纠纷分为总价合同价款纠纷、单价合同价款纠纷以及成本加酬金合同价款纠纷；按照纠纷发生的阶段不同，可以分为合同价款约定纠纷、合同价款调整纠纷和合同价款结算纠纷；按照纠纷的成因不同，可以分为工期延误的价款纠纷、质量争议的价款纠纷以及工程索赔的价款纠纷。

守法守规，有理有据，解决争议

由于建设工程具有施工周期长、不确定因素多等特点，在施工合同履行过程中出现争议也是难免的。因此，发承包双方在发生争议后，可以进行协商和解，也可以请第三方调解，从而达到消除争议的目的；若争议继续存在，双方可以通过司法途径解决，也可以直接进入司法程序解决争议（主要指仲裁或诉讼）。但是，不论采用何种方式解决发承包双方的争议，只有及时并有效地解决施工过程中的合同价款争议，才是工程建设顺利进行的必要保证。因此，立足于把争议解决在萌芽状态，或尽可能在争议前期过程中予以解决较为理想。

4.4.1 工程合同价款纠纷的解决途径

建设工程合同价款纠纷的解决途径主要有四种：和解、调解、仲裁和诉讼。

建设工程合同发生纠纷后，当事人可以通过和解或者调解解决合同争议。当事人不愿和解、调解或者和解、调解不成的，可以根据仲裁协议向仲裁机构申请仲裁。当事人没有订立仲裁协议或者仲裁协议无效的，可以向人民法院起诉。当事人应当履行发生法律效力的法院判决或裁定、仲裁裁决、法院或仲裁调解书；拒不履行的，对方当事人可以请求人民法院执行。

1.和解

和解是指双方当事人在自愿互谅的基础上，就发生的工程价款争议进行协商并达成协议，自行解决争议的一种方式。发生合同争议时，当事人应首先考虑通过和解解决争议。合同争议和解解决方式简便易行，能经济、及时地解决纠纷，同时有利于维护合同双方的友好合作关系，使合同能更好地得到履行。根据《建设工程工程量清单计价规范》（GB 50500—2013）的规定，双方可通过以下方式进行和解。

1）协商和解

合同价款争议发生后，发承包双方任何时候都可以进行协商。协商达成一致的，双方应签订书面和解协议，和解协议对发承包双方均有约束力。如果协商不能达成一致协议，发包人或承包人都可以按合同约定的其他方式解决争议。

2)监理或造价工程师暂定

若发包人和承包人之间就工程质量、进度、价款支付与扣除、工期延期、索赔、价款调整等发生任何法律上、经济上或技术上的争议,首先应根据已签约合同的规定,提交合同约定职责范围内的总监理工程师或造价工程师解决,并抄送另一方。总监理工程师或造价工程师在收到此提交文件后14天内应将暂定结果通知发包人和承包人。发承包双方对暂定结果认可的,应以书面形式予以确认,暂定结果成为最终决定。

发承包双方在收到总监理工程师或造价工程师的暂定结果通知之后的14天内,未对暂定结果予以确认也未提出不同意见的,视为发承包双方已认可该暂定结果。

发承包双方或一方不同意暂定结果的,应以书面形式向总监理工程师或造价工程师提出,说明自己认为正确的结果,同时抄送另一方,此时该暂定结果成为争议。在暂定结果对双方当事人履约不产生实质影响的前提下,发承包双方应实施该结果,直到其按照发承包双方认可的争议解决办法被改变为止。

主动、积极的态度解决争议

根据现行的施工合同示范文本、监理合同以及造价咨询合同,合同中一般会对总监理工程师或造价工程师在合同履行过程中对发承包双方的争议如何处理有所约定,明确了总监理工程师或造价工程师对有关合同价款争议的处理流程和职责权限,对争议处理和暂定结果的生效时限以及发承包双方或一方不同意总监理工程师或造价工程对合同价款争议处理暂定结果的解决办法,以求争议在施工过程中就能够由监理工程师或造价工程师予以解决。

2.调解

调解是指双方当事人以外的第三人应纠纷当事人的请求,依据法律规定或合同约定,对双方当事人进行疏导、劝说,促使他们互相谅解、自愿达成协议,解决纠纷的一种途径。《建设工程工程量清单计价规范》(GB 50500—2013)规定了以下调解方式。

1)管理机构的解释或认定

工程造价管理机构是工程造价计价依据、办法以及相关政策的管理机构。对发包人、承包人或工程造价咨询人在工程计价中,就计价依据、办法以及相关政策规定发生的争议进行解释是工程造价管理机构的职责。

合同价款争议发生后,发承包双方可就工程计价依据的争议以书面形式提请工程造价管理机构对争议以书面文件进行解释或认定。工程造价管理机构应在收到申请的10个工作日内就发承包双方提请的争议问题进行解释或认定。

发承包双方或一方在收到工程造价管理机构书面解释或认定后,仍可按照合同约定的争议解决方式提请仲裁或诉讼。除工程造价管理机构的上级管理部门作出了不同的解释或认定,或在仲裁裁决或法院判决中不予采信的外,工程造价管理机构作出的书面解释或认定应为最终结果，对发承包双方均有约束力。

2)双方约定争议调解人进行调解的程序

(1)约定调解人。

发承包双方应在合同中约定或在合同签订后共同约定争议调解人，负责双方在合同履行过程中发生争议的调解。合同履行期间，发承包双方可以协议调换或终止任何调解人，但发包人或承包人都不能单独采取行动。除非双方另有协议，在最终结清支付证书生效后，调解人的任期即告终止。

(2)争议的提交。

如果发承包双方发生了争议，任何一方可以将该争议以书面形式提交调解人，并将副本抄送另一方，委托调解人调解。发承包双方应按照调解人提出的要求，给调解人提供所需要的资料、现场进入权及相应设施。

(3)进行调解。

调解人应在收到调解委托后 28 天内，或由调解人建议并经发承包双方认可的其他期限内，提出调解书，发承包双方接受调解书的，经双方签字后作为合同的补充文件，对发承包双方具有约束力，双方都应立即遵照执行。

(4)异议通知。

如果发承包任一方对调解人的调解书有异议，应在收到调解书后 28 天内向另一方发出异议通知，并说明争议的事项和理由。在此期间，除非合同在协商和解或仲裁裁决、诉讼判决中作出修改，或合同已经解除，承包人应继续按照合同实施工程。

如果调解人已就争议事项向发承包双方提交了调解书，而任一方在收到调解书后 28 天内，均未发出表示异议的通知，则调解书对发承包双方均具有约束力。

守法守规，造价人专业素养

根据现行规定，发承包双方当事人可以通过调解解决合同争议，但在工程建设领域，目前的调解主要出现在仲裁或诉讼中，即司法调解；有的通过建设行政主管部门或工程造价管理机构处理，双方认可，即行政调解。司法调解耗时较长，且增加了诉讼成本；行政调解受行政管理人员专业水平、处理能力等的影响，其效果也受到限制。因此，由发承包双方约定相关专业工程的专家作为合同工程争议调解人的思路，可定义为专业调解。这一调解方式在我国法律的框架内，有法可依，使争议尽可能在合同履行过程中得到快速、有效地解决，确保工程建设顺利进行。

3.仲裁

仲裁是当事人根据在纠纷发生前或纠纷发生后达成的有效仲裁协议，自愿将争议事项提交双方选定的仲裁机构进行裁决的一种纠纷解决方式。

1)仲裁方式的选择

在民商事仲裁中,有效的仲裁协议是申请仲裁的前提,没有仲裁协议或仲裁协议无效的,当事人就不能提请仲裁机构仲裁,仲裁机构也不能受理。因此,发承包双方如果选择仲裁方式解决纠纷,必须在合同中订立仲裁条款或者以书面形式在纠纷发生前或者纠纷发生后达成请求仲裁的协议。

仲裁协议的内容应当包括:

(1)请求仲裁的意思表示;

(2)仲裁事项;

(3)选定的仲裁委员会。

前述三项内容必须同时具备,仲裁协议方为有效。

2)仲裁裁决的执行

仲裁裁决作出后,当事人应当履行裁决。一方当事人不履行的,另一方当事人可以向被执行人所在地或者被执行财产所在地的中级人民法院申请执行。

关于通过仲裁方式解决合同价款争议,《建设工程工程量清单计价规范》(GB 50500—2013)作出了如下规定。

(1)如果发承包双方的协商和解或调解均未达成一致意见,其中一方已就此争议事项根据合同约定的仲裁协议申请仲裁的,应同时通知另一方。

(2)仲裁可在竣工之前或之后进行,但发包人、承包人、调解人各自的义务不得因在工程实施期间进行仲裁而有所改变。当仲裁是在仲裁机构要求停止施工的情况下进行时,承包人应对合同工程采取保护措施,由此增加的费用由败诉方承担。

(3)若双方通过和解或调解形成的有关的暂定或和解协议或调解书已经有约束力的情况下,当发承包中一方未能遵守暂定或和解协议或调解书时,另一方可在不损害他可能具有的任何其他权利的情况下,将未能遵守暂定或不执行和解协议或调解书达成的事项提交仲裁。

3)诉讼

民事诉讼是指当事人请求人民法院行使审判权,通过审理争议事项并作出具有强制执行效力的裁判,从而解决民事纠纷的一种方式。在建设工程合同中,发承包双方在履行合同时发生争议,双方当事人不愿和解、调解或者和解、调解未能达成一致意见,又没有达成仲裁协议或者仲裁协议无效的,可依法向人民法院提起诉讼。

关于建设工程施工合同纠纷的诉讼管辖,根据我国现行法律,因建设工程合同纠纷提起的诉讼,应当由工程所在地人民法院管辖。

4.4.2　工程合同价款纠纷的处理原则

建设工程合同履行过程中会产生大量的纠纷,有些纠纷并不容易直接适用现有的法律条款予以解决。针对这些纠纷，可以通过相关司法解释的规定进行处理，如2004年9月29日，最高人民法院通过了《关于审理建设工程施工合同纠纷案件适用法律问题的解释》(法释〔2004〕14号)；2018年10月29日，最高人民法院通过了《关于审理建设工程施工合同纠纷案件适用法律问题的解释(二)》(法释〔2018〕20号)。2020年12月25日，最高人民法院发布通过了《最高人民法院关于审理建设工程施工合同纠纷案件适用法律问题的解释(一)》。这些司法解释和批复，不仅为人民法院审理建设工程合同纠纷提供了明确的指导意见，同样为建设工程实践中出现的合同纠纷指明了解决的办法。司法解释中关于施工合同价款纠纷的处理原则和方法，可以为发承包双方在工程合同履行过程中出现的类似纠纷的处理，提供参考性极强的借鉴。

1.施工合同无效的价款纠纷处理

(1)建设工程施工合同无效的认定。

建设工程施工合同具有下列情形之一的，应当根据《中华人民共和国民法典》的规定，认定无效。

①承包人未取得建筑施工企业资质或者超越资质等级的。

②没有资质的实际施工人借用有资质的建筑施工企业名义的。

③建设工程必须进行招标而未招标或者中标无效的。

当事人以发包人未取得建设工程规划许可证等规划审批手续为由，请求确认建设工程施工合同无效的，人民法院应予支持，但发包人在起诉前取得建设工程规划许可证等规划审批手续的除外。

(2)建设工程施工合同无效的处理方式。

建设工程施工合同无效，但建设工程经竣工验收合格，承包人请求参照合同约定支付工程价款的，应予支持。建设工程施工合同无效，且建设工程经竣工验收不合格的，按照以下情形分别处理。

①修复后的建设工程经竣工验收合格，发包人请求承包人承担修复费用的，应予支持。

②修复后的建设工程经竣工验收不合格，承包人请求支付工程价款的，不予支持。

因建设工程不合格造成的损失，发包人有过错的，也应承担相应的民事责任。

承包人非法转包、违法分包建设工程或者没有资质的实际施工人借用有资质的建筑施工企业名义与他人签订建设工程施工合同的行为无效。人民法院可以根据相关法律的规定，收缴当事人已经取得的非法所得。

(3)不能认定为无效合同的情形。

①承包人超越资质等级许可的业务范围签订建设工程施工合同，在建设工程竣工前取得相应资质等级，当事人请求按照无效合同处理的，不予支持。

②具有劳务作业法定资质的承包人与总承包人、分包人签订的劳务分包合同，当事人以转包建设工程违反法律规定为由请求确认无效的，不予支持。

(4)合同无效后的损失赔偿。

建设工程施工合同无效,一方当事人请求对方赔偿损失的,应当就对方过错、损失大小、过错与损失之间的因果关系承担举证责任;损失大小无法确定,一方当事人请求参照合同约定的质量标准、建设工期、工程价款支付时间等内容确定损失大小的,人民法院可以结合双方过错程度、过错与损失之间的因果关系等因素作出裁判。

缺乏资质的单位或者个人借用有资质的建筑施工企业名义签订建设工程施工合同,发包人请求出借方与借用方对建设工程质量不合格等因出借资质造成的损失承担连带赔偿责任的,人民法院应予支持。

2.垫资施工合同的价款纠纷处理

对于发包人要求承包人垫资施工的项目,对于垫资施工部分的工程价款结算,最高人民法院《关于审理建设工程施工合同纠纷案件适用法律问题的解释》提出了处理意见。

(1)当事人对垫资和垫资利息有约定,承包人请求按照约定返还垫资及其利息的,应予支持,但是约定的利息计算标准高于中国人民银行发布的同期同类贷款利率的部分除外。

(2)当事人对垫资没有约定的,按照工程欠款处理。

(3)当事人对垫资利息没有约定,承包人请求支付利息的,不予支持。

3.施工合同解除后的价款纠纷处理

(1)承包人具有下列情形之一,发包人请求解除建设工程施工合同的,应予支持:

①明确表示或者以行为表明不履行合同主要义务的;

②合同约定的期限内没有完工,且在发包人催告的合理期限内仍未完工的;

③已经完成的建设工程质量不合格,并拒绝修复的;

④将承包的建设工程非法转包、违法分包的。

(2)发包人具有下列情形之一,致使承包人无法施工,且在催告的合理期限内仍未履行相应义务,承包人请求解除建设工程施工合同的,应予支持。

①未按约定支付工程价款的;

②提供的主要建筑材料、建筑构配件和设备不符合强制性标准的;

③不履行合同约定的协助义务的。

(3)建设工程施工合同解除后,已经完成的建设工程质量合格的,发包人应当按照约定支付相应的工程价款。

(4)已经完成的建设工程质量不合格的:

①修复后的建设工程经验收合格,发包人请求承包人承担修复费用的,应予支持;

②修复后的建设工程经验收不合格,承包人请求支付工程价款的,不予支持。

4.发包人引起质量缺陷的价款纠纷处理

(1)发包人应承担的过错责任。

发包人具有下列情形之一,造成建设工程质量的缺陷的,应当承担过错责任:

①提供的设计有缺陷；

②提供或者指定购买的建筑材料、建筑构配件、设备不符合强制性标准；

③直接指定分包人分包专业工程。

(2)发包人提前占用工程。

建设工程未经竣工验收，发包人擅自使用后，又以使用部分质量不符合约定为由主张权利的，不予支持；但是承包人应当在建设工程的合理使用寿命内对地基基础工程和主体结构质量承担民事责任。

5.其他工程结算价款纠纷的处理

(1)合同文件内容不一致时的结算依据。

①当事人就同一建设工程另行订立的建设工程施工合同与经过备案的中标合同实质性内容不一致的，应当以备案的中标合同作为结算工程价款的根据。

②当事人签订的建设工程施工合同与招标文件、投标文件、中标通知书载明的工程范围、建设工期、工程质量、工程价款不一致，一方当事人请求将招标文件、投标文件、中标通知书作为结算工程价款的依据的，人民法院应予支持。

③发包人将依法不属于必须招标的建设工程进行招标后，与承包人另行订立的建设工程施工合同背离中标合同的实质性内容，当事人请求以中标合同作为结算建设工程价款依据的，人民法院应予支持，但发包人与承包人因客观情况发生了招标投标时难以预见的变化而另行订立建设工程施工合同的除外。

④当事人就同一建设工程订立的数份建设工程施工合同均无效，但建设工程质量合格，一方当事人请求参照实际履行的合同结算建设工程价款的，人民法院应予支持。实际履行的合同难以确定，当事人请求参照最后签订的合同结算建设工程价款的，人民法院应予支持。

(2)对承包人竣工结算文件的认可。当事人约定，发包人收到竣工结算文件后，在约定期限内不予答复，视为认可竣工结算文件的，按照约定处理。承包人请求按照竣工结算文件结算工程价款的，应予支持。

(3)当事人对工程量有争议的，按照施工过程中形成的签证等书面文件确认。承包人能够证明发包人同意其施工，但未能提供签证文件证明工程量发生的，可以按照当事人提供的其他证据确认实际发生的工程量。

(4)计价方法与造价鉴定。当事人对建设工程的计价标准或者计价方法有约定的，按照约定结算工程价款。因设计变更导致建设工程的工程量或者质量标准发生变化，当事人对该部分工程价款不能协商一致的，可以参照签订建设工程施工合同时当地建设行政主管部门发布的计价方法或者计价标准结算工程价款。当事人约定按照固定价结算工程价款，一方当事人请求人民法院对建设工程造价进行鉴定的，不予支持。

(5)工程欠款的利息支付。

①利率标准。当事人对欠付工程价款利息计付标准有约定的,按照约定处理;没有约定的,按照中国人民银行发布的同期同类贷款利率计息。

②计息日。利息从应付工程价款之日计付。当事人对付款时间没有约定或者约定不明的,下列时间视为应付款时间:

a.建设工程已实际交付的,为交付之日;

b.建设工程没有交付的,为提交竣工结算文件之日;

c.建设工程未交付,工程价款也未结算的,为当事人起诉之日。

6.由于价款纠纷引起的诉讼处理

(1)合同履行地点的确定。建设工程施工合同纠纷以施工行为地为合同履行地。

(2)诉讼当事人的追加。

①因建设工程质量发生争议的,发包人可以以总承包人、分包人和实际施工人为共同被告提起诉讼。

②实际施工人以转包人、违法分包人为被告起诉的,人民法院应当依法受理。实际施工人以发包人为被告主张权利的,人民法院可以追加转包人或者违法分包人为本案当事人。发包人只在欠付工程价款范围内对实际施工人承担责任。

4.4.3 工程造价鉴定

工程造价鉴定是指鉴定机构接受人民法院或仲裁机构委托,在诉讼或仲裁案件中,鉴定人运用工程造价方面的科学技术和专业知识,对工程造价争议中涉及的专业性问题进行鉴别、判断并提供鉴定意见的活动。由于建设工程施工合同纠纷案件具有争议金额巨大、案情复杂及专业性强等特点,工程造价鉴定成为影响案件审理结果的重要因素。为解决目前工程造价鉴定工作中的难点、疑点问题,更好地规范工程造价鉴定行为,住房和城乡建设部于2017年8月31日发布了国家标准《建设工程造价鉴定规范》(GB/T 51262—2017),并于2018年3月1日起实施。

1.鉴定项目的委托及终止

1)鉴定项目的委托

委托人委托鉴定机构从事工程造价鉴定业务,不受地域范围的限制。委托人向鉴定机构出具鉴定委托书,应当载明委托的鉴定机构名称、委托鉴定的目的、范围、事项和鉴定要求、委托人的名称等。鉴定机构可决定是否接受委托并书面函复委托人。

2)鉴定机构的回避

有下列情形之一的,鉴定机构应当自行回避,向委托人说明,不予接受委托:

(1)担任过鉴定项目咨询人的;

(2)与鉴定项目有利害关系的。

鉴定机构未自行回避的，且当事人向委托人申请鉴定机构回避的，由委托人决定其是否回避，鉴定机构应执行委托人的决定。

3)不予接受委托

有下列情形之一的，鉴定机构应不予接受委托：

(1)委托事项超出本机构业务经营范围的；

(2)鉴定要求不符合本行业执业规则或相关技术规范的；

(3)委托事项超出本机构专业技术能力和技术条件的；

(4)其他不符合法律、法规规定情形的。

4)终止鉴定

鉴定过程中遇有下列情形之一的，鉴定机构可终止鉴定：

(1)委托人提供的证据材料未达到鉴定的最低要求，导致鉴定无法进行的；

(2)因不可抗力致使鉴定无法进行的；

(3)委托人撤销鉴定委托或要求终止鉴定的；

(4)委托人或申请鉴定当事人拒绝按约定支付鉴定费用的；

(5)约定的其他终止鉴定的情形。

终止鉴定的，鉴定机构应当通知委托人并说明理由，退还其提供的鉴定材料。

2. 工程造价鉴定组织

1)鉴定人的配备

鉴定机构接受委托后，应指派本机构中满足鉴定项目专业要求，具有相关项目经验的鉴定人进行鉴定。鉴定人必须具有相应专业的注册造价工程师执业资格。但是，根据鉴定工作需要，鉴定机构可以安排非注册造价工程师的专业人员作为鉴定人的辅助人员，参与鉴定的辅助性工作。

鉴定机构对同一鉴定事项，应指定 2 名及以上鉴定人共同进行鉴定。对争议标的较大或涉及工程专业较多的鉴定项目，应成立由 3 名及以上鉴定人组成的鉴定项目组。

2)鉴定人的回避

鉴定人及其辅助人员有下列情形之一的，应当自行提出回避：

(1)是鉴定项目当事人、代理人近亲属的；

(2)与鉴定项目有利害关系的；

(3)与鉴定项目当事人、代理人有其他利害关系，可能影响鉴定公正的。

鉴定人及其辅助人员未自行回避的，经当事人申请及委托人同意，通知鉴定机构决定其回避的，必须回避。若鉴定机构不执行委托人的决定，委托人可以撤销鉴定委托。

在鉴定过程中，鉴定人有下列情形之一的，当事人有权向委托人申请其回避，但应提供证据，由委托人决定其是否回避。

(1)接受鉴定项目当事人、代理人吃请和礼物的；

(2)索取、借用鉴定项目当事人、代理人款物的。

守法守规,造价人专业素养

为保证工程造价司法鉴定公正进行,工程造价咨询人或造价工程师如是鉴定项目一方当事人的亲属或代理人、咨询人以及其他关系可能影响工程造价鉴定公正进行的,应当自行回避,鉴定项目委托人以该理由要求其回避的,必须回避。

3.鉴定期限

(1)鉴定期限的确定。鉴定期限由鉴定机构与委托人根据鉴定项目争议标的涉及的工程造价金额、复杂程度等因素,在表10规定的期限内确定。

表10 工程造价鉴定期限表

争议标的涉及工程造价金额	期限(工作日)/天
1 000万元以下(含1 000万元)	40
1 000万元以上3 000万元以下(含3 000万元)	60
3 000万元以上1亿元以下(含1亿元)	80
1亿元以上(不含1亿元)	100

鉴定机构与委托人对完成鉴定的期限另有约定的,从其约定。

(2)鉴定期限的起算。鉴定期限从鉴定人接收委托人按照规定移交证据材料之日起的次日起算。在鉴定过程中,经委托人认可,等待当事人提交、补充或者重新提交证据、勘验现场等所需的时间,不计入鉴定期限。

(3)鉴定期限的延长。鉴定事项涉及复杂、疑难、特殊的技术问题需要较长时间的,经与委托人协商,完成鉴定的时间可以延长,每次延长时间一般不得超过30个工作日,每个鉴定项目延长次数一般不得超过3次。

4.出庭作证

鉴定人经委托人通知,应当依法出庭作证,接受当事人对工程造价鉴定意见书的质询,回答与鉴定事项有关的问题。鉴定人出庭作证时,应当携带鉴定人的身份证明,包括身份证、造价工程师注册证、专业技术职称证等,在委托人要求时出示。

未经委托人同意,鉴定人拒不出庭作证,导致鉴定意见不能作为认定事实的根据的,支付鉴定费用的当事人要求返还鉴定费用的,应当返还。

5.鉴定依据

1)鉴定人自备的鉴定依据

鉴定人进行工程造价鉴定工作,应当自行收集的鉴定依据包括:

(1)适用于鉴定项目的法律、法规、规章和规范性文件；

(2)与鉴定项目相关的标准规范(若工程合同约定的标准规范不是国家或行业标准，则由当事人提供)；

(3)与鉴定项目同时期、同地区、相同或类似工程的技术经济指标以及各类生产要素价格。

2)委托人移交的证据材料

委托人移交的证据材料宜包含但不限于下列内容：

(1)起诉状(或仲裁申请书)、反诉状(或仲裁反申请书)及答辩状、代理词；

(2)证据及《送鉴证据材料目录》；

(3)质证记录、庭审记录等卷宗；

(4)鉴定机构认为需要的其他有关资料。

3)当事人提交的证据材料

鉴定工作中，委托人要求当事人直接向鉴定机构提交证据的，鉴定机构应提请委托人确定当事人的举证期限，并及时向当事人发函要求其在举证期限内提交证据。当事人申请延长举证期限的，鉴定人应当告知其在举证期限届满前向委托人提出申请，由委托人决定是否准许延期。

6.争议鉴定方法

1)合同争议的鉴定

委托人认为鉴定项目合同有效的，鉴定人应根据合同约定进行鉴定。委托人认为鉴定项目合同无效的，鉴定人应按照委托人的决定进行鉴定。鉴定项目合同对计价依据、计价方法没有约定的，鉴定人可向委托人提出“参照鉴定项目所在地同时期适用的计价依据、计价方法和签约时的市场价格信息进行鉴定”的建议，鉴定人应按照委托人的决定进行鉴定，鉴定项目合同对计价依据、计价方法约定条款前后矛盾的，鉴定人应提请委托人决定适用条款，委托人暂不明确的，鉴定人应按不同的约定条款分别作出鉴定意见，供委托人判断使用。

2)证据欠缺的鉴定

鉴定项目施工图(或竣工图)不齐或缺失，鉴定人应按以下规定进行鉴定。

(1)建筑标的物存在的，鉴定人应提请委托人组织现场勘验计算工程量作出鉴定。

(2)建筑标的物已经隐蔽的，鉴定人可根据工程性质、是否为其他工程的组成部分等作出专业分析进行鉴定。

(3)建筑标的物已经消失，鉴定人应提请委托人对不利后果的承担主体作出认定，再根据委托人的决定进行鉴定。

3)计量争议的鉴定

当鉴定项目图纸完备，当事人就计量依据发生争议时，鉴定人应以现行国家相关工程计量规范规定的工程量计算规则计量；无国家标准的，按行业标准或地方标准计量。但当事人在合同中明确约定了计量规则的除外。

一方当事人对双方当事人已经签认的某一工程项目的计量结果有异议的，鉴定人应按以下规定进行鉴定。

(1)当事人一方仅提出异议未提供具体证据的，按原计量结果进行鉴定。

(2)当事人一方既提出异议又提出具体证据的，应对原计量结果进行复核，必要时可到现场复核，按复核后的计量结果进行鉴定。

4)计价争议的鉴定

(1)当事人因工程变更导致工程量数量变化，要求调整综合单价争议的；或新增工程项目组价发生争议的应按以下规定进行鉴定。

①合同中有约定的，应按合同约定进行鉴定。

②合同中没有约定的，应提请委托人决定并按其决定进行鉴定，委托人暂不决定的，可按现行国家标准计价规范的相关规定进行鉴定，供委托人判断使用。

(2)当事人因物价波动要求调整合同价款发生争议的应按以下规定进行鉴定。

①合同中约定了计价风险范围和幅度的，按合同约定进行鉴定。合同中约定物价波动可以调整，但没有约定风险范围和幅度的，应提请委托人决定，按现行国家标准计价规范的相关规定进行鉴定，但已经采用价格指数法进行了调整的除外。

②合同中约定物价波动不予调整的，仍应对实行政府定价或政府指导价的材料按《中华人民共和国民法典〈合同编〉》相关规定进行鉴定。

(3)当事人因人工费调整文件，要求调整人工费发生争议的应按以下规定进行鉴定。

①如合同中约定不执行的，鉴定人应提请委托人决定并按其决定进行鉴定。

②合同中没有约定或约定不明的，鉴定人应提请委托人决定并按其决定进行鉴定。委托人要求鉴定人提出意见的，鉴定人应分析鉴别，如人工费的形成是以鉴定项目所在地工程造价管理部门发布的人工费为基础在合同中约定的，可按工程所在地人工费调整文件作出鉴定意见，如不是，则应作出否定性意见，供委托人判断使用。

(4)当事人因材料价格发生争议的，鉴定人应提请委托人决定并按其决定进行鉴定，委托人未及时决定的可按以下规定进行鉴定，供委托人判断使用。

①材料价格在采购前经发包人或其代表签批认可的，应按签批的材料价格进行鉴定。

②材料采购前未报发包人或其代表认质认价的，应按合同约定的价格进行鉴定。

③发包人认为承包人采购的材料不符合质量要求，不予认价的，应按双方约定的价格进行鉴定，质量方面的争议应告知发包人另行申请质量鉴定。

5)工期索赔争议的鉴定

(1)当事人对鉴定项目开工时间争议的，鉴定人应提请委托人决定，委托人要求鉴定人提出意见的，鉴定人应按以下规定提出鉴定意见，供委托人判断使用。

①如合同中约定了开工时间，但发包人又批准了承包人的开工报告或发出了开工通知，应采用发包人批准的开工报告或发出的开工通知的时间。

②合同中未约定开工时间，应采用发包人批准的开工时间，没有发包人批准的开工时间，可根据施工日志、验收记录等相关证据确定开工时间。

③合同中约定了开工时间，因承包人原因不能按时开工，发包人接到承包人延期开工申请且同意承包人要求的，开工时间相应顺延。发包人不同意延期要求或承包人未在约定时间内提出延期开工要求的，开工时间不予顺延。

(2)当事人对鉴定项目工期争议的应按以下规定进行鉴定。

①合同中明确约定了工期的，以合同约定工期进行鉴定。

②合同对工期约定不明或没有约定的，鉴定人应按工程所在地相关专业工程建设主管部门的规定或国家相关工程工期定额进行鉴定。

(3)当事人对鉴定项目实际竣工时间有争议的，鉴定人应提请委托人决定，委托人要求鉴定人提出意见的，鉴定人应按以下规定提出鉴定意见，供委托人判断使用。

①鉴定项目经竣工验收合格的，以竣工验收之日为竣工时间。

②承包人已经提交竣工验收报告，发包人应在收到竣工验收报告之日起在合同约定的时间内完成竣工验收，而未完成验收的，以承包人提交竣工验收报告之日为竣工时间。

③鉴定项目未经竣工验收，未经承包人同意而发包人擅自使用的，以占有鉴定项目之日为竣工时间。

6)费用索赔争议的鉴定

当事人因提出索赔发生争议的，鉴定人应提请委托人就索赔事件的成因、损失等作出判断，委托人明确索赔成因、索赔损失、索赔时效均成立的，鉴定人应运用专业知识作出因果关系的判断，作出鉴定意见，供委托人判断使用。

7)工程签证争议的鉴定

当事人因工程签证费用发生争议的应按以下规定进行鉴定。

(1)签证明确了人工、材料、机具台班数量及其价格的，按签证的数量和价格计算。

(2)签证只有用工数量没有人工单价的，其人工单价按照工作技术要求比照鉴定项目相应工程人工单价适当上浮计算。

(3)签证只有材料机具台班用量没有价格的，某材料和台班价格按照鉴定项目相应工程材料和台班价格计算。

(4)签证只有总价款而无明细表述的，按总价款计算。

(5)签证中的零星工程数量与该工程应予实际完成的数量不一致时，应按实际完成的工程数量计算。

签证既无数量，又无价格，只有工作事项的，由当事人双方协商，协商不成的，鉴定人可根据工程合同约定的原则、方法对该事项进行专业分析，作出推断性意见，供委托人判断使用，此外，承包人仅以发包人口头指令完成了某项零星工作或工程，要求费用支付，而发包人又不认可，且无物证的，鉴定人应以法律证据缺失为由，作出否定性鉴定。

8)合同解除争议的鉴定

工程合同解除后，当事人就价款结算发生争议，如送鉴的证据满足鉴定要求的，按送鉴的证据进行鉴定；不能满足鉴定要求的，鉴定人应提请委托人组织现场勘验或核对，会同当事人采取以下措施进行鉴定。

(1)清点已完工程部位、测量工程量。

(2)清点施工现场人、材、机数量。

(3)核对签证、索赔所涉及的有关资料。

(4)将清点结果汇总造册，请当事人签认，当事人不签认的，及时报告委托人，但不影响鉴定工作的进行。

(5)分别计算价款。

7.鉴定意见书

鉴定意见可同时包括确定性意见、推断性意见或供选择性意见。当鉴定项目或鉴定事项内容事实清楚，证据充分，应作出确定性意见；当鉴定项目或鉴定事项内容客观，事实较清楚，但证据不够充分，应作出推断性意见；当鉴定项目合同约定矛盾或鉴定事项中部分内容证据矛盾，委托人暂不明确要求鉴定人分别鉴定的，可分别按照不同的合同约定或证据，作出选择性意见，由委托人判断使用。

在鉴定过程中，对鉴定项目或鉴定项目中部分内容，当事人相互协商一致，达成的书面妥协性意见应纳入确定性意见，但应在鉴定意见中予以注明。重新鉴定时，对当事人达成的书面妥协性意见，除当事人再次达成一致同意外，不得作为鉴定依据直接使用。

鉴定机构和鉴定人在完成委托的鉴定事项后，应向委托人出具鉴定意见书。鉴定意见书的制作应当标准、规范，一般由封面、声明、基本情况、案情摘要、鉴定过程、鉴定意见、附注、附件目录、落款、附件等部分组成。鉴定意见书不得载有对案件性质和当事人责任进行认定的内容。

思考与练习

一、选择题

1.某项目施工合同约定，承包人承租的水泥价格风险幅度为±5%，超出部分采用造价信息法调差。已知投标人投标价格、基准期发布价格分别为440元/t、450元/t，2018年3月的造价信息发布价为430元/t。则该月水泥的实际结算价格为(　　)元/t。

A.418　　B.427.5　　C.430　　D.440

2. 某建筑工程钢筋综合用量 1000 t。施工合同中约定，结算时对钢筋综合价格涨幅±5%以上部分依据造价管理总站发布的基准价调整价格差额。承包人投标报价 2 400 元/t，投标期、施工期造价管理总站发布的钢筋综合基准价格分别为 2 500 元/t、2 800 元/t，则需调增钢筋材料费用为（　　）万元。

A. 17.5　　B. 28.0　　C. 30.0　　D. 40.0

3. 某工程合同总价为 5 000 万元，合同工期 180 天，材料费占合同总价的 60%，材料储备定额天数为 25 天。材料供应在途天数为 5 天。用公式计算法求得该工程的预付款应为（　　）万元。

A. 417　　B. 500　　C. 694　　D. 833

4. 工程量清单计价项目采用单价合同的，工程竣工结算编制中一般不允许调整的是（　　）。

A. 分部分项工程的清单数量　　B. 安全文明施工费的清单总额

C. 已标价工程量清单综合单价　　D. 总承包服务费清单总额

5. 关于政府投资项目竣工结算的审核，下列说法正确的是（　　）。

A. 单位工程竣工结算由承包人审核

B. 单项工程竣工结算由承包人审核

C. 建设项目竣工总结算由发包人委托造价工程师审核

D. 竣工结算文件由发包人委托具有相应资质的工程造价咨询机构审核

6. 建设工程最终结清的工作事项和时间节点包括：①提交最终结清申请单；②签发最终结清支付证书；③签发缺陷责任期终止证书；④最终结清付款；⑤缺陷责任期终止。按时间先后顺序排列正确的是（　　）。

A. ⑤③①②④　　B. ①②④⑤③

C. ③①②④⑤　　D. ①③②⑤④

7. 由发包人提供的工程材料、工程设备的金额，应在合同价款的期中支付和结算中予以扣除，具体的扣除标准是（　　）。

A. 按签约单价和签约数量　　B. 按实际采购单价和实际数量

C. 按签约单价和实际数量　　D. 按实际采购单价和签约数量

8. 因不可抗力解除合同的，发包人不应向承包人支付的费用是（　　）。

A. 临时工程拆除费　　B. 承包人未交付材料的货款

C. 已实施的措施项目应付价款　　D. 承包人施工设备运离现场的费用

9. 关于合同价款的期中支付，下列说法正确的是（　　）。

A. 进度款支付周期应与发包人实际的工程计量周期一致

B. 已标价工程量清单中单价项目结算价款应按承包人确认的工程量计算

C. 承包人现场签证金额不应列入期中支付进度款，在竣工结算时一并处理

D. 进度款的支付按期中结算价款总额和约定比例计算，一般不低于 60%，不高于 90%

10. 关于合同价款纠纷的处理，人民法院应予支持的是（　　）。

A. 施工合同无效，但工程竣工验收合格，承包人请求支付工程价款的

B. 发包人与承包人对垫资利息没有约定，承包人请求支付利息的

C. 施工合同解除后，已完工程质量不合格，承包人请求支付工程价款的

D. 未经竣工验收，发包人擅自使用工程后，以使用部分的工程质量不合格为由主张权利的

二、案例分析

1. 某施工合同约定采用价格指数及价格调整公式调整价格差额，调价因素及有关数据见表 11。某月完成进度款为 1 500 万元，则该月应当支付给承包人的价格调整金额为多少万元？

表 11 调价因素及有关数据

项目	权重系数	基准日价格或指数	现行价格或指数
人工	0.10	80 元/工日	90 元/工日
钢材	0.10	100	102
水泥	0.15	110	120
砂石料	0.15	120	110
施工机具使用费	0.20	115	120
定值	0.30		

2. 某工程在施工期间，省工程造价管理机构发布了人工费上调 10% 的文件，适用时间为 2019 年 10 月 1 日起，该工程 10 月份完成合同价款 1 576 893. 50 元，其中人工费 283 840. 83 元，与定额人工费持平，本期人工费应否调增？调增多少？

3. 某工程采用预拌混凝土由承包人提供，所需品种见表 12，在施工期间，在采购预拌混凝土时，其单价分别为：C20 混凝土 327 元/m^3，C25 混凝土 335 元/m^3，C30 混凝土 345 元/m^3，合同约定的材料单价如何调整？

表 12 承包人提供材料和工程设备一览表

（适用于造价信息调整法）

工程名称：某某工程 标段：某标段

序号	名称、规格、型号	数量/m^3	风险系数/%	基准单价/元	投标单价/元	发承包人确认单价	备注
1	预拌混凝土 C20	25	≤5	310	308		
2	预拌混凝土 C25	560	≤5	323	325		
3	预拌混凝土 C30	3 120	≤5	340	340		

4. 某直辖市城区道路扩建项目进行施工招标，投标截止日期为 2018 年 8 月 1 日。通过评标确定中标人后，签订的施工合同总价为 80 000 万元，工程于 2018 年 9 月 20 日开工。施工合同中约定：

①预付款为合同总价的 5%，分 10 次按相同比例从每月应支付的工程进度款中扣还。

②工程进度款按月支付，进度款金额包括：当月完成的清单子目的合同价款；当月确认的变更、索赔金额；当月价格调整金额；扣除合同约定应当抵扣的预付款和扣留的质量保证金。

③质量保证金从月进度付款中按3%扣留，最高扣至合同总价的3%。

④工程价款结算时人工单价、钢材、水泥、沥青、砂石料以及机具使用费采用价格指数法给承包商以调价补偿，各项权重系数及价格指数如表13所列。根据表14所列工程前4个月的完成情况，计算11月份应当实际支付给承包人的工程款数额。

表13　工程调价因子权重系数及造价指数

项目	权重系数	2018年7月指数	2018年8月指数	2018年9月指数	2018年10月指数	2018年11月指数	2018年12月指数
人工	0.12	91.7元/工日	91.7元/工日	91.7元/工日	95.96元/工日	95.96元/工日	101.47元/工日
钢材	0.10	78.95	82.44	86.53	85.84	86.75	87.80
水泥	0.08	106.97	106.80	108.11	106.88	107.27	128.37
沥青	0.15	99.92	99.13	99.09	99.38	99.66	99.85
砂石料	0.12	114.57	114.26	114.03	113.01	116.08	126.26
机具使用费	0.10	115.18	115.39	115.41	114.94	114.91	116.41
定值部分	0.33	—	—	—	—	—	—

表14　2018年9月～12月工程完成情况

支付项目	金额/万元			
	9月	10月	11月	12月
截至当月完成的清单子目价款	1 200	3 510	6 950	9 840
当月确认的变更金额(调价前)	0	60	−110	100
当月确认的索赔金额(调价前)	0	10	30	50

5.为了实施某建设项目，业主与施工单位按《建设工程施工合同(示范文本)》签订了建设工程施工合同，在工程施工过程中遭受特大暴风雨袭击，造成了相应损失，施工单位及时向工程提出补偿要求，并附有相关的详细资料和证据。施工单位认为遭受暴风雨袭击是因不可抗力造成的损失，故应由业主承担赔偿责任，包括：

①给已建部分工程造成破坏，损失计18万元，应由业主承担修复的经济责任；

②施工单位人员因此灾难受伤，处理医疗费用和补偿金总共3万元，业主应予赔偿；

③施工单位进场的正在使用的机械、设备造的损坏，损失8万元，同时由于现场停工造成的台班费损失4.2万元，业主应承担赔偿和修复责任；

④工人窝工费 3.8 万元；

⑤因暴风雨造成现场停工 8 天，要求合同工期顺延 8 天；

⑥由于工程损害，清理现场需费用 2.4 万元，请求业主支付。

问题：

①因不可抗力事件导致的损失与工期的延误，双方按什么原则分别承担？

②作为现场的工程师应对施工单位提出的赔偿要求，应如何处理？

项目五 电子招投标

项目目标

知识目标	技能目标	素质(思政)目标
1.电子招投标系统概述； 2.广联达工程交易管理服务平台操作指南	熟悉我国目前电子招投标概况，会操作广联达工程交易管理平台	1.培养学生的公平意识，充分公开、公平的电子招标投标环境，有序良好的市场竞争环境，确保招投标活动每一环节有法可依，提高招标信息的可靠性； 2.结合信息技术，运用互联网的优势，开辟行业全新的发展路径，培养学生的创新意识

任务5.1 电子招投标系统概述

招投标制度从发展距今已经有30多年的时间，目前已经成为我国工程建设行业中的重要内容，经过多年的发展和完善，已经取得了较好的成果。随着我国经济的深化和改革，各行各业的改革是非常有必要的。电子化招投标就是传统招投标制度的改革及发展趋势，也是促进招投标制度的可持续发展的基础。

电子化招投标就是在传统招投标的基础上使用现代信息技术，以数据电文为载体，以此实现招投标的全过程。通俗地说，就是部分或者全部抛弃纸质文件，借助计算机和网络完成招标投标活动。目前我国的电子化招投标正处于迅猛发展阶段，其优点是有目共睹的，但同时也存在一系列问题。

5.1.1 工程建设电子招投标在我国的发展现状

十八大以来，国家对电子化招投标给予高度重视，频繁出台相应的规范和办法，从政策上给予引导和支持。

2013年2月，以国家发展和改革委员会牵头的八部委联合发布《电子招标投标办法》(第20号)，《电子招标投标办法》是中国推行电子招投标的纲领性文件，是我国招投标行业发展的一个重要里程碑。

2014 年 8 月，国家发展和改革委员会等六部委发出《关于进一步规范电子招标投标系统建设运营的通知》(发改法规〔2014〕1925 号)，进一步规范电子招标投标系统建设运营，确保电子招标投标健康有序发展。

2015 年 7 月，国家发展和改革委员会等六部委发出《关于扎实开展国家电子招标投标试点工作的通知》(发改法规〔2015〕1544 号)，在招投标领域探索实行“互联网＋监管”模式，深入贯彻实施《电子招标投标办法》，不断提高电子招标投标的广度和深度，促进招标投标市场健康可持续发展。

2015 年 8 月，国家认监委等七部委发布《电子招标投标系统检测认证管理办法(试行)》(国认证联〔2015〕53 号)，规范电子招标投标系统检测认证活动，根据《中华人民共和国产品质量法》《中华人民共和国招标投标法》及其实施条例，《中华人民共和国认证认可条例》《电子招标投标办法》等法律法规规章，开展电子招标投标系统检测认证工作。只有检测认证通过的平台，才可以推广运营。

2015 年 8 月 10 日，国务院办公厅印发关于《整合建立统一的公共资源交易平台工作方案》的通知(国办发〔2015〕63 号)，工作方案深入贯彻党的十八大和十八届二中全会、十八届三中全会、十八届四中全会精神，落实《国务院机构改革和职能转变方案》部署。整合工程建设项目招标投标、土地使用权和矿业权出让、国有产权交易、政府采购等交易市场，建立统一的公共资源交易平台，有利于防止公共资源交易碎片化，加快形成统一开放、竞争有序的现代市场体系；有利于推动政府职能转变，提高行政监管和公共服务水平；有利于促进公共资源交易阳光操作，强化对行政权力的监督制约，推进预防和惩治腐败体系建设。

5.1.2　工程建设电子化招投标的优势

1. 节约了招标采购资金

实施电子化招投标，实现了招投标文件的电子化，节约了招标文件的印刷费用，不使用纸张大大减少了环境污染，促进了节能减排；并且在开标的时候不需要投标人亲临现场，而是通过网络直播就可以参加开标会议，节约了投标人的来回费用、会议费用等；同时也可以实现评标的电子化，进一步提高了评标效率。

2. 提高了招标信息的透明度

电子化招投标实现了招标信息的透明化，创建招投标信息档案库，实现了参与招投标的信息真实度，有效地规范了招投标流程，避免了在招投标过程中的人为干扰和虚假行为，实现了信息的公平、公正、公开。电子化招投标要求投标人通过网上报名、下载招标文件及缴纳招标保证金等，有效地拦截了围标、串标的信息源，防止了围标、串标的行为。同时能够方便招投标部门对招投标过程的监督和管理，通过专门的账户能够实时对项目的动态进行管理和掌控，规范了监督模式。

3. 实现了招投标的集中化管理

首先,创建的电子化招投标系统,内部实现了供应商、招标、评标等一系列数据信息的资源共享,便于集中化管理。其次,电子化招投标使用的人性化的操作模式,一些高难度的人为工作通过计算机实现,降低了人为工作的失误率,提高了招投标过程的效率。

5.1.3 工程建设电子化招投标的发展趋势

电子化招投标是当前招投标发展的趋势,但是在电子化招投标发展的过程中仍存在着一系列的问题,要想使电子化招投标可持续发展,就要解决其中的问题。

1. 制订有效的电子化招投标制度和规范

依据法律规定规范电子化招投标过程,使电子化招投标过程中的各个程序都能够相互整合、兼容协调地运行。电子化招投标系统使用的是电子信息技术,这一技术能够使招标人规范、便捷地进行招标采购任务,满足其招标项目之后的信息管理需求,系统地保障了招标信息的开放性和及时性,因此,参与招投标的各方人员要根据法律保障投标、评标等方面的安全性和保密性,保障电子化的招标文件和操作流程只能根据指定的人员和时间进行阅读与修改,但是也要注意不可对其进行随意修改或者销毁。

2. 创建电子化招投标交易平台

电子化招投标交易平台目的就是为了能够使不同的电子化招标项目与服务管理系统相互连通,使招标信息及公共性的交易能够实时共享,并且具有开放性,还要创建科学、有效的招投标监督和管理机制,规范招投标管理机构的监督方式,使其具备全面的、实时的信息网络服务平台。只要是与招投标相关的管理部门、人员,都要进行身份加密,在网上进行招投标的时候,也应该进行身份加密,保障招投标活动的安全性及保密性。

5.1.4 “互联网+”招标采购

对招投标长期困惑的基本原因是市场没有建立一体化信息共享体系。市场没有一体化的信息共享体系,以至于无法建立一体化的市场公平竞争机制及其主体诚信自律体系。我们受传统体制分割和传统纸质媒介传播信息的局限,以至于招标市场信息长期处于分割、分散、失真、静态、单向、独享的传播状态。这种状态导致我们无法实现信息的立体流通、双向互动、动态跟踪、聚合共享和对称公开,因此,就难以满足市场统一开放、公平竞争以及主体自律、公众监督的基本要求。在招标投标交易和合同履行中,各个部门、各个环节都处于相互分割且独立的状态,但是他们之间又必须要相互对接交合。由于信息割裂、静态、封闭,各自无法联通交互、核实印证、比较分析和动态跟踪其项目实施的全过程，以致市场中存在许多漏洞缝隙、黑色通道、壁垒障碍。这些障碍大大增加了市场主体获取市场真实信息的难度，也增加了公平竞争的难度，使虚假信息和黑色信息、暗箱操作不但大有可乘之机，而且还削弱了行政和公众公开聚合监督、客观判断及有效惩防的作用，削弱了市场主体诚信自律的外部约束力，使得违法失信行为能够轻易逃避惩戒。

公开、公平、公正和诚实信用是招标投标市场的核心价值目标；开放、互联、透明、共享是互联网的优势特征，这两者之间的“先天”优势决定两者需要相互融合。只有这样才能建立一体化开放共享的市场信息体系；才能够真正实现招标投标市场信息互联互通、动态跟踪、透明高效、开放共享、永久追溯、立体监督；才能突破市场信息条块分割、静态、封闭、单向传播的困境，逐步消除真伪难辨、暗箱操作、弄虚作假、违法失信等市场扭曲现象；才能够真正实现招标投标市场的核心价值目标。

“互联网＋”和电子招投标的深度融合，会改变传统纸质招投标的业务运行和组织管理模式，改变独立分散、隔离、单向、独享、静态、简单、粗放的运行和管理状态。通过改造和完善电子招标投标系统及其交易平台，大力推进交易平台市场化、专业化和集约化发展，我们可以改变和消除各种技术壁垒、独立孤岛、简单流程和“人机重复”的低水平、低效率运营状态。因此，我们应当使市场化与专业化、标准化与个性化相互结合，按照开放、互联、共享、透明、高效、融合的要求，努力推进互联网技术、招标采购业务和组织监管体系三者之间的深度融合，使其协同一体、高效运行。

随着“互联网＋”和电子招投标融合的深度发展，实现了各个系统平台之间无障碍，互联、互通、共享、网络化；实现了使用者与平台系统之间无阻碍，易用、高效、智能、人性化；实现了市场主体之间无壁垒，公开、公平、公正、竞争一体化；实现了监督者与市场主体之间无屏障，依法、客观、监督、透明化。

任务 5.2　广联达工程交易管理服务平台操作指南

5.2.1　完成投标企业信息网上注册、备案，并提交一份企业信息备案文件

(1)投标人登录“广联达工程交易管理服务平台”，注册投标人账号。

①投标人登录“广联达工程交易管理服务平台”。

②企业在线注册：进入“诚信信息平台”之后，点击“立即注册”(图 3)。

图 3

③企业注册时，选择“施工单位”，组织机构代码格式为××××××××－×(其中×为阿拉伯数字，只能是唯一的，重复代码无法注册)，信息录入完成后，点击“立即注册”。注册完成后，务必记住单位名称以及相应的密码。

(2)投标人完成“学生信息”“基本信息”“安全生产许可证”“企业资质”“企业人员”的信息登记(凡是带红色标记的为必填项)；如果存在无法提交的情况，则是带红色标记的项目未全部填完或填写有误，如图 4 所示。施工企业必须填写“安全生产许可证”信息及在“企业人员”处增加“建造师”内容，否则在投标报名时无法进行下一步操作。“学生信息”和“基本信息”的操作参考招标代理的操作。

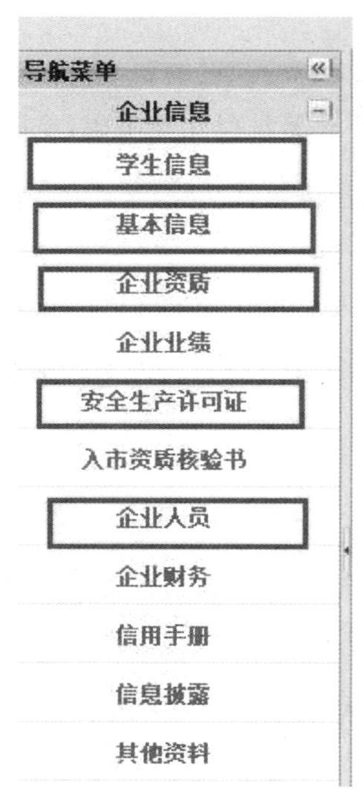

图 4

①切换至“企业资质”界面，点击“新增资质”(图 5)，所有信息录入完成之后，点击“保存”，并且“提交”(图 6)。

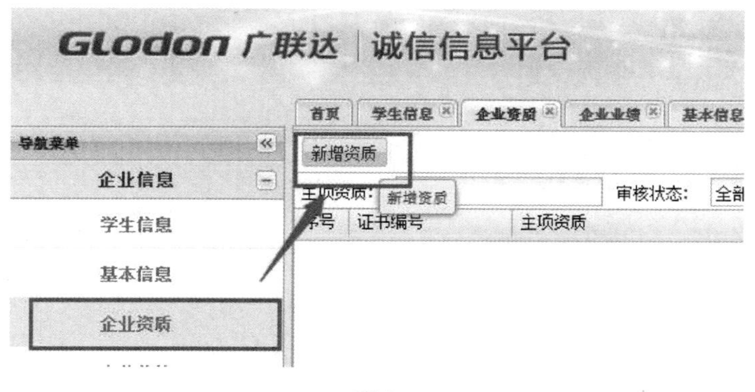

图 5

图 6

②进入“安全生产许可证”界面，点击“新增证书”(图 7)；信息录入完成之后，添加安全生产许可证扫描件，把鼠标放到“安全生产许可证扫描件”的位置，点击“添加文件”，文件添加完成之后，点击“加载”，加载结束后，点击“保存”，并且“提交”(图 8)。

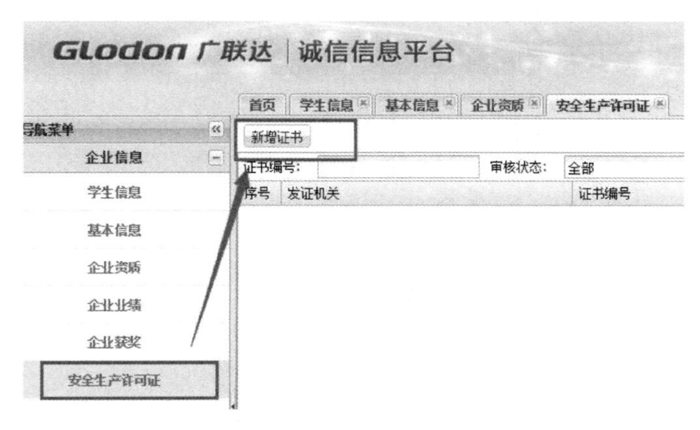

图 7

新增安全生产许可证

发证机关*:	北京安全监督局	发证日期*:	2015年03月09日
证书编号*:	1000002222	主要负责人*:	张丹
有效期始*:	2014年06月10日	有效期止*:	2017年06月10日
许可范围*:	建筑施工		

附件 请上传完所有必传附件!

请先选择类型　添加文件　加载　取消

安全生产许可证扫描件*

文件名	上传日期	大小	状态	操作
⊟ 安全生产许可证扫描件				
安全生产考核合格证背面.jpg		227.7 KB	未加载	

当前文件进度:　总体进度:　0/0

保存　提交　关闭

图 8

③进入“企业人员”界面，点击“新增人员”(图 9)，人员信息录入完成之后，点击“保存”，此时跳转到人员详细信息界面(图 10)，施工企业在“企业人员”界面必须完善“基本信息”“资质证书”“安全生产考核证”，三者缺一不可(图 11)。

图 9

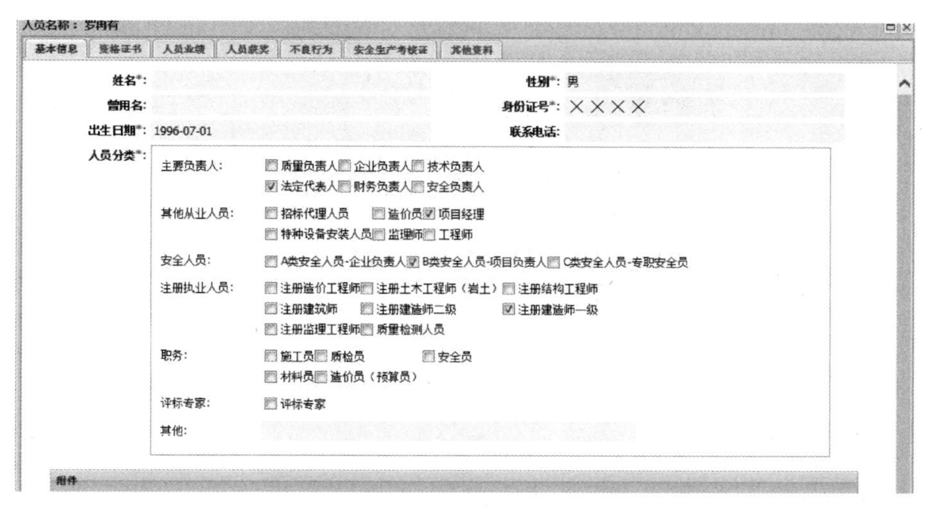

图 10

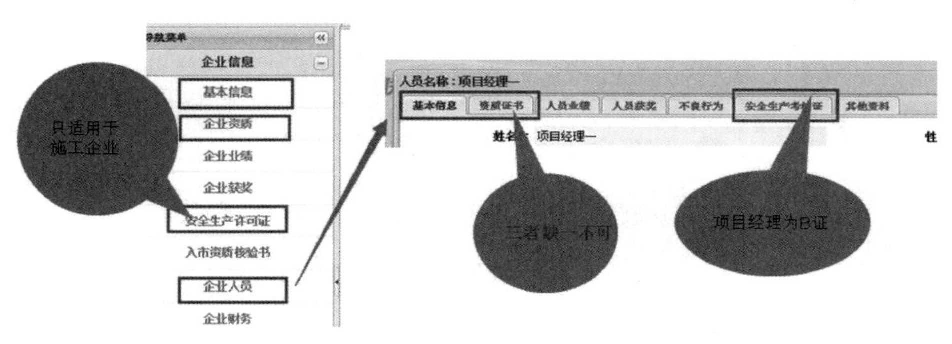

图 11

④基本信息录入完成之后，切换到“资格证书”界面，点击“新增资格证书”(图 12)，接着弹出“新增证书”界面，此时注意证书为“建筑工程注册建造师一级”(可根据案例需要选择所需的资格名称，如图 13 所示)，继续完善其他信息，信息录入完成之后，点击“保存”，保存完成后，点击“关闭”，关闭此界面。

图 12

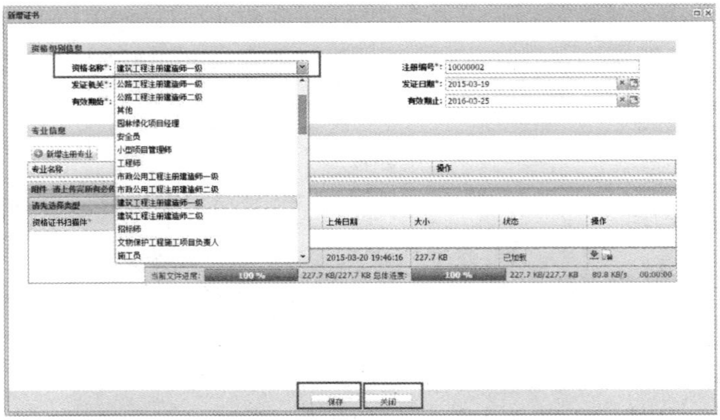

图 13

⑤进入“安全生产考核证”界面，点击“新增证书”(图 14)，接着进入“安全生产考核合格证”界面，此时，“持证类别”选择“B 类”(可根据企业人员的岗位需要选择对应的持证类别)，并且完善其他信息，信息录入完成后，点击“保存”(图 15)。

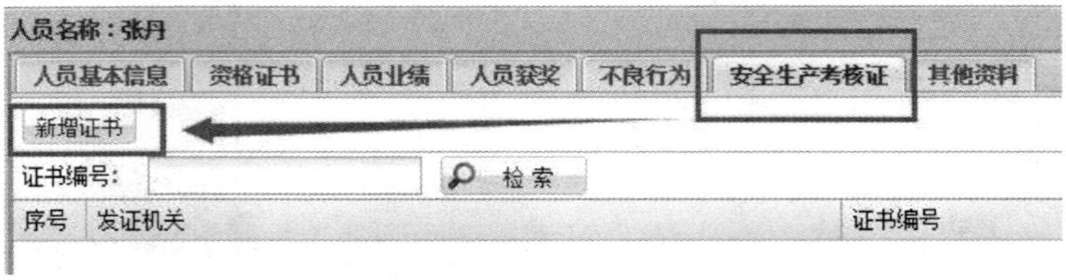

图 14

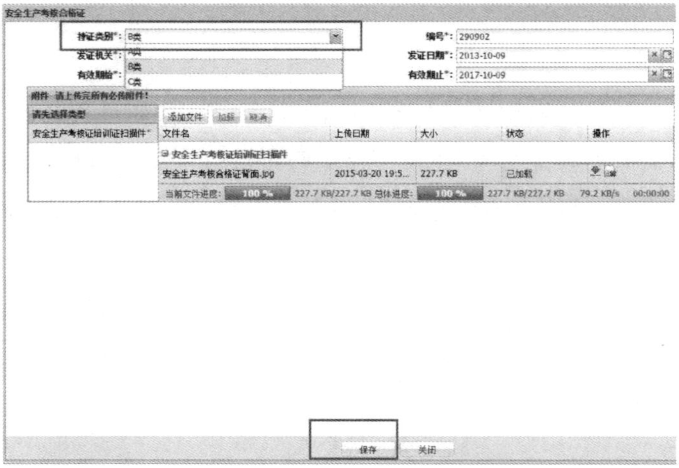

图 15

(3)行政监管人员登录“广联达工程交易管理平台”，以初审监管员账号登录“诚信信息平台”，审批投标人提交的“基本信息”“安全生产许可证”“企业资质”“企业人员”。

小贴士

①投标人的每一项内容填写完成后，均须提交审核，只有经过初审监管员审核通过，才算企业备案成功。

②投标人的企业人员中必须含有至少一名建造师人员，并且具备安全生产许可证B证，否则无法进行电子招投标项目交易平台的投标报名工作。

③投标人的企业资质证书内容需符合工程招投标实训所需投标人资质条件，否则无法进行电子招投标项目交易平台的投标报名工作。在投标人注册企业资质的时候，不要忘记选择正确的企业资质。

5.2.2　完成招标企业信息网上注册、备案，并提交一份企业信息备案文件

(1)招标人(招标代理)登录“广联达工程交易管理服务平台”，注册招标人(招标代理)账号。

①招标人(招标代理)登录“广联达工程交易管理服务平台”，点击“诚信管理系统”(图16)，此时进入“诚信信息平台”界面，点击右下角“注册”按钮，进入注册界面(图17)。

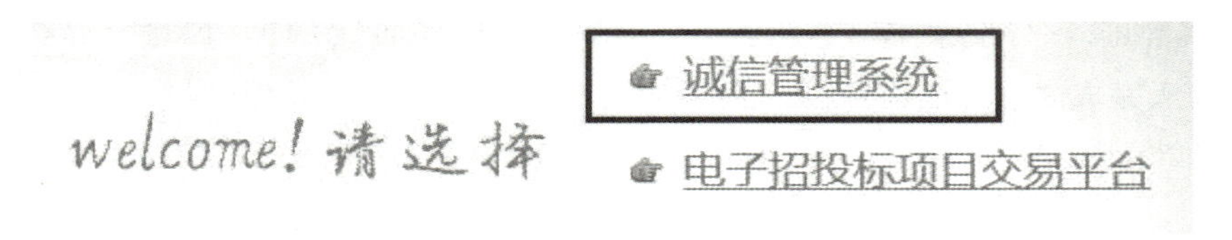

图16

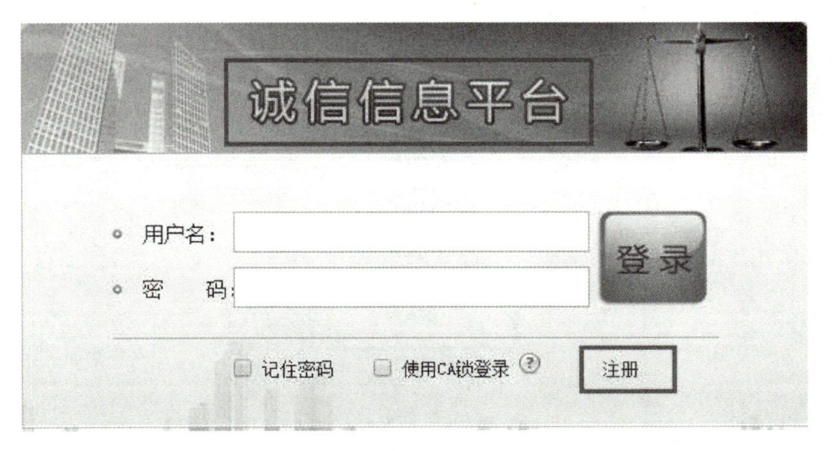

图17

②企业注册时，招标代理和建设单位二选一即可(根据工程案例招标形式)，组织机构代码格式为××××××××－×(其中×为阿拉伯数字，只能是唯一的，重复代码无法注册)，注册完成后，务必记住单位名称以及相应的密码，之后登录的时候会用到(图18)。

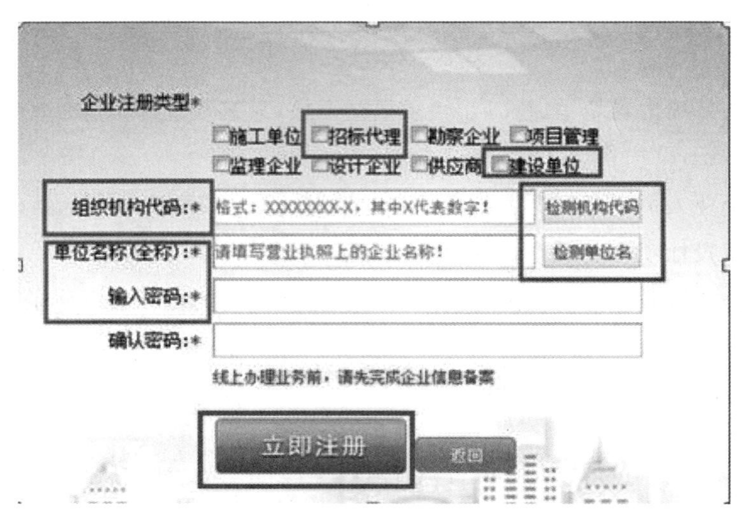

图 18

(2)招标人(招标代理)完成“学生信息”“基本信息”“企业资质”“企业人员”的信息登记，凡是带红色标记的为必填项；如果存在无法提交的情况，则是带红色标记的项目未全部填写或填写有误。

①招标代理进入“导航菜单”栏，接着进入“学生信息”界面(图 19)，填写全部红色标记的信息(图 20)，录入完成之后点击“保存”。接下来切换至“基本信息”界面，完成红色标记信息的录入，点击“保存”，并且点击“提交”(图 21)。

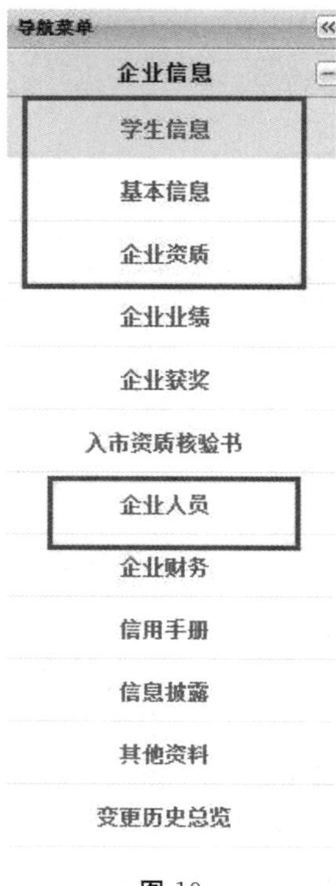

图 19

Glodon 广联达 | 诚信信息平台

当前用户：

切换系统　切换到桌面模式

首页　学生信息　企业资质　企业业绩　基本信息　企业人员

导航菜单：企业信息、学生信息、基本信息、企业资质、企业业绩、企业获奖、入市资质核验书、企业人员、企业财务、信用手册、信息披露、其他资料、变更历史总览

姓名*:		学号*:	
姓名:		学号:	
姓名:		学号:	

商务经理

姓名*:		学号*:	
姓名:		学号:	
姓名:		学号:	

市场经理

姓名*:		学号*:	
姓名:		学号:	
姓名:		学号:	

技术经理

保存　关闭

图 20

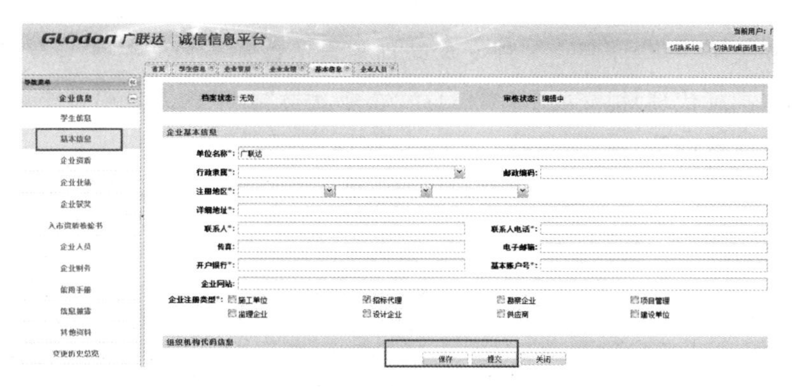

图 21

②切换至“企业人员”，点击“新增人员”(图 22)，录入信息之后，点击“保存”(图 23)。

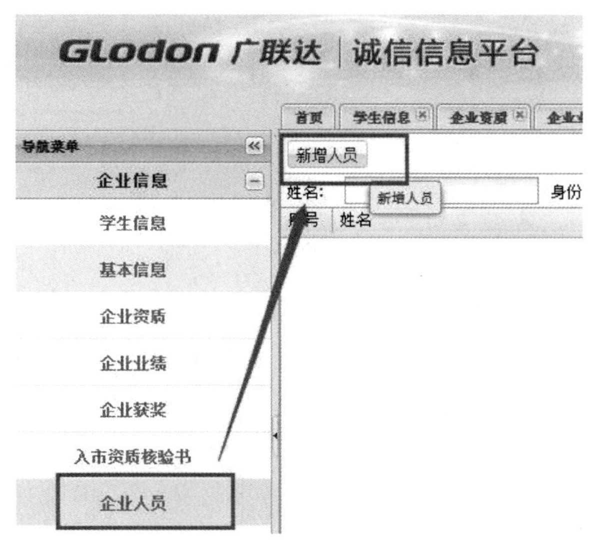

图 22

图 23

(3)行政监管人员登录“广联达工程交易管理平台”，以初审监管员账号登录“诚信信息平台”，审批招标人(招标代理)提交的“基本信息”“企业人员”。审核人员由每个团队选取一人兼任，审批自己团队企业的信息。

①行政监管人员登录“广联达工程交易管理服务平台”，进入“诚信管理系统”输入监管人员用户名和密码，点击“登录”(图 24)。

图 24

②进入“企业审核”界面(图 25)，找到相应的工程，在工程右侧点击“打开”(图 26)，对工程进行查看，检查无误，点击“审核”(图 27)，进入“企业基本信息审核”界面，选择“通过”，添加审批意见，完成后点击“提交”(图 28)。

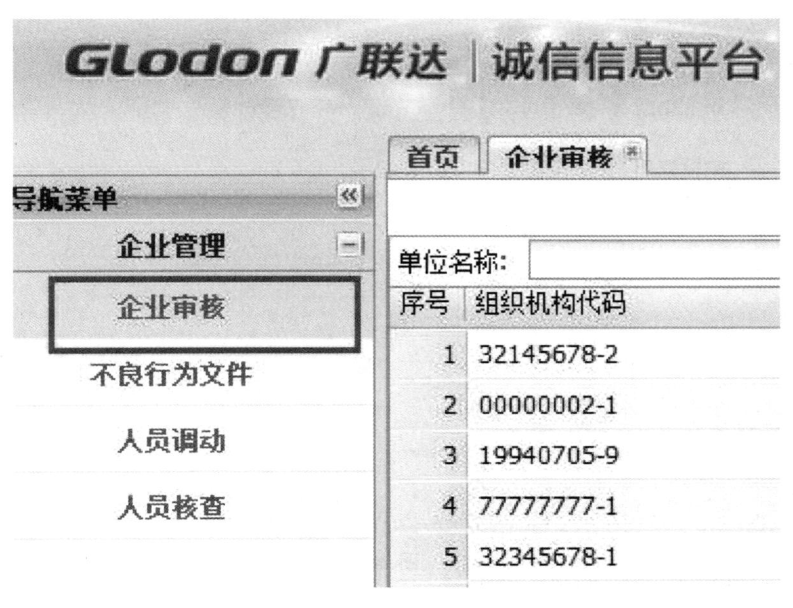

图 25

序号	组织机构代码	单位名称	档案状态	是否有变更	操作
1	20150320-1	测试使用	无效	是	
2	20140324-8	心愿施工单位	无效	否	打开
3	88888888-2	飞天施工	有效	否	

图 26

档案状态： 无效 审核状态: 已提交

企业基本信息

单位名称*: 测试使用

行政隶属*: 本市中央企业

注册地区*: 河北省秦皇岛市 邮政编码:

详细地址*: 1

联系人*: 1 联系人电话*: 1

传真: 电子邮箱:

开户银行*: 1 基本账户号*: 1

企业网站:

企业注册类型*: 施工单位 招标代理 勘察企业 监理企业 设计企业 供应商

组织机构代码信息

组织机构代码*: 20150320-1 机构类型*: 企业法人

审核 变更总览 关闭

图 27

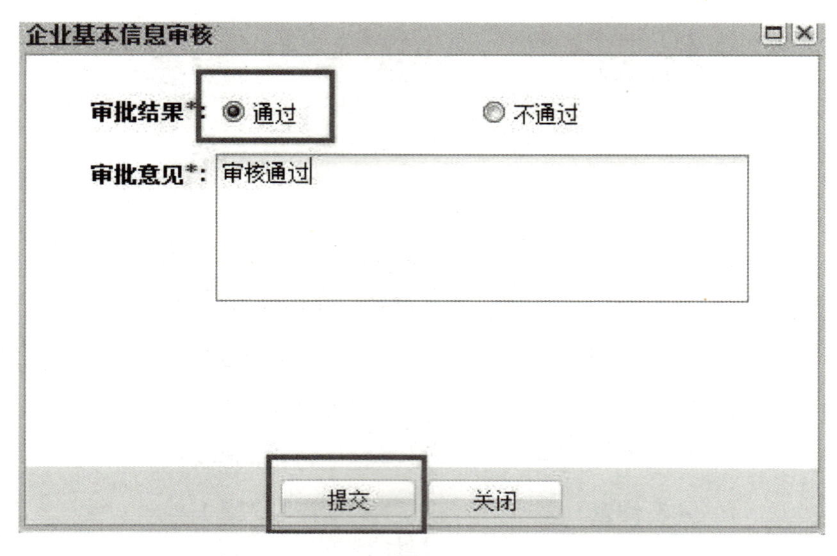

图 28

小贴士

招标人(招标代理)的每一项内容填写完成后,必须提交审核,只有经过初审监管员审核通过,才属于企业备案成功。

5.2.3 完成招标文件的备案及发售

1. 任务说明

完成招标文件的备案与发售工作。

2. 操作过程

(1)招标文件备案。

招标人(或招标代理)登录"广联达工程交易管理服务平台",用招标人(或招标代理)账号进入"电子招投标项目交易平台",完成招标工程的招标文件备案并提交审批。

软件操作指导:

①登录"广联达工程交易管理服务平台",用招标人(或招标代理)账号进入"电子招投标项目交易平台"。

②切换至"招标文件管理"页签,点击"新增招标文件"(图 29)。

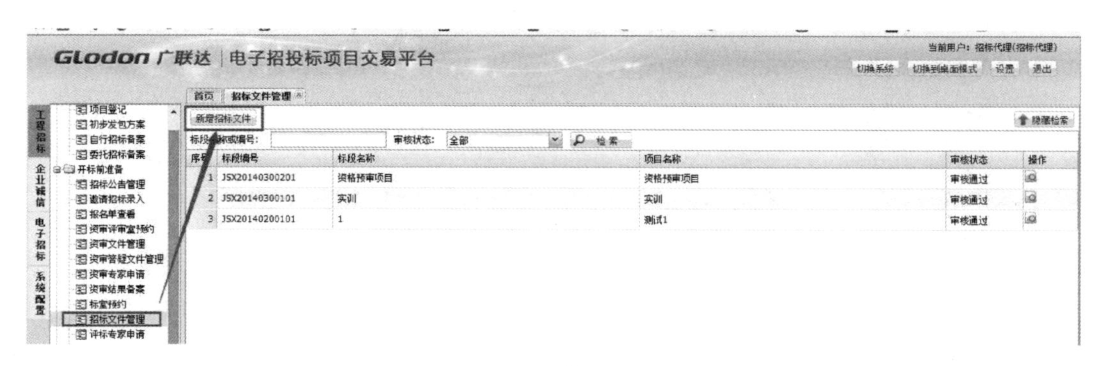

图 29

③选择标段，点击“确定”（图 30），弹出“招标文件管理”界面，完成带 * 的内容的填写，并上传由广联达电子招标文件编制工具 V 6.0 编制的后缀名为.BJZ 的电子招标文件，检查无误后点击“提交”按钮即可（图 31）。

标段选择

确定 隐藏检索

标段编号或名称： 检索

	序号	标段编号	标段名称	项目名称	招标方式	操作
☑	1	JSX20150400101	教学楼-oy	教学楼-oy	公开招标	

图 30

招标文件管理

项目编号：JSX201504001

项目名称：教学楼-oy

备案标段：

序号	标段编号	标段名称	招标方式	合同估价（万元）	操作
1	JSX20150400101	教学楼-oy	公开招标	4000.0000	查看

招标文件名称*：教学楼-oy招标文件　　是否有招标控制价*：○是 ◉否

投标保证金金额*：400000 元　　保证金缴纳地点：

图纸押金： 元　　投标文件递交截止时间*：2015-04-25 11:27:53

投标人提问截止时间*：2015-04-10 11:28:01　　招标文件编制人：

编制人职称：　　编制人注册资格：

编制人上岗证号：

备注说明：

相关附件：附件 请上传完所有必传附件！

请先选择类型　添加文件　加载　取消

	文件名	上传日期	大小	状态	操作
招标文件*	请先在左边选择附件类型，再点击“添加文件”上传！				
其他	当前文件进度：	总体进度：	0/0		

经办人：　经办人身份证号：　经办人单位：　经办人职务：　手机：

保存　提交　关闭

图 31

④若有设置最高投标限价，需在“最高投标限价”页签进行最高投标限价的备案（图 32）。

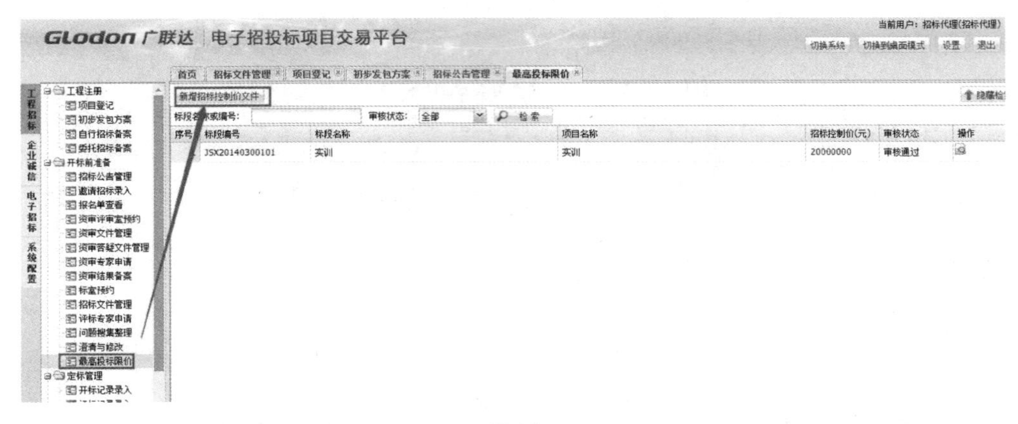

图 32

(2)行政监管人员在线审批。

行政监管人员登录“广联达工程交易管理服务平台”,用初审监管员账号进入“电子招投标项目交易平台”,完成招标工程的招标文件审批工作。

软件操作指导:

①登录“广联达工程交易管理服务平台”,用初审监管员账号进入“电子招投标项目交易平台”。

②切换至“招标文件审核”页签,可通过“检索”功能,找到待审核的招标文件,点击审核图标(图 33)。

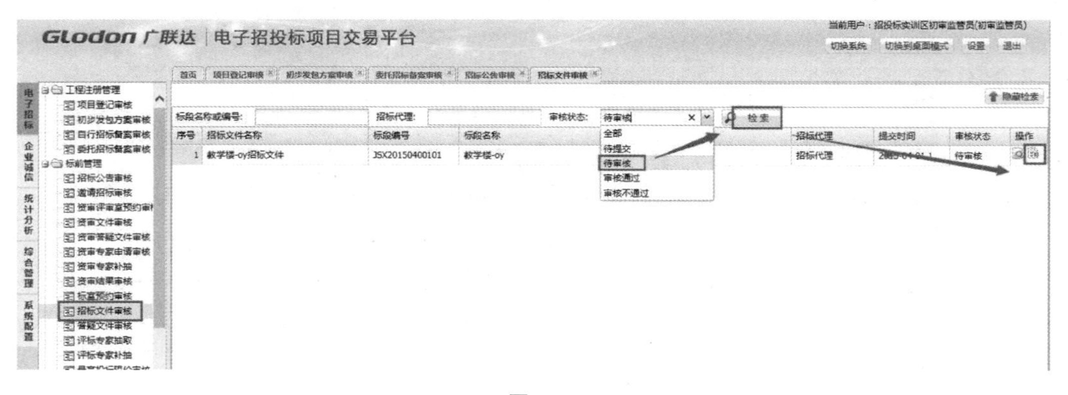

图 33

③核对项目相应信息,核对后点击“审核”(图 34)。

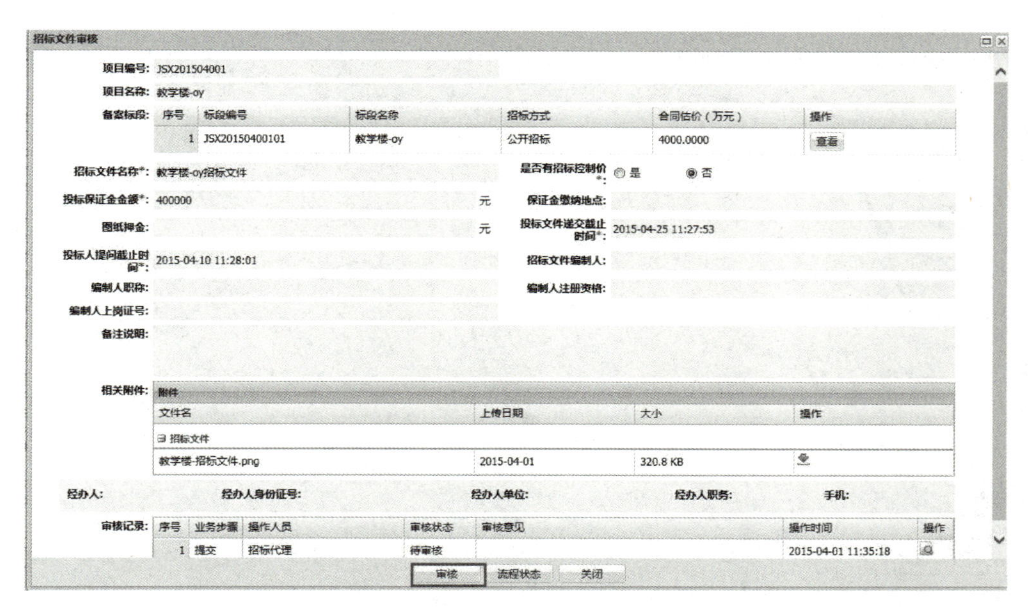

图 34

④根据核对结果，给出审核意见并提交。

小贴士

本书给出的是在线完成招标文件的备案审批操作指导，如果学校不具备在线备案审批的条件，可参考学校所在地区住建委现场备案审批的工作流程。

5.2.4　完成开标前的准备工作

1. 任务说明

(1)完成开评标标室预约工作。

(2)完成评审专家申请、抽选工作。

2. 操作过程

1)完成开评标标室预约工作

(1)开评标标室预约。

招标人(或招标代理)登录“广联达工程交易管理服务平台”，用招标人(或招标代理)账号进入“电子招投标项目交易平台”，完成招标工程的开评标标室的预约并提交审批。

软件操作指导：

①登录“广联达工程交易管理服务平台”，用招标人(或招标代理)账号进入“电子招投标项目交易平台”，切换至“标室预约”模块，点击“标室预约”(图 35)，选择正确标段，点击“确定”(图 36)。

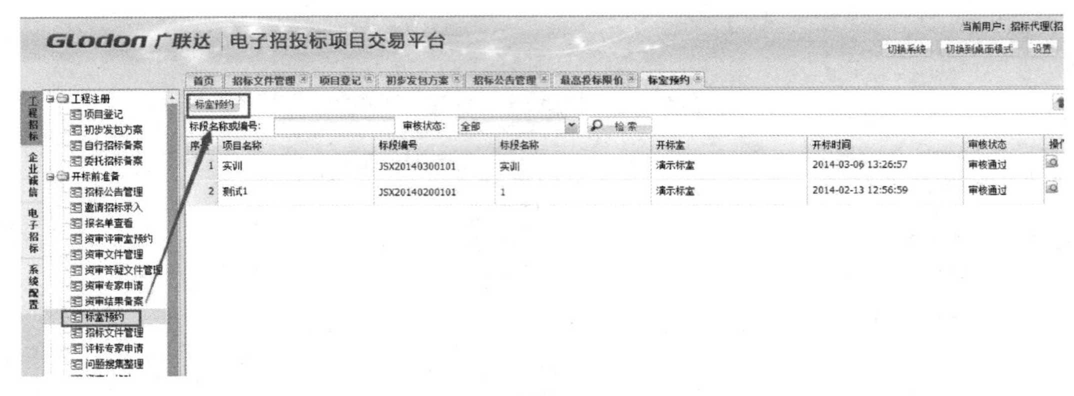

图 35

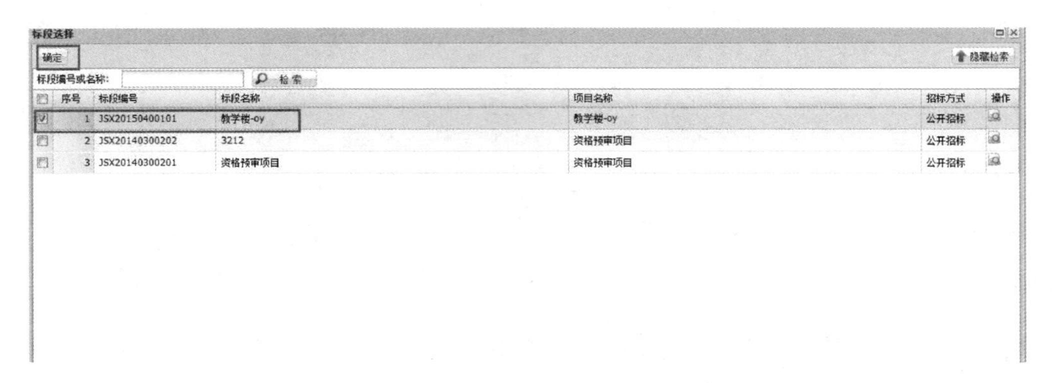

图 36

②弹出“新增标室预约”界面，确定开评标时间及标室，点击“保存”“提交”即可（图 37）。

新增标室预约

项目编号*: JSX201504001

项目名称*: 教学楼-oy

备案标段*: 添加标段

序号	标段编号	标段名称	招标方式	预约状态	操作
1	JSX20150400101	教学楼-oy	公开招标	编辑中	

开标开始时间*: 2015-04-24 11:53:29　开标结束时间*: 2015-04-24 11:53:33

开标室*: 演示标室

评标开始时间*: 2015-04-24 11:53:37　评标结束时间*: 2015-04-24 11:53:41

评标室*: 演示标室002

其他说明:

经办人:　经办人身份证号:　经办人单位:　经办人职务:　手机:

标室预定情况

上一年 < 上月 < 上周 < 本周 > 下周 > 下月 > 下一年

星期	周一	周二	周三	周四	周五	周六	周日
日期	2015-03-30	2015-03-31	2015-04-01	2015-04-02	2015-04-03	2015-04-04	2015-04-05
演示标室	08:20:49---08:21:00						

保存　提交　关闭

图 37

(2)行政监管人员在线审批。

行政监管人员登录“广联达工程交易管理服务平台”,用初审监管员账号进入“电子招投标项目交易平台”,完成招标工程的开评标标室预约的审批工作。

软件操作指导:

①登录“广联达工程交易管理服务平台”,用初审监管员账号进入“电子招投标项目交易平台”,切换至“标室预约审核”模块,找到工程项目待审核的标段,点击审核图标(图 38)。

图 38

②弹出“标室预约审核”界面,核对相应信息,信息确认后,点击“审核”,最后填写审核意见并提交(图 39)。

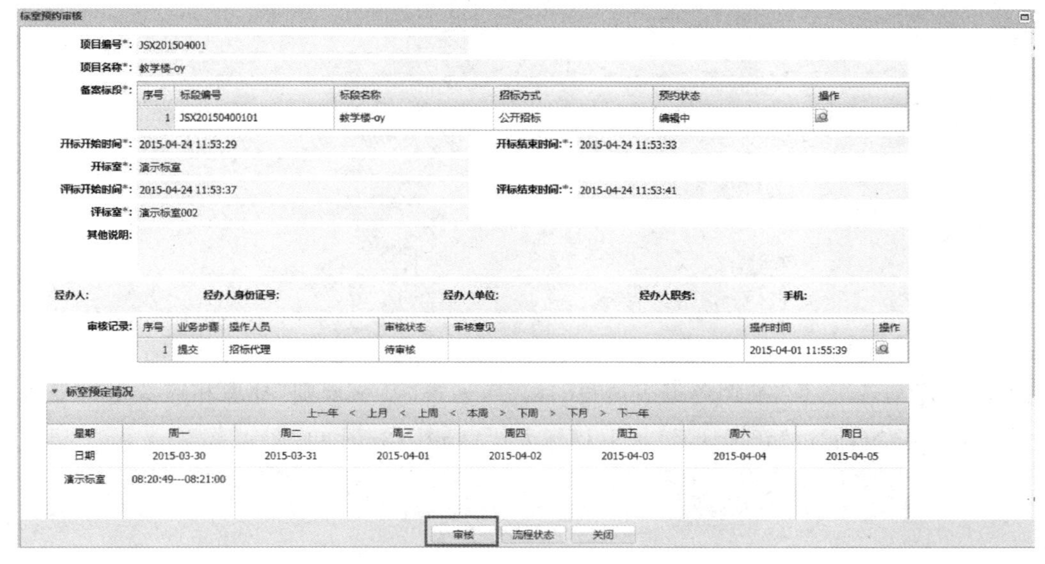

图 39

2)完成评标专家申请、抽取工作

(1)评标专家申请。

招标人(或招标代理)登录“广联达工程交易管理服务平台”,用招标人(或招标代理)账号进入“电子招投标项目交易平台”，完成招标工程的评标专家的预约并提交审批。

软件操作指导：

①登录“广联达工程交易管理服务平台”，用招标人（或招标代理）账号进入“电子招投标项目交易平台”，切换至“评标专家申请”模块，点击“新增评委备案”（图 40），选择标段，点击“确定”按钮，进入“专家抽选”界面（图 41）。

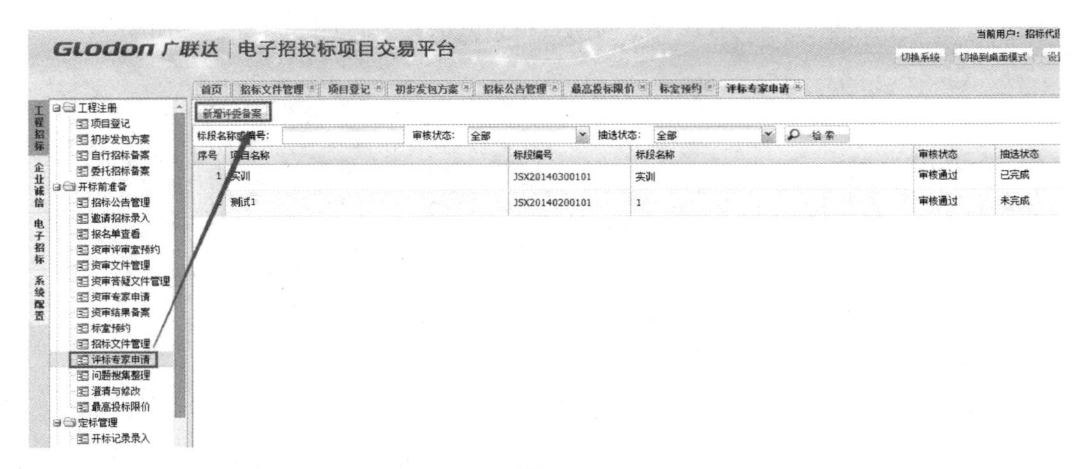

图 40

标段选择

确定　　隐藏检索

标段编号或名称:　　检索

	序号	标段编号	标段名称	项目名称	招标方式	操作
☑	1	JSX20150400101	教学楼-oy	教学楼-oy	公开招标	
☐	2	JSX20140300202	3212	资格预审项目	公开招标	
☐	3	JSX20140300201	资格预审项目	资格预审项目	公开招标	

图 41

②在“专家抽选”界面，按照单据表填写的内容，通过“新增规则”抽取相应数量的经济专家与技术专家（图 42），通过“新增评委”抽取招标人代表（图 43、图 44、图 45）。

专家抽选
项目编号: JSX201504001
项目名称: 教学楼-oy
备案标段*:
添加标段
序号 标段编号 标段名称 招标方式 合同估价（万元） 操作
1 JSX20150400101 教学楼-oy 公开招标 4000.0000
专家签到时间*: 2015-04-24 12:08:30
总专家人数*: 6
专家签到地点*: 招投标实训区
抽选规则*:
新增规则
序号 专业 当前可选专家人数 抽选区域 抽取人数 创建者 操作
1 土建工程 357 江苏省连云港市 3 招标代理
招标人评委:
新增评委
序号 评委姓名 联系电话 操作
回避单位:
新增回避单位 注：系统已自动回避建设单位、招标代理和投标企业，无需重复添加。
序号 单位名称 操作
备注说明:
经办人: 经办人身份证号: 经办人单位: 经办人职务: 手机:

图 42

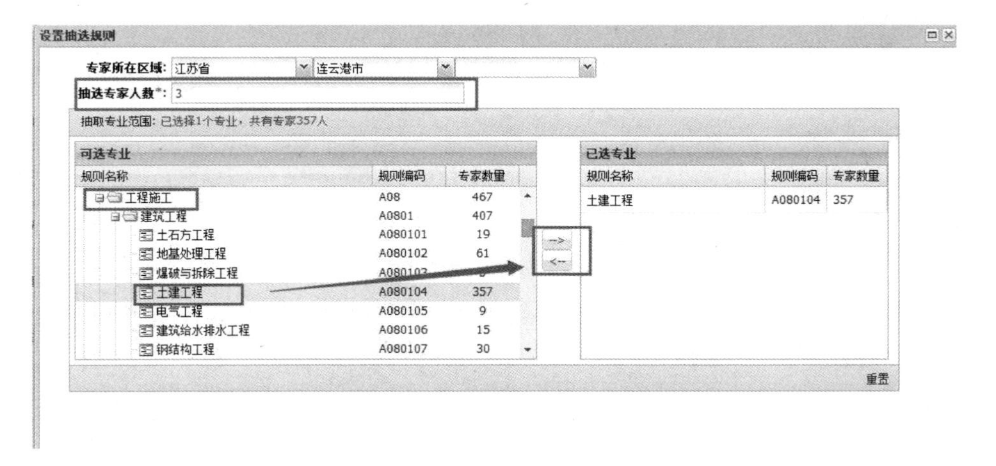
设置抽选规则
专家所在区域: 江苏省 连云港市
抽选专家人数*: 3
抽取专业范围: 已选择1个专业，共有专家357人
可选专业
规则名称 规则编码 专家数量
工程施工 A08 467
建筑工程 A0801 407
土石方工程 A080101 19
地基处理工程 A080102 61
爆破与拆除工程 A080103
土建工程 A080104 357
电气工程 A080105 9
建筑给水排水工程 A080106 15
钢结构工程 A080107 30
-->
<--
已选专业
规则名称 规则编码 专家数量
土建工程 A080104 357
重置

图 43

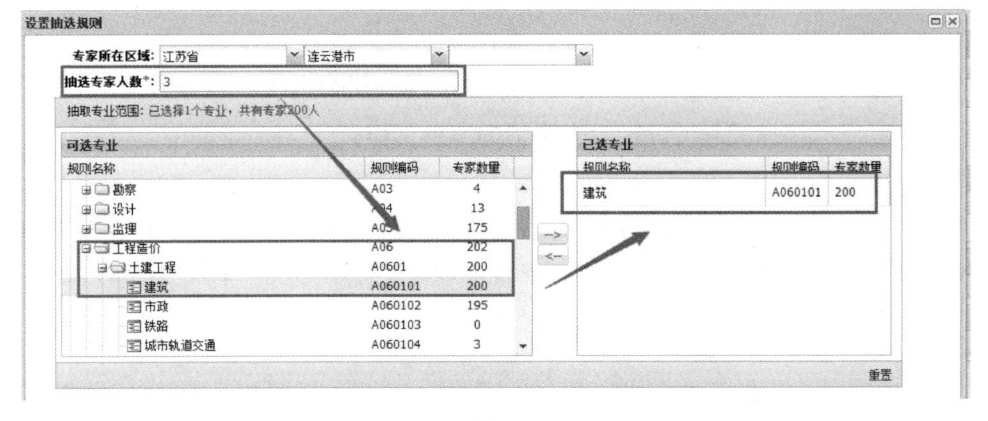
设置抽选规则
专家所在区域: 江苏省 连云港市
抽选专家人数*: 3
抽取专业范围: 已选择1个专业，共有专家200人
可选专业
规则名称 规则编码 专家数量
勘察 A03 4
设计 13
监理 175
工程造价 A06 202
土建工程 A0601 200
建筑 A060101 200
市政 A060102 195
铁路 A060103 0
城市轨道交通 A060104 3
-->
<--
已选专业
规则名称 规则编码 专家数量
建筑 A060101 200
重置

图 44

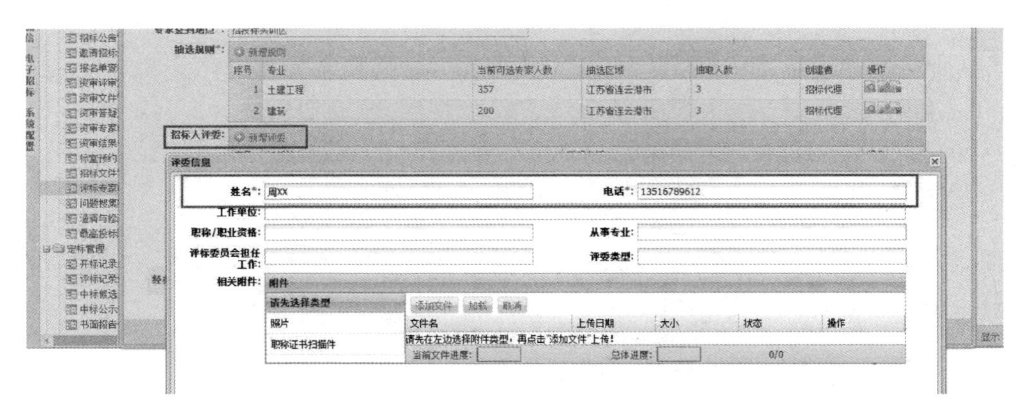

图 45

③抽选完成后，点击“保存”“提交”即可（图 46）。

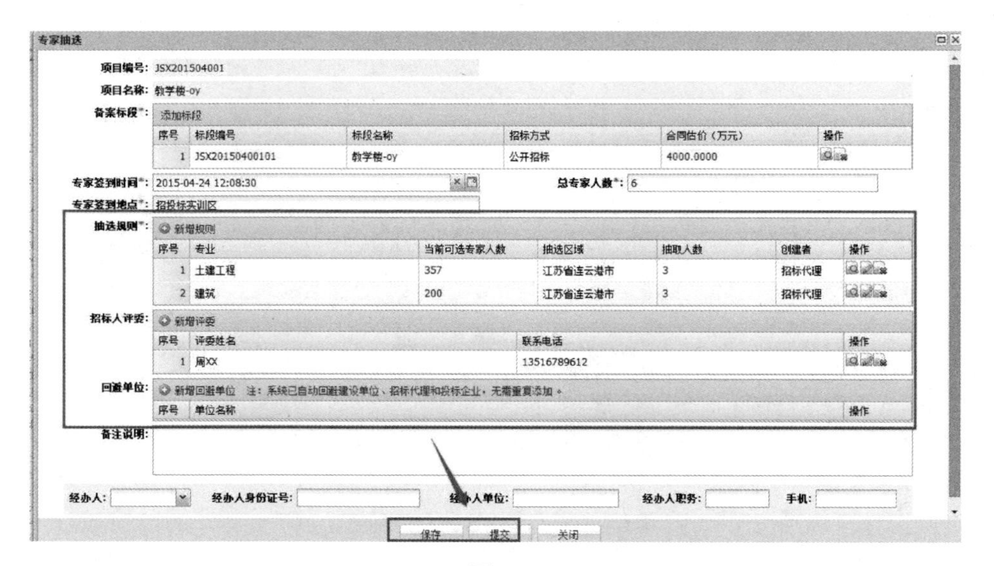

图 46

(2)行政监管人员在线审批。

行政监管人员登录“广联达工程交易管理服务平台”，用初审监管员账号进入“电子招投标项目交易平台”，完成招标工程的评标专家申请的审批工作。

软件操作指导：

①登录“广联达工程交易管理服务平台”，用初审监管员账号进入“电子招投标项目交易平台”，切换至“评标专家抽取”模块，找到工程项目待审核的标段，点击“审核”（图 47）。

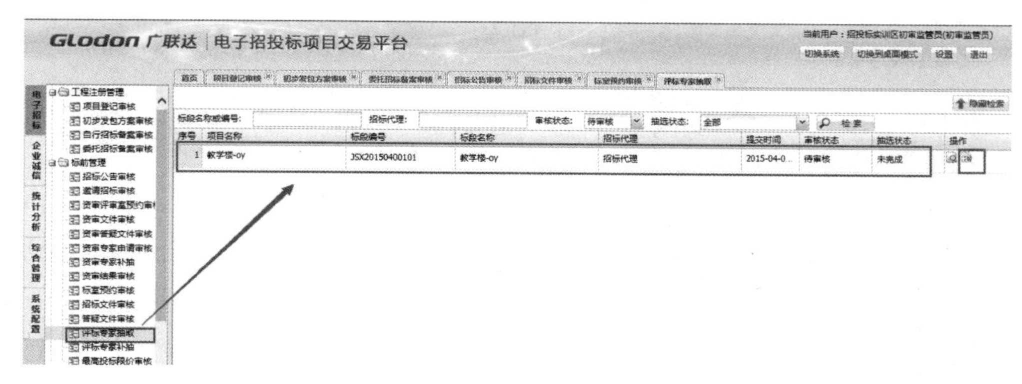

图 47

②弹出“专家抽选审核”界面，核对信息，点击“审核”，给出审核意见并提交(图 48)。

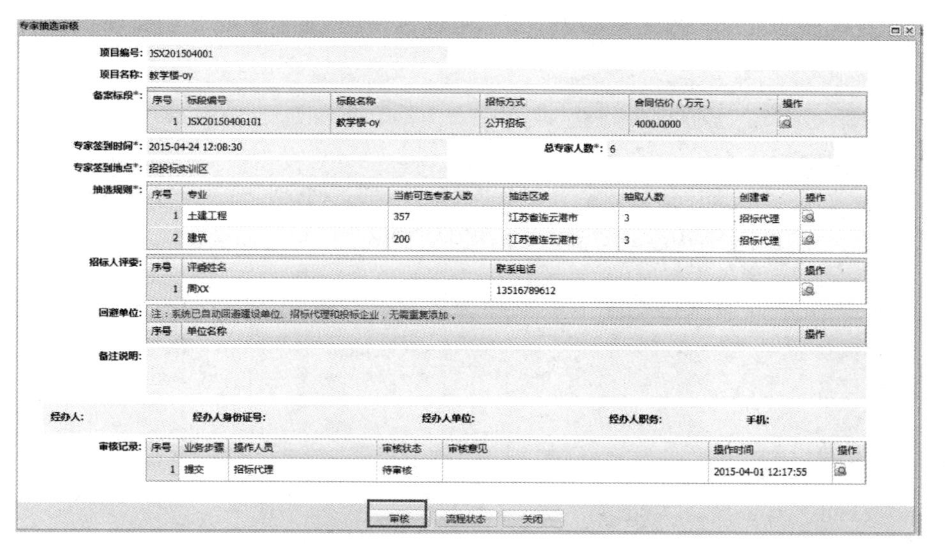

图 48

(3)行政监管人员在线抽取资审专家。

行政监管人员审批招标工程的评标专家申请结束后，完成评标专家的抽取工作。

软件操作指导：

①登录“广联达工程交易管理服务平台”，用初审监管员账号进入“电子招投标项目交易平台”，完成上方的专家审核抽选评审后，再次回到“评标专家抽取”界面，点击“抽选”(图 49)。

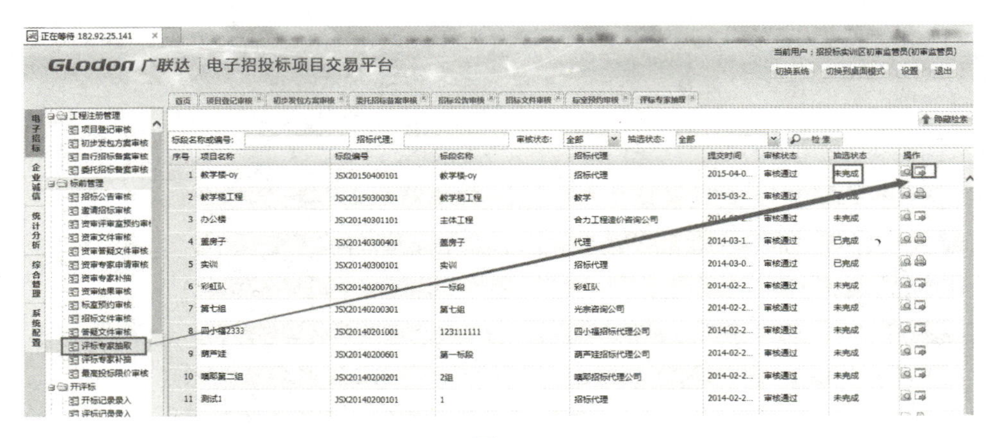

图 49

②进入“专家抽选”界面，查看应抽选人数，通过选择“参加”，完成专家抽选工作（图 50）。

专家抽选

签到时间：2015-04-24 12:08:30　　签到地点：招投标实训区

重抽　新增规则　　应抽专家6人，已确认参加4人

抽取条件1:可抽选专家:357人,应抽3人，确认参加3人

抽取条件2:可抽选专家:199人,应抽3人，确认参加1人

专业：建筑　　应抽人数：3

序号	专家编号	性别	专业	手机号	抽选情况记录
1	LYG0227	男	建筑	13016919981	○参加 ○不参加 ◉未确认
2	LYG0026	女	建筑	13056062656	○参加 ○不参加 ◉未确认
3	LYG0045	男	建筑	13851268128	◉参加 ○不参加 ○未确认
4	LYG0273	男	建筑	55555555555	○参加 ○不参加 ◉未确认
5	LYG0426	女	建筑	13775481088	○参加 ○不参加 ◉未确认
6	LYG0490	男	建筑	13905128068	○参加 ○不参加 ◉未确认
7	LYG0327	男	建筑	13861433579	○参加 ○不参加 ◉未确认
8	LYG0552	男	建筑	13851399595	○参加 ○不参加 ◉未确认
9	LYG0478	男	建筑	13585298000	○参加 ○不参加 ◉未确认

保存　抽选已完成

图 50

小贴士

本书给出的是在线完成开评标标室预约、评标专家申请的备案审批操作指导，如果学校不具备在线备案审批的条件，可参考学校所在地区住建委和专家库现场备案审批的工作流程。

5.2.5　获取招标文件，参加现场踏勘、投标预备会

1. 任务说明

(1)投标报名；

(2)获取招标文件；

(3)参加现场踏勘;

(4)参加投标预备会。

2.操作过程

(1)投标报名。

完成投标报名、获取资格预审文件的相关内容。

(2)获取招标文件。

①投标人登录“广联达工程交易管理服务平台”,进入“已报名标段”界面,找到报名标段(图51),进入标段购买招标文件,点击购买,此时弹出请选择银行进行付款界面,请选择虚拟的“广联达银行”(图52),点击“登录网上银行支付”,继续点击“支付成功”完成付款(图53)。

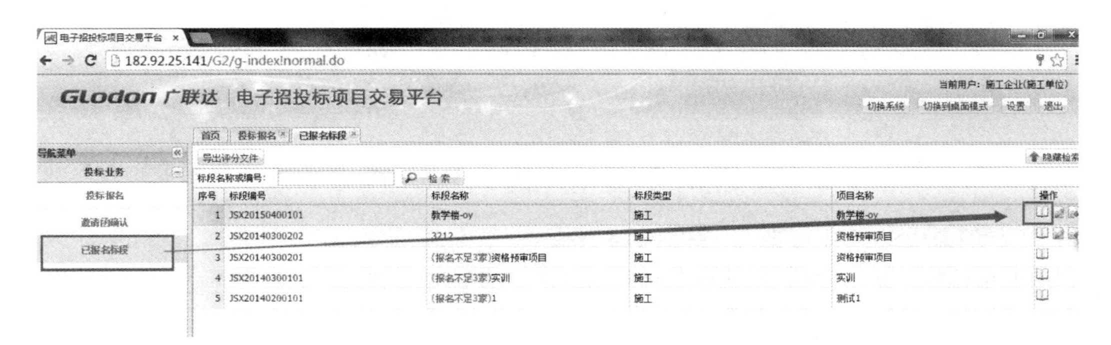

图 51

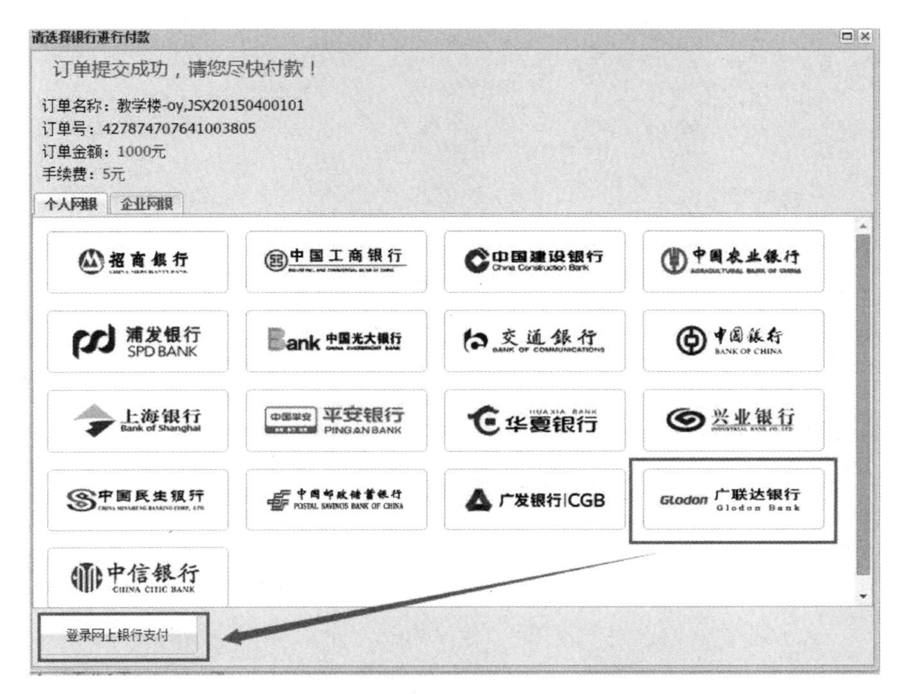

图 52

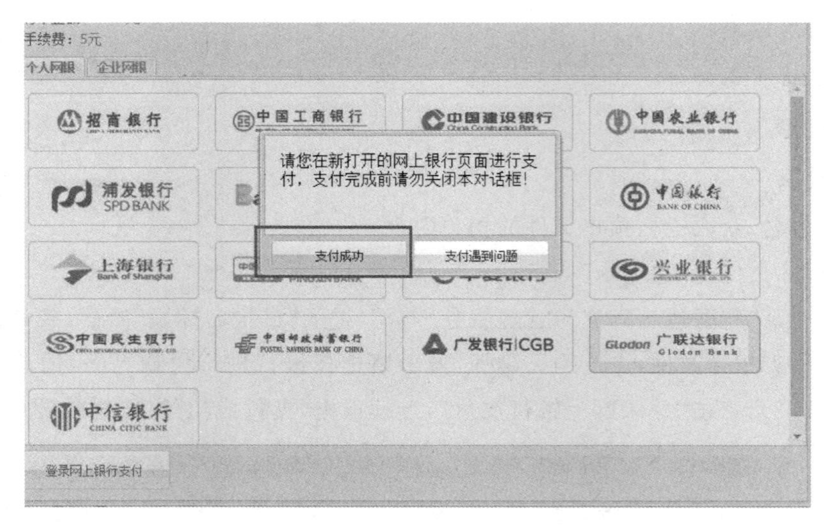

图 53

②完成付款后，此时界面显示为“未下载”状态，点击“下载”即可下载并查看招标文件(图54、图55)。

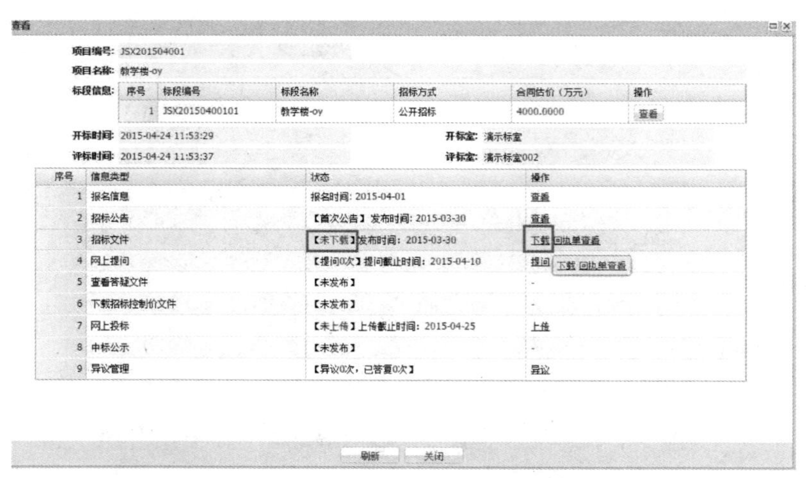

图 54

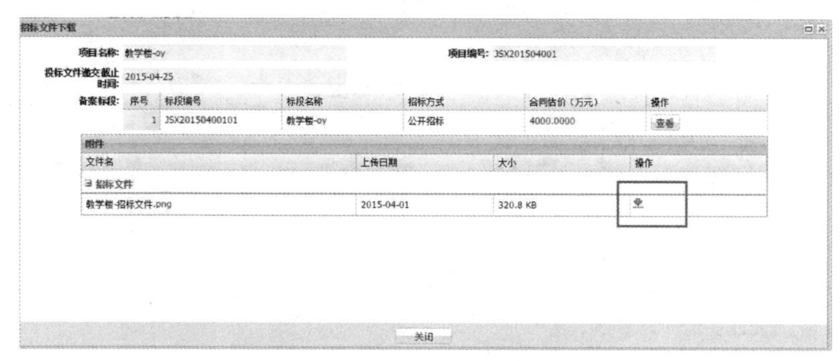

图 55

参考文献

[1] 全国一级建造师执业资格考试用书编写委员会. 建设工程法规及相关知识[M]. 北京:中国建筑工业出版社,2021.

[2] 全国造价工程师职业资格考试培训教材编审委员会. 建设工程造价管理[M]. 北京:中国计划出版社,2019.

[3] 张雷. 工程造价法律实务[M]. 北京:法律出版社,2017.

[4] 规范编制组. 2013 建设工程计价计量规范辅导[M]. 北京:中国计划出版社,2013.

[5] 李启明. 土木工程合同管理[M]. 南京:东南大学出版社,2019.

[6] 祝和意,张皓,蔡倩. 建设工程招投标与合同管理[M]. 西安:西北工业大学出版社,2015.

[7] 成虎,张尚,成于思. 建设工程合同管理与索赔[M]. 南京:东南大学出版社,2020.

[8] 刘营.《中华人民共和国招标投标法实施条例》实务指南与操作技巧[M]. 北京:法律出版社,2018.

[9] 危道军,胡永骁. 工程项目承揽与合同管理[M]. 北京:高等教育出版社,2018.

[10] 朱宏亮,成虎. 工程合同管理[M]. 北京:中国建筑工业出版社,2018.

[11] 宿辉,何佰洲. 2017 版《建设工程施工合同(示范文本)》(GF—2017—0201)条文注释与应用指南[M]. 北京:中国建筑工业出版社,2018.

[12] 冯伟,张俊玲,李娟. BIM 招投标与合同管理[M]. 北京:化学工业出版社,2018.

本书引用的法律和行政法规

1.《中华人民共和国民法典》于2020年5月28日发布，2021年1月1日起施行。

2.《中华人民共和国建筑法》于1997年11月1日发布，1998年3月1日起施行，2011年4月22日修正。

3.《中华人民共和国招标投标法》于1999年8月30日发布，2000年1月1日起施行，2017年12月27日修订。

4.《中华人民共和国招标投标法实施条例》于2011年12月20日发布，2012年2月1日起施行，2019年3月2日修订。

5.《中华人民共和国政府采购法》于2002年6月29日发布，2003年1月1日起施行，2014年8月31日修订。

6.《中华人民共和国政府采购法实施条例》于2014年12月31日发布，2015年3月1日起施行。

7.《必须招标的工程项目规定》于2018年3月27日公布，2018年6月1日起施行。

8.《必须招标的基础设施和公用事业项目范围规定》于2018年6月6日公布施行。

9.《评标委员会和评标方法暂行规定》于2001年7月5日发布施行，2013年3月11日修订。

10.《工程建设项目施工招标投标办法》于2003年3月8日发布，2003年5月1日起施行，2013年3月11日修订。

11.《最高人民法院关于审理建设工程施工合同纠纷案件适用法律问题的解释(一)》于2020年12月29日发布，2021年1月1日起施行。

12.《2013年建设工程工程量清单计价规范》于2013年1月1日起施行。

13.《建设工程施工合同(示范文本)》(GF—2017—0201)于2017年10月1日起施行。